普通高等教育"十三五"规

无机及分析化学实验

第二版

王凤云　丰　利　主　编
薛晓丽　李　凯　副主编
董宪武　主　审

化学工业出版社

·北京·

《无机及分析化学实验》(第二版)是《无机及分析化学》(第二版,王秀彦、马凤霞主编)的配套教材。全书分8章共49个实验,第1~第3章主要介绍无机及分析化学实验基础知识、基本操作、常用仪器操作技术;第4章通过7个实验训练学生的基本操作和动手能力;第5章主要是基本原理实验,主要目的是加深对基础理论知识的理解和掌握;第6章安排的是定量分析化学实验内容,通过实验帮助学生建立"量"的概念;第7章的安排是为了加强学生对理论常数来源的了解;第8章设置的综合性及设计性实验,旨在培养学生综合运用知识的能力和创新意识。

　　本书可作为高等院校农、林、牧、渔、生物、食品等专业及其他相关专业的教科书或参考书,也可供相关专业读者阅读。

图书在版编目(CIP)数据

无机及分析化学实验/王凤云,丰利主编. —2版 .—北京:
化学工业出版社,2016.6(2023.3重印)
普通高等教育"十三五"规划教材
ISBN 978-7-122-26827-3

Ⅰ.①无⋯　Ⅱ.①王⋯②丰⋯　Ⅲ.①无机化学-化学
实验-高等学校-教材　Ⅳ.①O61-33 ②O65-33

中国版本图书馆 CIP 数据核字(2016)第 080906 号

责任编辑:旷英姿　　　　　　　　　　　　装帧设计:王晓宇
责任校对:吴　静

出版发行:化学工业出版社(北京市东城区青年湖南街13号　邮政编码100011)
印　　装:北京科印技术咨询服务有限公司数码印刷分部
787mm×1092mm　1/16　印张13¼　彩插1　字数310千字　2023年3月北京第2版第8次印刷

购书咨询:010-64518888　　　　　　售后服务:010-64518899
网　　址:http://www.cip.com.cn
凡购买本书,如有缺损质量问题,本社销售中心负责调换。

定　　价:27.00元

编审人员

主　编　王凤云　丰　利

副主编　薛晓丽　李　凯

编　者　（按姓氏笔画排序）

马凤霞　王　丰　王凤云　王秀彦

丰　利　刘　强　李　凯　宋海燕

金　鑫　薛晓丽

主　审　董宪武

序

化学是一门古老而年轻的科学，是研究和创造物质的科学，它同工农业生产、国防现代化及人类社会等都密切相关。在改善人类生活方面，它也是最有成效的学科之一。可以说，化学是一门中心性的、实用性的和创造性的科学。

化学这门学科的发展经历了若干个世纪。从17世纪中叶波义耳确定化学为一门学科，到19世纪中叶原子—分子学说的建立，四大化学的分支——无机化学、有机化学、分析化学、物理化学相继形成，近代化学的框架基本定型。随着生产、生活的迫切需要，近年来化学学科得以飞速发展。

我国高等教育的结构发生了巨大的变革。一些大学通过合并使专业更加齐全，成为真正意义上的综合性大学；许多单科性学院也发展成了多科性的大学。同时，高等教育应该是宽口径的专业基础教育的新型高等教育理念也已经逐步深入人心。在这种形势下，一些基础课若仍按理、工、农、医分门别类采用不同教材进行教学，既不利于高等教育结构的改革，也不利于综合学生能力的培养。因此，编写出一些适用于不同专业的通用公共基础课教材，是21世纪教育改革的一个十分重要而又有深远意义的课题，也是一项十分艰巨的任务。

吉林农业科技学院化学系多年来坚持化学教材建设的研究与实践，对化学课程进行了整体设计和优化，突破四大分支学科的壁垒，编写出版了"高等学校'十一五'规划系列教材"——《无机及分析化学》、《无机及分析化学实验》、《有机化学》、《有机化学实验》。

该化学基础课程体系，充分考虑了学科发展的趋势和学生学习课时数等方面的情况，突出适度、适用的原则，使省出的学时让学生学习更多的包括化学以外的新知识，希望培养出适应我国科学技术和经济的快速发展的所需要的高素质复合型人才。

苏显学

第二版前言

为适应我国高等教育转型改革与发展的需求，吉林农业科技学院无机及分析化学实验教材编写组提出了以基本技能训练为主线的编写指导思想，并于 2009 年出版了《无机及分析化学实验》。本书自出版以来，经过教学实践，受到了学生和教师的好评。第二版在第一版编写指导思想和教材特色的基础上，从提高学生分析和解决实际问题的能力出发，对第一版作了如下修改。

(1) 为完善本教材的编写体系，适应时代的发展，删除了不用的半自动电光分析天平和定性分析部分实验内容，增加了综合性和设计性实验，使实验教学体系由基本操作与技能训练到基本操作与技能的应用，并最终过渡到利用基础理论和技能进行的综合性和设计性实验。通过基本操作与技能、化学技能与实践、化学实践与提高三个层次的实验训练，实现基本操作与技能由训练到真正为理论服务的教学理念，提高学生的科研能力和科研意识。

(2) 在编写过程中，按照绿色化学的思维方式，尽量从源头上消除污染，如 $CuSO_4 \cdot 5H_2O$ 的制备及提纯，原有的方法有 NO_2 气体生成，第二版将制备过程中的氧化剂由 HNO_3 改为 H_2O_2，实现了实验室无污染合成 $CuSO_4 \cdot 5H_2O$。

(3) 在编写过程中，注重吸收当代教学和科研的新成果，注重培养学生的创新能力和科研能力。

《无机及分析化学实验》第二版是《无机及分析化学》(第二版，王秀彦、马凤霞主编)的配套教材。在本书修订过程中，马凤霞、王丰、王凤云、王秀彦、丰利、金鑫、刘强、李凯、薛晓丽、宋海燕等参加了修订工作，并相互进行了审阅，最后由王凤云负责修改并统稿，董宪武主审。

本书在编写过程中参考了一些兄弟院校的教材，并吸收了其部分内容，化学工业出版社也给予了大力支持和帮助，在此表示衷心感谢！

用新的编写指导思想和理念编写无机及分析化学实验教材是一种新的尝试，但由于编者水平有限，书中难免存在不妥之处，敬请广大师生与我们联系 (785911140@qq.com)，以便我们改正，使本教材内容更加完善。

编者

2016 年 4 月

第一版前言

化学是一门以实验为基础的科学，它已渗透到工农业生产、生命科学、科技创新和人类生活的各个方面。进入21世纪以来，随着高等院校教学改革的不断深化，高等农业院校将无机化学和分析化学整合为无机及分析化学，并将无机及分析化学实验从理论课中分离出来成为一门独立的必修课程。无机及分析化学实验作为大学一年级的必修课，其主要任务是：培养学生严谨的科学态度、良好的实验作风；培养学生的动手、观察、查阅、记忆、思维、想象和表述等能力；使学生能够进一步巩固、掌握、深化、拓展化学理论知识，掌握化学实验基本操作技能。

本书是高等学校"十一五"规划教材，是《无机及分析化学》(王秀彦，马凤霞主编)的配套教材，是编者根据教学改革实践和教学发展需要，结合多年的教学实践而编写的。全书分8章共51个实验，第1～第3章主要介绍无机及分析化学实验的基本要求、基础知识、基本操作规范和常用仪器的基本操作技术；第4章通过5个实验训练学生的基本操作和动手能力；第5章包含9个基础实验，主要目的是巩固化学的基本原理，加深对知识的理解；第6章安排22个实验，学生通过学习一些常见化学分析的实验技术及其应用，建立起"量"的概念；第7章为6个物理常数的测定实验，加强学生对理论常数来源的了解；第8章设置了9个综合性及设计性实验，旨在培养学生综合运用知识的能力和创新意识。

本书由吉林农业科技学院王凤云、丰利主编，薛晓丽、陈海蛟副主编。具体编写分工是：王凤云编写第1章、第2章，第3章的3.1；实验12，13，14，22，25，46，51；滴定分析实验的操作技能考核；案例。丰利编写第3章的3.3，3.4，3.5；实验6，7，8，9，10，15，16，28，29，30，31，32，33。薛晓丽编写实验1，2，3，4，5，17，18，26，27，43。陈海蛟编写47，48，49，50。孔令瑶编写实验19，20，21，23，24，44，45。马凤霞编写3.2；实验40；41。刘强编写实验11；37，38，39。王秀彦编写实验42。王丰编写实验34，35，36。一汽吉林汽车有限公司李志勇编写附录。全书由丰利、薛晓丽和孔令瑶核校，王凤云统稿。

本书得到了东北师范大学化学学院多酸研究所王晓红博士的审核，特此感谢！

本书的编写得到吉林农业科技学院各级领导的大力支持，特别是董宪武教授的细心指导，正是他们对教学改革与教材编写的热情关心和全力支持，才使本书得以如期问世。

本书可作为农、林、牧、渔、生物、食品等专业及其他相关专业的教科书或参考书，也可供相关专业读者阅读。

由于编者学术水平所限，书中不妥之处，恳请同行专家和使用此书同仁不吝赐教。

编者
2009 年 4 月

CONTENTS

目录

第1章　无机及分析化学实验基础知识 ……………………………… 001

1.1　化学实验的目的、方法和规则 ……………………………… 001

1.2　化学实验室的工作规则及安全知识 ……………………… 002

　1.2.1　化学实验室的工作规则 ……………………………… 002

　1.2.2　化学实验室的安全知识 ……………………………… 002

1.3　化学实验室事故处理常识 …………………………………… 003

1.4　实验数据的采集与处理和实验报告的书写格式 ………… 004

　1.4.1　实验数据的采集处理 ………………………………… 004

　1.4.2　测定中的误差及其处理方法 ………………………… 005

　1.4.3　实验报告的基本格式 ………………………………… 011

　1.4.4　无机及分析化学实验成绩的评定 …………………… 014

第2章　无机及分析化学实验基本操作 ………………………… 015

2.1　常用实验仪器及其用途 …………………………………… 015

2.2　常用玻璃仪器的洗涤和干燥 ……………………………… 021

　2.2.1　玻璃仪器的洗涤 ……………………………………… 021

　2.2.2　玻璃仪器的干燥和保管 ……………………………… 022

2.3　常用量器及其使用技术 …………………………………… 023

　2.3.1　容量瓶的使用 ………………………………………… 023

　2.3.2　移液管、吸量管的使用方法 ………………………… 024

　2.3.3　滴定管的使用 ………………………………………… 026

2.4　化学试剂的取用规则及标准溶液的配制 ………………… 028

　2.4.1　化学试剂的取用规则 ………………………………… 028

　2.4.2　标准溶液及其配制 …………………………………… 030

2.5　实验室常用加热技术 ……………………………………… 031

　2.5.1　热源 …………………………………………………… 031

　2.5.2　加热技术 ……………………………………………… 035

2.6　试纸和滤纸的使用 ………………………………………… 036

　2.6.1　试纸的使用 …………………………………………… 036

　2.6.2　滤纸的使用 …………………………………………… 037

2.7　溶解、蒸发和结晶操作技术 ……………………………… 037

　2.7.1　固体的溶解 …………………………………………… 037

　2.7.2　蒸发、浓缩 …………………………………………… 038

　2.7.3　结晶 …………………………………………………… 038

2.8　固液分离技术 ……………………………………………… 038

　2.8.1　倾析法 ………………………………………………… 038

2.8.2 过滤法 ·· 039

2.8.3 离心分离法 ·· 041

2.9 纯水的制备和检验 ·· 042

2.9.1 实验室用水的规格、选用和保存 ························ 042

2.9.2 实验室纯水的制备及水质检验 ·························· 042

第3章 无机及分析化学实验常用仪器操作技术 ················ 044

3.1 分析天平 ·· 044

3.1.1 分析天平的分类和性能 ································· 044

3.1.2 电子天平 ··· 044

3.1.3 试样的称量方法 ·· 045

3.1.4 分析天平的使用规则 ····································· 046

3.2 酸度计 ·· 046

3.2.1 Sartorius PB-10 型酸度计 ······························· 047

3.2.2 雷磁 pHs-25 型酸度计 ·································· 049

3.2.3 pHs-25C 型酸度计 ·· 050

3.3 可见光分光光度计 ·· 051

3.3.1 721 型分光光度计 ··· 051

3.3.2 722 型分光光度计 ··· 053

3.3.3 723 型分光光度计 ··· 055

3.4 电导率仪 ··· 056

3.4.1 电导率的基本概念 ·· 056

3.4.2 DDS-11A 型电导率仪 ····································· 057

3.4.3 DDS-11 型电导率仪 ······································· 058

3.5 自动电位滴定仪 ··· 059

3.5.1 自动电位滴定仪的结构 ··································· 059

3.5.2 自动电位滴定仪的工作原理 ····························· 059

3.5.3 自动电位滴定仪的使用方法 ····························· 059

第4章 化学实验基本操作训练 ································ 063

实验1 玻璃仪器的加工和塞子钻孔 ···························· 063

实验2 氯化钠的提纯 ··· 067

实验3 硫酸铜的提纯 ··· 069

实验4 硫酸亚铁铵的制备 ·· 071

实验5 非水溶剂重结晶法提纯硫化钠 ·························· 073

实验6 滴定分析基本操作练习 ·································· 074

实验7 滴定分析容量器皿的校准 ······························· 076

第5章 基本原理实验 ·· 080

实验8 胶体溶液的性质 ·· 080

实验9 化学反应速率和化学平衡 ······························· 082

实验10 电解质溶液（缓冲溶液的配制与性质） ············· 084

实验11 盐类水解和沉淀平衡 ···································· 086

实验 12　配位化合物的性质 ······················· 089

实验 13　氧化还原反应及电化学 ··················· 092

第 6 章　定量化学分析 ······················· 097

6.1　滴定分析 ····································· 097

实验 14　氢氧化钠标准溶液的配制和标定 ·········· 097

实验 15　盐酸标准溶液的配制和标定 ·············· 099

实验 16　食醋溶液中 HAc 含量的测定 ·············· 101

实验 17　双指示剂法测定混合碱的组分和含量 ······ 103

实验 18　食品总酸度的测定 ······················· 106

实验 19　阿司匹林含量的测定 ····················· 108

实验 20　电位滴定法测定 NaOH 的浓度 ············ 111

实验 21　铵盐中含氮量的测定（甲醛法）··········· 114

实验 22　莫尔（Mohr）法测定生理盐水中氯化钠的含量 ··· 115

实验 23　硫代硫酸钠标准溶液的配制与标定 ········ 118

实验 24　碘量法测定维生素 C 的含量 ·············· 121

实验 25　高锰酸钾标准溶液的配制与标定 ·········· 123

实验 26　高锰酸钾法测定双氧水中 H_2O_2 的含量 ···· 126

实验 27　高锰酸钾法测钙 ························· 127

实验 28　污水中化学耗氧量（COD）的测定 ········ 129

实验 29　EDTA 标准溶液的配制和标定 ············· 131

实验 30　自来水硬度的测定 ······················· 133

6.2　吸光光度法 ································· 137

实验 31　磺基水杨酸法测定铁的含量 ·············· 137

实验 32　邻二氮菲分光光度法测定铁的含量 ········ 139

实验 33　混合物中铬、锰含量的同时测定 ·········· 141

第 7 章　物理常数的测定 ····················· 144

实验 34　二氧化碳相对分子质量的测定 ············ 144

实验 35　凝固点降低法测葡萄糖相对分子质量 ······ 146

实验 36　有机酸摩尔质量的测定 ··················· 148

实验 37　弱酸解离常数的测定 ····················· 149

实验 38　醋酸含量和解离常数的测定（电位滴定法）···· 153

实验 39　邻二氮菲亚铁配合物的组成和稳定常数的测定 ···· 155

第 8 章　设计性实验和综合性实验 ············· 158

实验 40　离子交换法制备纯水 ····················· 158

实验 41　茶叶中微量元素的分离与鉴定 ············ 162

实验 42　植物中某些元素的分离与鉴定 ············ 163

实验 43　工业纯碱总碱量的测定 ··················· 164

案例　酸碱混合物测定的方法设计 ················· 165

实验 44　磷酸盐、磷酸氢二钠和磷酸二氢钠的制备 ·· 168

实验 45　碳酸钠的制备与分析 ····················· 170

实验 46 氯化钡中钡离子含量的测定 ·· 173

实验 47 洗衣粉中活性组分和碱度的测定 ·································· 176

实验 48 漂白粉中有效氯和固体总钙量的测定 ···························· 178

实验 49 蛋壳中 Ca^{2+}、Mg^{2+} 含量的测定 ······························ 180

附录 ·· 184

附录 1 实验室常用洗涤剂 ··· 184

附录 2 常用基准物质的干燥处理和应用 ······························· 184

附录 3 常用酸碱的密度和浓度 ·· 185

附录 4 一些酸、碱水溶液的 pH（室温） ····························· 185

附录 5 常用试剂的饱和溶液（ 20℃ ） ······························· 186

附录 6 纯水的密度 ·· 186

附录 7 气体在水中的溶解度 ·· 188

附录 8 常见无机化合物在水中的溶解度 ······························· 188

附录 9 EDTA 滴定中常用的掩蔽剂 ····································· 192

附录 10 常用指示剂溶液的配制 ·· 192

附录 11 常用缓冲溶液的配制 ·· 194

附录 12 pH 标准缓冲溶液 ·· 195

附录 13 一些化合物的相对分子质量 ····································· 196

参考文献 ·· 199

第1章 无机及分析化学实验基础知识

Chapter 01

1.1 化学实验的目的、方法和规则

化学是一门以实验为基础的科学，它的每一项重大发现都离不开实验。通过实验发现、发展了理论，又通过实验检验、评价了理论。无机及分析化学实验作为一门独立设置的课程其主要目的是：通过仔细观察实验现象，直接获得化学感性知识，巩固和扩大课堂所学的理论知识，达到理论联系实际；熟练地掌握实验操作的基本技能，正确使用无机及分析化学实验中的各种常见仪器；学会测定实验数据并加以正确处理；培养严谨的科学态度和良好的工作作风，以及独立观察、思考、分析和解决问题的能力；逐步地掌握科学研究的方法，为学习后续课程，以及日后参加生产、科研打好基础。本课程有如下基本要求。

（1）做好预习

预习是做好实验的必要基础，所以学生在实验之前，一定要认真阅读有关的教材，明确本实验的目的和要求，了解实验内容、方法、仪器结构、使用方法、操作的主要步骤及注意事项，药品或试剂的等级、物化性质（熔点、沸点、折射率、密度、毒性与安全等数据）。必要时可查阅有关教材、参考书、手册，做到心中有数。在预习的基础上写出预习报告，主要内容包括：扼要写出实验目的、步骤；详细设计一个原始数据和实验现象的记录表。预习报告应简明扼要，切忌照抄实验教材。

（2）在实验过程中

① 每人都必须备有实验记录本和报告本，随时把必要的数据和现象清楚、正确地记录下来。不得弄虚作假、随意涂改数据。

② 应手脑并用。在进行每一步操作时，都要积极思考这一步操作的目的和作用，应该注意什么问题，应得到什么现象等，并认真观察，理论联系实际，不能只是"照方抓药"。若发现实验现象与理论不符，先要尊重实验事实，然后加以分析，认真查找原因。必要时重做实验，直到得出正确结论。

③ 应严格遵守操作程序并注意应注意之处，在操作不熟悉其性能的仪器和药品之前，应查阅有关书籍（讲义）或请教指导老师和他人，不要随意进行实验，以免损坏仪器、浪费试剂，使实验失败，更重要的是预防发生意外事故。

④ 自觉遵守实验室规则，保持实验室整洁、安静，使实验台整洁，仪器安置有序，注意节约和安全。

（3）实验完毕后

清理仪器，该洗涤的及时洗涤；该放置的按要求妥善放好；该切断或关闭的电源、水阀和气路，应及时切断或关闭。对实验所得结果和数据，按实际情况及时进行整理、计算和分析，重视总结实验中的经验教训，认真写好实验报告。实验报告要求文字清楚、整齐，语言简练。其内容包括：实验名称，日期，目的，简要原理（包括有关反应方程式），仪器及试剂，实验步骤的简要描述（可用箭头式表示），实验现象和原始数据记录，对实验现象、结果的分析与解释，数据处理，作图和实验结论。如果实验现象和数据与理论值偏差较大，应认真分析、讨论其原因。

1.2 化学实验室的工作规则及安全知识

1.2.1 化学实验室的工作规则

（1）实验前必须认真预习，明确实验目的，了解实验的基本原理、方法、步骤、有关基本操作及安全注意事项。

（2）遵守实验室纪律，不迟到、不早退，进入实验室前，务必搞好个人卫生，不得将脏物带入实验室内。

（3）进入实验室后要保持安静，不得高声喧哗和打闹，不准抽烟，不准随地吐痰，不准乱抛纸屑、杂物，要保持实验室的仪器设备的整齐清洁。

（4）实验前要认真检查仪器是否完好、试剂是否齐全，做好记录。

（5）做实验时，必须严格遵守实验室的规章制度和仪器的操作规程，服从老师和实验技术人员的指导。必须注意安全，防止人身和设备事故，仪器设备发生故障或事故时，应立即切断电源，并及时报告指导教师，待查明原因、排除故障后方可继续实验。爱护仪器设备，节省能源和原材料、药品、试剂等。

（6）与本实验无关的仪器设备及其他物品，未经允许不得动用。对违反实验室规章制度和操作规程，擅自动用与本实验无关的仪器或私自拆卸仪器设备而造成损失和事故的，责任人必须写出书面检查，视情节轻重和认识程度及损失、事故的大小，按相关章程予以处理。

（7）实验完毕要清扫现场，仪器设备、工具、量具等要归还原处，发现丢失、损坏要立即报告，不允许将任何物品带出实验室外。

（8）实验完毕，实验记录经实验教师检查后方可离开实验室，根据实验记录认真做好实验报告。对不符合要求的实验报告应退回重做。

（9）实验完毕后，值日生必须关闭实验室内的电闸、水阀和煤气阀，关好门窗。洗干净手方可离开。

1.2.2 化学实验室的安全知识

化学实验中经常使用水、电、煤气和易燃、易爆、有毒或腐蚀性的药品，大量使用玻璃仪器等。为确保实验的正常进行和实验者的人身安全，必须严格遵守实验室的有关安全规则。

（1）学生进入实验室必须身着白大褂，必要时使用防护眼镜、手套、面罩，不得穿背心、短裤、拖鞋进入实验室，长发必须束起或掖于帽内。严禁吸烟、饮食、大声喧哗、打闹。

（2）学生进入实验室必须熟悉实验室及周围环境，水、电、煤气阀门的位置，安全防护设施（如消防用品和急救箱、紧急冲淋器、洗眼器等），了解实验楼的各疏散出口。一旦发生事故，应立即切断电源、气源，并向指导教师报告，及时进行适当处理。

（3）使用四氯化碳、乙醚、苯、丙酮、三氯甲烷等有机溶剂时，一定要远离火焰和热源，使用后将瓶塞盖紧，置于阴凉处保存。低沸点的有机溶剂不能直接在火焰上（或电炉上）加热，应在水浴中加热。

（4）浓酸、浓碱等具有强烈腐蚀性药品，切勿溅到皮肤和衣服上。稀释浓酸（特别是浓硫酸），应将浓酸慢慢倒入水中，并不断搅拌，切勿将水倒入浓酸中！

（5）实验中涉及具有刺激性的、有毒的气体（如 H_2S、SO_2、Cl_2、Br_2、CO 等），以及加热或蒸发盐酸、硝酸、硫酸、高氯酸等时，必须在通风橱中进行。

（6）汞盐、砷化物、氰化物、钡盐类等剧毒药品，使用时应特别小心。氰化物不能接触酸，因为能够产生 HCN，剧毒！氰化物废液应倒入碱性铁盐溶液中，使其转化为亚铁氰化铁盐类，严禁直接倒入下水道内。

（7）绝对不允许随意混合各种药品，注意试剂的瓶盖、瓶塞或胶头滴管不能搞错，以免发生意外事故。相互接触后容易爆炸的物质应严格分开存放。另外，对易爆炸的物质还应避免加热和撞击。使用爆炸性物质时，尽量控制在最少用量。

（8）加热、浓缩液体时，不能正面俯视，以免烫伤。加热试管中的液体时，不能将试管口对着自己或他人。当需要借助嗅觉鉴别少量气体时，面部应离开容器，用手将少量气体轻轻扇向鼻子再嗅。

（9）使用电器时，不能用湿手去开启电闸或开关。漏电仪器不要使用，以免触电。

（10）不要将废纸屑、火柴梗、残渣、pH 试纸、玻璃碎片等扔在水池中，以免堵塞下水道。应将其放入指定位置或倒入垃圾桶内，保持水池清洁。

1.3　化学实验室事故处理常识

实验室应配备医药箱，以便在实验中发生意外事故时供实验室急救用，平时不允许随意挪动或借用。医药箱应配备的主要药品与工具如下。

药品：红药水、紫药水、碘酒、消炎粉、云南白药、烫伤膏、甘油、无水乙醇、硼酸溶液（1%～3%，饱和）、醋酸溶液（2%）、碳酸氢钠溶液（1%～5%）、硫代硫酸钠溶液（20%）、高锰酸钾溶液（3%～5%）、硫酸铜溶液（5%）、生理盐水、可的松软膏、蓖麻油等。

医用材料：药棉、棉签、纱布、绷带、医用胶布、创可贴等。

工具：剪刀、医用镊子等。

（1）创伤

实验中不小心被碎玻璃划伤或刺伤时，伤口不能用手接触、不能用水洗，若伤口内有碎玻璃渣或其他异物，应先取出。轻伤可用生理盐水或硼酸溶液擦洗，并用1%的双氧水溶液消毒，然后涂上红药水，撒上消炎粉，并用纱布包扎（或用创可贴）；伤口较深，出血过多时可用云南白药止血，并立即送医院救治。玻璃溅进眼里，千万不要揉擦，应不转动眼球，任其流泪，速送医院处理。

（2）灼伤

① 烫伤　切勿用水清洗，伤口未破，可在伤处涂烫伤药膏或用碳酸氢钠粉末调成糊状敷于伤口处，也可用碳酸氢钠溶液涂擦；伤口已破裂，则可用10％的高锰酸钾溶液涂擦，撒上消炎粉。重者需送医院救治。

② 酸灼　应立即用大量清水冲洗，然后用饱和的碳酸氢钠溶液或肥皂水清洗，最后再用清水冲洗，随即送医院急救。如不慎溅入眼内，先用大量清水冲洗，再用1％碳酸氢钠溶液洗，最后用蒸馏水或去离子水洗，后送医院诊治。

③ 强碱腐蚀致伤　先用大量清水冲洗，再用2％的醋酸或饱和的硼酸溶液浸洗，如溅入眼内用硼酸溶液清洗后再用清水冲洗。

④ 溴灼伤　应立即用乙醇或硫代硫酸钠溶液冲洗伤口，再用清水冲洗干净，并敷以甘油。若起泡，则不宜把水泡挑破。

⑤ 磷灼伤　用5％硫酸铜溶液、1％硝酸银溶液冲洗伤口，并用浸过硫酸铜溶液的绷带包扎，或送医院治疗。

（3）中毒

① 有毒气体　若不慎吸入氯气、氯化氢气体时，可吸入少量酒精和乙醚的混合蒸气来解毒；若吸入硫化氢、煤气等气体而感到不适或头晕，应立即到室外呼吸新鲜空气。

② 毒物　毒品误入口内，用5~10mL稀硫酸铜溶液加入一杯温水内服，再用手伸入咽喉或用其他方法促使呕吐，之后送医院诊治。

（4）触电

先切断电源，然后抢救。

（5）起火

实验过程中万一发生起火，不要惊慌，针对起火原因采取适合的方法灭火。例如：

① 电器着火，不要用水冲，以防触电，应使用干粉灭火器。

② 酒精液体着火，不能用水浇灭，可用湿布盖灭。

③ 汽油、乙醚等有机溶剂着火，用沙土扑灭，绝不能用水浇。

④ 金属钠、钾等燃烧时，千万不能用水浇，会发生化学反应使火势变大，应用沙土等覆灭。

⑤ 衣服着火，切忌奔跑，应就地滚动，或用浸湿的东西在身上抽打灭火。

⑥ 发生烫伤，可在烫伤处抹烫伤软膏，严重者应立即送医院治疗。

1.4　实验数据的采集与处理和实验报告的书写格式

1.4.1　实验数据的采集处理

学生要有专门的、预先编有页码的实验记录本，不得撕去任何一页，实验数据都应如实地记录在此本上。绝对不允许将数据记录在单页纸、小纸片、手掌或随意的任何地方。

实验过程中的各种测量数据和实验现象，应及时准确而又清楚地记录下来。记录实验数据时，要有严谨的科学态度，实事求是，切忌夹杂主观因素，决不能随意拼凑、更改和伪造实验数据。

对于实验过程中涉及的各种特殊仪器的型号和标准溶液的浓度等，也应及时准确地记录下来。

在记录测量数据时，应注意其有效数字的位数。用分析天平称量时，要求记录至 0.0001g；滴定管及吸量管的读数，应记录至 0.01mL；用分光光度计测量溶液吸光度时，若吸光度在 0.7 以下，应记录至 0.001，大于 0.7 时，则要求记录至 0.01 读数。实验记录的每一个数据都是测量结果，所以，重复测量时，即使数据完全相同，也要记录下来。

在实验过程中，如果发现数据测错、读错、记错或算错需要改动时，可将原来的数据划去，并在其上方写上正确的数据。

1.4.2 测定中的误差及其处理方法

测量是人类认识和改造客观世界必不可少的手段之一。对自然界所发生的量变现象的研究，常常借助各式各样的实验与测量来完成。由于认识能力和科学水平的限制，测得的数值和真实值并不一致，这种在数值上的差别就是误差。随着科学水平的提高和人们的经验、技巧及专门知识的丰富，误差可能被控制得越来越小，但不能使误差减小为零。分析工作者，在一定条件下应尽可能使误差减小，使其符合测定工作对准确度的要求，并且能对自己和别人的结果做出正确的评价，找出产生误差的原因及减小误差的途径。

1.4.2.1 误差的分类

根据误差的性质和产生的原因，可分为系统误差和随机误差两大类。

(1) 系统误差

系统误差是由分析过程中某些固定因素造成的误差。它的性质特点是：具有重现性，在重复测定中总是重复出现，在相同的条件下，其大小和方向是恒定的；系统误差是可测的，它的大小、正负可以测定出来，从而消除它对测定结果的影响，所以系统误差又叫可测误差。产生系统误差的原因主要有以下几方面。

① 仪器和试剂的误差　如使用的天平灵敏度不符合要求、砝码未经校正、量器的刻度不准、坩埚灼烧后失重、试剂的纯度不符合要求等，都会造成系统误差。这些误差一般都可以通过仪器校准，选用合格试剂或进行空白实验等措施避免、减少和校正，使误差减小到允许范围内。

② 方法误差　是指分析方法所产生的误差。不管分析工作者如何细心操作，仍有无法避免的误差。如称量分析中沉淀的溶解损失、共沉淀和后沉淀的影响、灼烧时沉淀的分解或挥发、滴定分析中的滴定误差、分光光度法中偏离朗伯-比尔定律等，都会系统地影响测定结果。应针对产生方法误差的原因，进行对照实验，使实验方法更加完善，减小或消除方法误差。

③ 操作误差　由分析工作者操作不当引起的误差，称为操作误差。如沉淀洗涤不足或过度、灼烧温度不恰当、滴定终点判断不当等所引起的误差，都属于操作误差。这类误差有些是可以避免的，也有些是不可避免的。如对于滴定终点颜色的判断，往往存在因人的视觉造成的某些出入，这些是难以避免的。

(2) 随机误差

随机误差又称偶然误差，它是由某些不固定的偶然因素造成的。如测定过程中环境温度、湿度、气压等的变化，仪器的不稳定性产生的微小变化等，这些偶然因素都会使分析结果产生波动造成误差。随机误差的性质特点是：大小和方向都不固定，有时大，有时小，有时正，有时负，也就是说在多次同样测定的结果中，其误差值的大小和正负无一定的规律性。因此随机误差无法测量，也无法进行校正，在操作中不能完全避免。然而，当测量次数很多时，可以用统计方法找出它的规律，符合正态分布曲线。即：

① 真值出现机会最多；

② 绝对值相近而符号相反的正、负误差出现几率相等；

③ 小误差出现的机会多，而大误差的出现机会较小。

除上述两类误差外，还有因操作失误而产生的过失误差。过失误差是由于分析工作者粗心大意或违反操作规程所造成的差错。如器皿不干净、丢失试液、加错试剂、看错砝码、记录及计算错误等，都属于不应有的过失。过失误差的数据必须弃去，不允许有过失误差的数据参加平均值的计算。

1.4.2.2 误差的表示方法

（1）准确度与误差

准确度表示分析结果与真实值接近的程度。准确度的大小用误差表示，误差又分绝对误差和相对误差。若以 x 表示测量值，以 μ 代表真实值，则绝对误差和相对误差的表示方法如下：

$$绝对误差(E) = x - \mu \tag{1-1}$$

$$相对误差 = \frac{E}{\mu} \times 100\% = \frac{x - \mu}{\mu} \times 100\% \tag{1-2}$$

同样的绝对误差，当被测定物的真值较大时，相对误差就比较小，测定的准确度就比较高。因此用相对误差来表示各种情况下测定结果的准确度更为确切些。

绝对误差和相对误差都有正值和负值。正值表示实验结果高于真值，负值表示实验结果低于真值。

（2）精密度与偏差

在不知道真实值的情况下，可以用偏差的大小来衡量测定结果的好坏。偏差是指单次测量值 x_i 与平均值 $\bar{x}$ 之差，它可以用来衡量测定结果的精密度。精密度是指在同一条件下，对同一样品进行多次重复测定时各测定值之间相互接近的程度，偏差越小，说明测定的精密度越高。

偏差分为绝对偏差、相对平均偏差、标准偏差与相对标准偏差。

① 绝对偏差和平均偏差　测量值与平均值之差，称为绝对偏差。绝对偏差越大，精密度越低。若令 $\bar{x}$ 代表一组平行测定的平均值，则单个测量值 x_i 的绝对偏差为 d_i：

$$\bar{x} = \frac{x_1 + x_2 + \cdots + x_n}{n} = \frac{\sum\limits_{i=1}^{n} x_i}{n} \tag{1-3}$$

$$d_1 = x_1 - \bar{x}$$

$$d_2 = x_2 - \bar{x}$$

$$\cdots\cdots$$

$$d_n = x_n - \bar{x} \tag{1-4}$$

所有单次测量结果与平均值差的绝对值的平均值称为平均偏差，用 $\bar{d}$ 表示

$$\bar{d}=\frac{|x_1-\bar{x}|+|x_2-\bar{x}|+\cdots+|x_n-\bar{x}|}{n}=\frac{\sum\limits_{i=1}^{n}|x_i-\bar{x}|}{n} \tag{1-5}$$

② 相对平均偏差

$$\bar{d}_r=\frac{\bar{d}}{\bar{x}}\times100\% \tag{1-6}$$

③ 标准偏差 使用标准偏差是为了突出较大偏差的存在对测量结果的影响,其计算公式为:

$$s=\sqrt{\frac{(x_1-\bar{x})^2+(x_2-\bar{x})^2+\cdots+(x_n-\bar{x})^2}{n-1}}=\sqrt{\frac{\sum\limits_{i=1}^{n}(x_i-\bar{x})^2}{n-1}} \tag{1-7}$$

④ 相对标准偏差(RSD) 又称为变异系数,其计算公式为:

$$\text{RSD}=\frac{s}{\bar{x}}\times100\% \tag{1-8}$$

⑤ 最大相对偏差

a. 最大相对偏差:用来表示测定结果的精密度,根据需求不同而规定的最大值(也称为允许差)。

b. 误差限度:指根据生产需要和实际情况,人为规定的测定结果的最大允许相对偏差。这是根据分析工作的需要,通过大量实践而总结制定的。

c. 相对相差:两次测定的结果之差占其平均值的百分率。

$$相差=\frac{|x_1-x_2|}{\bar{x}}\times100\%$$

(3) 误差的减免

① 选择恰当的分析方法 首先需要了解不同方法的灵敏度和准确度,根据分析对象、样品情况及对分析结果的要求,选择适当的分析方法。

② 减小测量误差 为了保证分析结果的准确度,必须尽量减小各步的测量误差。一般分析天平的取样量要大于 0.2g,滴定分析中应消耗标准溶液的体积要大于 20mL。

③ 增加平行测定次数 偶然误差的出现服从统计规律,即大偶然误差出现的概率小,小偶然误差出现的概率大;绝对值相等的正、负偶然误差出现的概率大体相等;多次平行测定结果的平均值趋向于真实值。因此在消除了系统误差的情况下,增加平行测定次数,可以减少偶然误差对分析结果的影响。

(4) 消除测量中的系统误差

① 方法校正 有些方法误差可以用其他方法进行校正。例如,称量分析法中未完全沉淀出来的被测组分可以用其他方法(通常用仪器分析)测出,这个测出结果加入称量分析结果内,即可得到可靠的分析结果。

② 校准仪器 如对砝码、移液管、滴定管及分析仪器等进行校准,可以减免系统误差。

③ 做对照实验 对照实验分标准样品对照实验和标准方法对照实验等。

标准样品对照实验是用已知准确含量的标准试样(或纯物质配成的基准试样)与待测样品按同样的方法进行平行测定,找出校正系数以消除系统误差。

标准方法对照实验是用可靠的分析方法与被检验的分析方法，对同一试样进行分析对照。若测定结果相同，则说明被检验的方法可靠，无系统误差。

④ 做空白实验　在不加样品的情况下，用测定样品相同的方法、步骤进行定量分析，把所得结果作为空白值，从样品的分析结果中扣除。这样可以消除由于试剂不纯或溶剂等干扰造成的系统误差。

⑤ 回收实验　用所选定的分析方法对已知组分的标准样进行分析，或对人工配制的已知组分的试样进行分析，或在已分析的试样中加入一定量被测组分再进行分析，从分析结果观察已知量的检出状况，这种方法称为回收实验。

1.4.2.3　定量分析结果的数据处理

为了得到准确的分析结果，不仅要准确地测量而且还要正确地记录和计算数据。

（1）分析数据的统计学处理

① 置信度和置信区间　在要求准确度较高的分析工作中，为了评价测定结果的可靠性，人们总是希望能够估计出实际有限次测定的平均值与真实值的接近程度，从而在报告分析结果时，同时指出试样含量的真实值所在的范围，以及这一范围估计正确与否的概率，借以说明分析结果的可靠程度。由此引出置信区间和置信概率。

统计学表明，正态分布是无限次测量数据的分布规律，只有在无限多次的测定中才能找到总体平均值 μ（真值）和总体标准偏差 σ。而实际的分析工作多为有限次测定，μ 和 σ 不知道，因此只能用有限次测定的平均值 $\bar{x}$ 及标准偏差 s 来估计数据的离散情况。用 s 代替 σ，必然引起误差，从而也影响正态分布的偏离。英国化学家戈塞特（Goesset W S）提出用校正系数 t 来补偿这一误差。t 的定义是：

$$t = \frac{\bar{x} - \mu}{s}\sqrt{n} \tag{1-9}$$

t 分布曲线随自由度 f（$f = n - 1$）变化。当 $n \to \infty$ 时，t 分布曲线即为正态分布曲线。t 值不仅随概率而异，而且还随 f 的变化而变化。不同概率与 f 值所对应的 t 值已由统计学家算出，表 1-1 列出最常用的 t 值。

表 1-1　t 值分布表

实验次数 n	自由度(f) $n-1$	置信概率(P)				
		50%	90%	95%	99%	99.5%
2	1	1.00	6.31	12.71	63.66	127.3
3	2	0.82	2.92	4.30	9.93	14.09
4	3	0.76	2.35	3.18	5.84	7.45
5	4	0.74	2.13	2.78	4.60	5.60
6	5	0.73	2.02	2.57	4.03	4.77
7	6	0.72	1.94	2.45	3.71	4.32
8	7	0.71	1.90	2.37	3.50	4.03
9	8	0.71	1.86	2.31	3.36	3.83
10	9	0.70	1.83	2.26	3.25	3.69
11	10	0.70	1.81	2.23	3.17	3.58

实验次数	自由度(f)	置 信 概 率(P)				
n	$n-1$	50%	90%	95%	99%	99.5%
16	15	0.69	1.75	2.13	2.95	3.25
21	20	0.69	1.73	2.09	2.85	3.15
26	25	0.68	1.71	2.06	2.79	3.08
∞	∞	0.65	1.65	1.96	2.58	2.81

表中置信概率（P）也称置信水平或置信度，它表示在某一 t 值时，测定值落在（$\mu\pm ts/\sqrt{n}$）范围内的概率。落在此范围外的概率为（$1-P$），称为显著性水平，用 a 表示。由于 t 值与置信度及自由度有关，一般表示为 $t_{a,f}$。例如，$t_{0.05,10}$ 表示置信度为 95%、自由度为 10 的 t 值。

由 t 的定义式可得出：

$$\mu=\bar{x}\pm\frac{ts}{\sqrt{n}} \tag{1-10}$$

它表示在一定置信度下，以平均值 $\bar{x}$ 为中心，包括总体平均值 μ 在内的可靠性范围或区间，称为平均值的可信范围或置信区间。即在选定置信度后，由 P 和 n 值可从 t 分布表中查出 t 值，从而由测量结果的平均值 $\bar{x}$，标准偏差 s 及测定次数 n，求出相应的置信区间。它表明在（$\bar{x}-\frac{ts}{\sqrt{n}}\sim\bar{x}+\frac{ts}{\sqrt{n}}$）的区间内包括总体平均值 μ 的概率为 P。测定次数越多，精密度越高，s 越小，这个区间就越小，平均值和总体平均值就越接近，平均值的可靠性就越大。显然，用置信区间表示分析结果更加合理。

【例 1-1】 测定某蛋白质的质量分数 7 次，数据为 79.58%，79.45%，79.47%，79.50%，79.62%，79.48%，79.60%。求在置信度为 90% 和 95% 时平均值的置信区间为多少？若测定次数增加到 10 次（假定 $\bar{x}$、s 不变），置信度为 95% 的平均值的置信区间为多少？结果说明什么？

解 $\bar{x}=\dfrac{79.58\%+79.45\%+79.47\%+79.50\%+79.62\%+79.48\%+79.60\%}{7}$

$=79.53\%$

$s=\sqrt{\dfrac{(0.05\%)^2+(0.08\%)^2+(0.06\%)^2+(0.03\%)^2+(0.09\%)^2+(0.05\%)^2+(0.07\%)^2}{7-1}}$

$=0.07\%$

查 t 值分布表：

当 $n=7$，$P=90\%$ 时，$t_{0.10,6}=1.94$

当 $n=7$，$P=95\%$ 时，$t_{0.05,6}=2.45$

当 $n=10$，$P=95\%$ 时，$t_{0.05,9}=2.26$

$n=7$，$P=90\%$ 时 $\bar{x}$ 的置信区间为：

$$\mu=\bar{x}\pm\frac{ts}{\sqrt{n}}=79.53\%\pm\frac{1.94\times0.07\%}{\sqrt{7}}=79.53\%\pm0.05\%$$

$n=7$，$P=95\%$ 时 $\bar{x}$ 的置信区间为：

$$\mu=\bar{x}\pm\frac{ts}{\sqrt{n}}=79.53\%\pm\frac{2.45\times0.07\%}{\sqrt{7}}=79.53\%\pm0.07\%$$

$n=10$，$P=95\%$ 时 $\bar{x}$ 的置信区间为：

$$\mu = \bar{x} \pm \frac{ts}{\sqrt{n}} = 79.53\% \pm \frac{2.26 \times 0.07\%}{\sqrt{10}} = 79.53\% \pm 0.05\%$$

计算结果表明：

a. 置信概率的高低说明分析结果的可靠程度。如本例中，当 $n=7$，有 90% 的把握认为，蛋白质的质量分数存在 79.53%±0.05% 的范围内；有 95% 的把握认为，蛋白质的质量分数存在 79.53%±0.07% 的范围。

b. 置信区间的大小反映测定结果的精度。如本例中，在置信度都是 95% 时，当测量次数 $n=7$ 时，置信区间为 79.53%±0.07%，当 $n=10$ 时，置信区间是 79.53%±0.05%。说明相同置信度时，测定次数越多，置信区间越小。测定平均值与真实值越接近。因此，增加测定次数，分析结果的精度将提高。

c. 在测量次数一定时，置信度越高，置信区间就越大。此时虽然估计的把握程度增大，但分析数据的准确程度却因置信区间变大而降低，100% 置信概率意味着置信区间无限大，肯定会包含总体平均值 μ，但这样的区间毫无实际意义。因此，置信度的选取并非越高越好，而应根据分析的要求辩证地选择，通常公认在一般分析测试中采用 90% 或 95% 的置信度。

② 可疑值的取舍　在一组平行测定数值中，常发现有个别测定值比其余测定值明显偏高或偏低，这种明显偏高或偏低的数值称为可疑值。如查明的确是由于"过失"原因造成，则这一数据必须舍去；如果不能确定是由"过失"引起，则不能随便舍去或轻易保留，特别是当测量数据较少时，可疑值的取舍对分析结果会产生很大的影响，必须慎重对待。可借助于统计学方法来决定取舍。统计检验方法有多种，各有其优缺点，比较简单的处理方法有 Q 检验法和四倍法，此外，还有 G 检验法和 T 检验法。

a. Q 检验法。Q 检验法又叫舍弃商法。使用 Q 检验法的步骤如下：

第一步，将数据从小到大顺序排列为 x_1，$x_2 \cdots x_n$；

第二步，确定可疑值。设 x_n 或 x_1 为可疑值；

第三步，计算 Q 值。如果最大的数据为可疑值，按下式计算 Q 值。

$$Q = \frac{x_n - x_{n-1}}{x_n - x_1} \tag{1-11}$$

如果最小的数据为可疑值，则按下式计算 Q 值。

$$Q = \frac{x_2 - x_1}{x_n - x_1} \tag{1-12}$$

第四步，查 Q 值表。按测定次数 n 和置信度 P 在 Q 值表中查出相应的 $Q_表$。然后将计算出的 Q 值与 $Q_表$ 值相比较，若 $Q > Q_表$，则应将可疑值舍弃。否则应保留。表 1-2 给出了置信度为 90% 和 95% 时的 Q 值。

表 1-2　Q 值表

置信度 P \ 测定次数 n	3	4	5	6	7	8	9	10
90%	0.94	0.76	0.64	0.56	0.51	0.47	0.44	0.41
95%	1.53	1.05	0.86	0.76	0.69	0.64	0.60	0.58

b. 四倍法。此法包括以下几步：

第一步，先计算结果（不包括可疑值）的平均值和平均偏差；

第二步，找出可疑值与平均值的偏差；

第三步，如果可疑值与平均值的偏差大于或等于平均偏差的四倍，可疑值就应弃去，否则应予保留。

Q 检验法符合数理统计原理，比较严谨，方法也简便，置信度可达 90％以上，适用于测定 3～10 次之间的数据处理。四倍法计算简单，不必查表，但数据统计处理不够严密，适用于处理一些要求不高的实验数据。

（2）分析结果的数据处理与报告

实验的数据经归纳、处理后才能合理表达，得出满意的结果，结果的表达一般有列表法、作图法和数学方程和计算机数据处理等方法。

① 列表法　把实验数据按自变量与因变量一一对应列表，把相应计算结果填入表格中。本法简单清楚，是最常用的。列表时要求如下：

a. 表格必须写清名称；

b. 自变量与因变量应一一对应；

c. 表格中记录数据应符合有效数字规则，结果含量在 1％～10％范围的，可用 3 位有效数字表示；含量大于 10％，则用 4 位有效数字表示；

d. 表格也可表达实验方法、现象与反应方程式；

e. 在数据处理时为了衡量分析结果的精密度，一般对单次测定的一组结果 x_1，x_2，x_3…x_n，计算出算术平均值后，可用平均值 $\bar{x}$、标准偏差 s 和平均值的置信区间报告分析结果。

② 作图法　列表法中数据可用作图来表达，会更直观表达实验结果及发展趋向。作图法的要求如下。

作图最好使用坐标纸，坐标应取得适当，要与测量精度相符，使做出的曲线能充分利用图纸面积，分布合理。

曲线绘制，首先建立坐标系，注明坐标轴代表的物理量。然后把测得的数据在坐标纸上绘制代表点（即测得的各数据在图上的点），依据代表点描画曲线（或直线），所描曲线应尽可能接近大多数的代表点，使各代表点均匀分布在曲线（直线）的两侧，所有代表点离曲线的平方和为最小，符合最小二乘法原理。同一坐标上可用不同颜色或不同符号表达几种组分的曲线。画曲线时，先用淡铅笔轻轻地根据各代表点的变化趋势手绘一条曲线，然后用曲线尺逐段吻合手描线，做出光滑的曲线。最后在图上要注明图名。例如图 1-1。

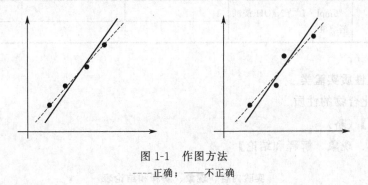

图 1-1　作图方法

----正确；——不正确

③ 数学方程和计算机数据处理　按一定的数学方程式，编制计算程序，由计算机完成数据处理和制作图表。

1.4.3　实验报告的基本格式

1.4.3.1　制备实验类

例　氯化钠的提纯

【实验目的】（略）

【实验原理】（略）

【仪器及试剂】（略）

【实验步骤】

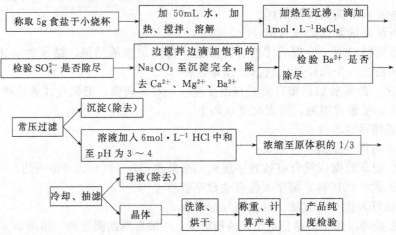

【实验结果】

（1）产量；

（2）产率；

（3）产品纯度检验（粗盐和精盐各称 0.5g 分别溶于 5mL 蒸馏水中，取溶液进行检验）。

纯度检验表

检验离子	检验方法	被检测溶液	实验现象	结论
SO_4^{2-}	加入 6mol·L^{-1} HCl，0.2mol·L^{-1} BaCl$_2$			
Ca^{2+}	饱和 $(NH_4)_2C_2O_4$ 溶液			
Mg^{2+}	6mol·L^{-1} NaOH 镁试剂溶液			

1.4.3.2　性质实验类

例　配位化合物的性质

【实验目的】（略）

【实验内容、现象、解释和结论】

实验内容、现象、解释和结论表

实　验　内　容	实验现象	反应方程式与解释、结论
简单离子和配离子的区别 ①含有 Fe^{2+} 的对比 a. 10 滴 0.1mol·L^{-1} FeSO$_4$ 加 5～10 滴 2.0mol·L^{-1} NaOH b. 10 滴 0.1mol·L^{-1} K$_4$[Fe(CN)$_6$] 加 5～10 滴 2.0mol·L^{-1} NaOH ②含有 Fe^{3+} 的对比 a. 10 滴 0.1mol·L^{-1} FeCl$_3$ 加 2 滴 0.5mol·L^{-1} NH$_4$SCN b. 10 滴 0.1mol·L^{-1} K$_3$[Fe(CN)$_6$] 加 2 滴 0.5mol·L^{-1} NH$_4$SCN		

1.4.3.3　定量实验类

例　EDTA 溶液的标定

【实验目的】（略）

【实验原理】（略）

【仪器及试剂】（略）

【实验步骤】

准确称取纯锌 0.15 ～ 0.18g(0.0001g) → 滴加 10mL 1:1 盐酸溶解，定容至 250mL 容量瓶中 →

移液管移取 25.00mL 标准溶液置锥形瓶中，加 1 滴甲基红，用 $5mol \cdot L^{-1}$ 氨水中和盐酸至溶液由红变黄。加 20mL 水和 10mL NH_3-NH_4Cl 缓冲溶液，加少量固体的铬黑 T 指示剂，溶液呈现酒红色。 → 用待标定的 EDTA 溶液滴至由酒红色变为蓝色

【实验记录和结果处理】

EDTA 溶液标定数据记录表

项　　目	1	2	3
m(纯锌)/g			
c(Zn)/(mol $\cdot$ L^{-1})			
EDTA 的用量 V/mL			
c(EDTA)/(mol $\cdot$ L^{-1})			
$\bar{c}$(EDTA)/(mol $\cdot$ L^{-1})			
$\bar{d_r}$			

1.4.3.4　测定实验类

例　醋酸解离常数的测定——pH 法

【实验目的】（略）

【实验原理】（略）

【仪器及试剂】（略）

【实验步骤】（略）

【实验结果及数据处理】

醋酸溶液浓度的标定数据记录表

c(NaOH)/(mol $\cdot$ L^{-1})			
平行滴定次数	1	2	3
V(HAc)/mL	25.00	25.00	25.00
V(NaOH)/mL			
c(HAc)/(mol $\cdot$ L^{-1})			
$\bar{c}$(HAc)/(mol $\cdot$ L^{-1})			

醋酸溶液 pH 值的测定表

实验编号	$c(HAc)/(mol \cdot L^{-1})$	pH	$c(H^{+})/(mol \cdot L^{-1})$	$K(HAc)$

1.4.4　无机及分析化学实验成绩的评定

　　无机及分析化学实验是学生走进大学的第一门实验课，是其他实验、实训的基础，必须严格要求，重点把关。所以在成绩的评定上要兼顾平时和期末、理论和操作技术，还有科学态度和科学精神。

　　(1) 平时主要考核

　　① 出勤情况；

　　② 实验的预习情况；

　　③ 实验态度；

　　④ 实验操作及动手能力；

　　⑤ 实验时的积极性、合作性、团队精神；

　　⑥ 实验中发现问题和解决问题的能力；

　　⑦ 实验的结果；

　　⑧ 实验的报告情况；

　　⑨ 值日时实验室的卫生、管理情况等。

　　(2) 期末安排一次学生实际操作的技能考核

　　主要是对一学期来本门实验课要求必须掌握的实验技能进行检查考核。

第2章

无机及分析化学实验基本操作

Chapter 02

2.1 常用实验仪器及其用途

常用实验仪器及其用途见表 2-1。

表 2-1 常用实验仪器及其用途

仪　器	规　格	用　途	注意事项
试管和离心试管 试管架	试管分硬质和软质试管；普通试管和离心试管 　无刻度试管按管外径（mm）×管长（mm）表示。如：25×50、16×50、10×5 　离心试管分有刻度和无刻度以容积（mL）表示。如15、10、5 　试管架可用木材、塑料或金属制成	试管可以作为试剂的化学反应器，用药量少，利于操作和观察 　离心试管可以用作少量沉淀的辨认和分离 　试管架用于盛放试管用	普通试管可以直接加热，硬质试管可以加热至高温，但不能骤冷 　离心试管只能用于水浴加热，不能直接加热 　加热前试管外要擦干，加热用试管夹。固体加热时试管口略向下倾斜 　加热时试管口不要对人，要不断移动试管，使其均匀受热
烧杯	按容量（mL）分，有 1000、600、500、400、250、100、50、25…	作反应容器，反应物较多时使用 用于制备溶液，溶解试样	1. 加热时要垫石棉网，一般不直接加热 2. 可以加热至高温，注意不要使温度变化过于剧烈
容量瓶 20℃ 100mL	分无色和棕色。大小用容积（mL）表示 　如 1000、500、250、100、50、25…	用于定量稀释或配制准确浓度的溶液	1. 不能在其中溶解固体 2. 不能用来加热；瓶塞与瓶是配套的，不能互换
称量瓶	按形状分有高型、低型。以外径（mm）×高（mm）表示 　如高型 25×40 　扁型 50×30	用于固体试剂的精确称量时使用	瓶盖不能互换；不能加热

仪　器	规　格	用　途	注意事项
平底烧瓶　圆底烧瓶 蒸馏瓶	有平底、圆底、长颈、短颈和三颈的蒸馏瓶。大小以容积(mL)表示如 500、250…	1. 作反应容器、反应物较多且需要长时间加热时使用。平底烧瓶还可以用作洗瓶 2. 配上冷凝管用于长时间加热时的反应器 3. 液体蒸馏用蒸馏瓶	1. 加热时要垫石棉网，一般不直接加热 2. 加热至高温，注意不要使温度变化过于剧烈
锥形瓶	大小用容积（mL）表示。形状有细颈、宽颈等几种如：500、250、150…	作反应容器。通常用于滴定反应，摇荡比较方便	1. 加热时要垫石棉网，一般不直接加热 2. 可以加热至高温，注意不要使温度变化过于剧烈
漏斗	漏斗分为长颈漏斗和短漏斗，以口径(cm)表示大小如：6cm 长颈漏斗；4 cm 短颈漏斗	1. 用于过滤沉淀 2. 长颈漏斗用于重量分析过滤沉淀 3. 用于加溶液	1. 不能用于加热 2. 过滤时漏斗的尖端紧靠容器壁
量筒和量杯	大小以所能量出的最大容积(mL)表示。分量筒和量杯量筒:如 100、50、10、5…量杯:如 20、10…	量取精度不高的一定体积的液体时使用	1. 不能在量筒中配制溶液 2. 不可作实验容器 3. 不能用来加热 4. 不可量热溶液和液体
移液管　吸量管	*移液管*:只有一个刻度,用(mL)表示。如 50、25、20、10、5、2、1 吸量管:有刻度分度值,用 mL 表示。如 10、5、2、1	用于精确移取一定体积的液体用	1. 用前先用少量标准液润洗 3 次 2. 不能用来加热

仪　器	规　格	用　途	注意事项
酸式滴定管　碱式滴定管	分为酸式滴定管和碱式滴定管两种。大小用容积（mL）表示。如 50、25、10、5…	1. 滴定管架用于夹持滴定管 2. 滴定管滴定时，或者用于量取体积较准确的液体时用	1. 酸式和碱式滴定管不能混用 2. 碱式管不能盛放氧化剂 3. 见光易分解的滴定液应用棕色滴定管 4. 用前应先洗净，装液前要用标准液润洗
分液漏斗	大小用容积（mL）表示。如100mL球形分液漏斗；60mL梨形滴液漏斗	1. 用于往反应体系中滴加较多的液体时用 2. 萃取时用于分离互不相溶的液体	1. 不能用加热。漏斗塞不能互换 2. 活塞应用细绳系于漏斗颈上，或套以小橡皮圈，防止滑出破碎
表面皿	直径大小用（mm）表示。有 90、75、65、45…	为了防止液体溅出或灰尘落入，盖在烧杯或蒸发皿上	不能用来直接加热
蒸发皿	规格：分有柄或无柄 材料：瓷质、玻璃、石英、铂制品。按上口径（mm）表示大小。如 125、100、35…	用于蒸发浓缩溶液	可耐高温，高温时不易骤冷。一般放在石棉网上加热或直接用火烧
碘量瓶	大小以容积（mL）表示。有 500、250、100	用于碘量法	1. 注意不要擦伤塞子和瓶口边缘的磨砂部分，防止产生漏隙 2. 滴定时打开塞子，用蒸馏水将瓶口和塞子上的碘液洗入瓶中

仪　器	规　格	用　途	注意事项
布氏漏斗和吸滤瓶	布氏漏斗为瓷质,大小以半径(cm)表示。如 8、6… 吸滤瓶为玻璃质,大小用容量(mL)表示。如 500、250…	过滤固体有机物时使用。有于重量分析中的减压过滤	1. 过滤时先抽气,后过滤。过滤完毕后,先分开抽气与吸滤瓶的连接处,后停止抽气 2. 若过滤体系连有安全瓶时,过滤完毕后,先打开安全瓶上通大气的活塞,再停止抽气
试剂瓶	有无色和棕色的,大小以容积(mL)表示。有 1000、500、250、125、60…	细口瓶、滴瓶用来盛放液体药品 广口瓶盛放固体试剂	1. 取用试剂时,瓶盖应该倒放在桌上 2. 见光易分解的物质用棕色瓶 3. 不能用来加热,瓶塞不要互换 4. 盛碱液时要用橡胶塞
泥三角	材料:瓷管和铁丝	1. 利用坩埚加热时,用于盛放坩埚 2. 也可以在小蒸发皿加热时使用	1. 不能往灼烧的泥三角上滴冷水,防止瓷管破裂 2. 选择泥三角时,要使放在上面的坩埚露出的上部,不能超过本身高度的 1/3
坩埚钳	铁或铜合金,表面常镀镍、铬	用于加热时夹取物品	1. 放置时应头部朝上,以免沾污 2. 不要和化学药品接触,以免腐蚀
干燥器	大小用直径(cm)表示。有普通干燥器和真空干燥器	1. 定量分析时将灼烧过的坩埚置于其中冷却 2. 存放物品,以免物品吸收水气	按时更换干燥剂。灼烧过的物质待冷却后放入

仪　器	规　格	用　途	注意事项
铁架台 持夹　单爪夹 铁圈 铁架台	铁制品,铁夹也有铝制的	用于固定或放置仪器	将铁夹等放至合适高度时旋转螺丝,使牢固后进行实验
研钵	有玻璃、瓷质、玛瑙的。大小按口径(cm)表示	配制固体试剂,研磨固体试样	不作反应器用。只能压碎
漏斗架	木制品,用螺丝固定在铁架或木架上	承放漏斗用	固定漏斗板时,不要把它倒放
滴管	由尖嘴玻璃管和橡胶乳头构成	可吸取和滴加少量试剂(如数滴或1~2mL),也可用于分离沉淀时吸取上层清液	滴加试剂时,在滴管正上方垂直滴入
点滴板	瓷质,有白色、黑色两种。分十二凹穴、九凹穴、六凹穴…	用于点滴反应,尤其是显色反应	不能用来加热。不能用于含氢氟酸和浓碱溶液的反应

仪　器	规　格	用　途	注意事项
洗瓶	有玻璃或塑料质的，大小以容积（mL）表示。有 500、250…	盛放蒸馏水。使用方便、卫生	塑料洗瓶不能加热
水浴锅	规格：铜或铝制品	用于间接加热	
三脚架	铁制品，比较牢固	放置较大或较重的加热容器	
药匙	材料：瓷质、塑料和无锈钢	取固体试剂	取少量固体时用小的一端。药匙的选择应该以盛放试剂后能放进容器口内为宜
试管刷		洗涤试管和其他仪器时用	洗涤试管时要把前部的毛捏住放入试管。以免将试管底戳破
干燥管		盛放干燥剂用	干燥剂置球形部分不宜过多。小管与球形交界处放少许棉花填充

仪　器	规　格	用　途	注意事项
石棉网 	以铁丝网边长（mm）×边长（mm）表示。如：15×15，20×20	用于加热时垫在容器的底部，使其均匀受热	不要与水接触，以免铁丝生锈，石棉脱落
砂芯漏斗 	又称烧结漏斗、细菌漏斗漏斗为玻璃质。砂芯滤板为烧结陶瓷 其规格以砂芯板孔的平均孔径（cm）和漏斗的容积（cm³）表示	用作细颗粒沉淀以至细菌的分离。也可用于气体洗涤和扩散实验	不能用于含氢氟酸、浓碱液及活性炭等物质体系的分离，避免腐蚀而造成微孔堵塞或沾污 不能用火直接加热。用后应及时洗涤，以防滤渣堵塞滤板孔

2.2　常用玻璃仪器的洗涤和干燥

2.2.1　玻璃仪器的洗涤

在化学实验中，为使实验结果的可信，所用的仪器要有一定的洁净度。玻璃仪器的洗涤要根据实验的要求、污物的性质和仪器的形状来选择不同的洗涤方法。表2-2为几种常用洗涤液。

（1）刷洗

沾染可溶性污物或浮尘的仪器用自来水直接刷洗，刷洗时先加入不超过所洗涤仪器容积1/3的水，用力振荡洗去可溶污物。对内壁附着的不易洗掉的污物，加适量的水后，用合适的毛刷进行刷洗。

（2）去污剂洗涤

如果沾污严重（如油、有机物等）可先用毛刷蘸取少量洗衣粉或洗涤剂进行刷洗，然后再用自来水冲洗干净。注意，用于量取试剂的定量容器不能用去污粉刷洗，以免划伤量器。

（3）浸泡洗涤

对于口颈细小、细管状容器或定量容器，以及一些沾有特殊污物的容器，需要用相应的洗涤液浸泡，之后再用自来水冲洗干净。

（4）检查

仪器经过洗刷或浸泡后，用少量自来水冲洗一下，然后将水倒出，仪器倒立，如果仪器透明，器壁不挂水珠，则表示仪器已经洗干净，否则要重新洗涤。

（5）去离子水润洗

用自来水冲洗完的仪器，还要用去离子水均匀润湿仪器内壁之后排出。一般要求润洗3~4次可达到化学实验要求。经去离子水润洗的仪器不能再用布或纸擦拭，否则布或纤维会污染仪器。

表 2-2　几种常用洗涤液

洗涤液	配制方法	去污对象	使用方法	备　注
铬酸洗液 （酸性）	称取 25g 化学纯 $K_2Cr_2O_7$ 置于烧杯中，加 50mL 水溶解，然后一边搅拌一边慢慢沿着烧杯壁加入 450mL 工业浓 H_2SO_4，冷却后转移到具有玻璃塞的细口瓶中备用	用于去除少量油污	先将待洗仪器用自来水冲洗一遍，尽量将附着在仪器上的水控净，然后用适量的洗液浸泡，加热效果更好	(1)洗液腐蚀性很强，使用时应特别小心，避免溅到手、衣服、实验台及地面上 (2)洗液可反复使用，当溶液由红棕色变成绿色时，洗液已经失效 (3)铬的化合物有毒，用完的洗液要统一处理，不能直接倒掉
盐酸洗液	1∶1 的工业盐酸	用于去除碱性物质和无机物残渣	同铬酸洗液	
碱性洗液	10% 的 NaOH 水溶液	用于去除油污	一般采用长时间（24h 以上）浸泡或浸煮	(1)要戴胶皮手套或用镊子拿取 (2)浸煮时必须戴防护眼镜 (3)长时间加热会腐蚀玻璃
草酸洗液	5～10g 草酸溶于 100mL 水中，加入少量浓盐酸	用于去除 Mn、Fe 等氧化物	同铬酸洗液	
乙醇-盐酸洗液	将化学纯的盐酸与乙醇以 1∶2 的体积比混合	用于洗涤被染色的比色皿、比色管和吸量管等	同铬酸洗液	

2.2.2　玻璃仪器的干燥和保管

实验中经常使用的仪器，在每次实验完毕后必须洗净，倒置控干备用。用于不同实验的仪器对干燥有不同的要求。一般定量分析中用的锥形瓶、烧杯等，洗净后即可使用；而用于有机分析的仪器一般都要求干燥。常用的干燥方法有以下几种。

（1）倒置控干

将仪器洗净后，倒置在干净的仪器柜内、搪瓷盘中或格栅板上晾干（图 2-1）。

（2）烤干

如试管、烧杯等耐高温的仪器，可利用直接加热的方法将其烤干。注意在加热前要将仪器外壁水分用滤纸吸干；在加热过程中不断地转动仪器使其受热均匀；加热试管时，试管口一定要向下倾斜，防止冷凝水倒流使试管炸裂（图 2-2）。

图 2-1　倒置控干

图 2-2　烤干

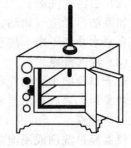
图 2-3　烘干

（3）烘干

将洗净的仪器沥干内部水分，倒置在烘箱的隔板上，调节烘箱温度到 105℃，进行烘干（图 2-3）。

图 2-4　吹干

图 2-5　气流烘干器

（4）快速干燥

急于干燥的仪器，或不适合烘干的仪器如量器，较大的仪器，可将洗净的仪器沥干水后，加入少量能与水互溶的易挥发有机溶剂（如无水乙醇、丙酮和乙醚），转动仪器使内壁完全被有机溶剂湿润，倾出洗涤液（回收），擦干仪器外壁，然后用电吹风机将仪器吹干（图 2-4）。不宜受热的仪器可以自然晾干，或用洗耳球吹干。

注意：用有机溶剂浸润过的仪器不能放入烘箱烘干！

另外还有一种快速、节能的干燥器（见图 2-5），它是一种理想的干燥玻璃仪器的设备。

用于定量分析的量器也不宜用加热的方法进行干燥，以免影响他们的精度。只能用倒置控干或者快速干燥法进行干燥。

洗净、干燥的玻璃仪器要按实验要求妥善保管，如称量瓶要保存在干燥器中；比色皿和比色管要放入专用盒内或倒置在专用架上；滴定管倒置于滴定管架上；带磨口的仪器如容量瓶等要用皮筋把塞子拴在瓶口处，以免互相弄乱。

2.3　常用量器及其使用技术

2.3.1　容量瓶的使用

容量瓶是一种细颈梨形的平底瓶，带有磨口玻璃塞，瓶颈上刻有环形标线，表示在指定温度下（一般指 20℃）液体充满至标线时的容积。容量瓶属于量入式量器，主要用于直接法配制标准溶液或稀释准确浓度的溶液。常用的容量瓶规格，小的有 5mL、25mL、50mL、100mL，大的有 250mL、500mL、1000mL、2000mL 等。

（1）使用前的准备

当使用容量瓶配制或稀释溶液时，应根据需要选择适当容量的容量瓶。容量瓶在使用前要试漏和洗涤。试漏的办法是将瓶中装水至标线附近，塞紧塞子并将瓶子倒立 2min，用滤纸片检查是否有水渗出。如不漏水，将瓶直立，再将塞子旋转 180°，塞紧，倒置，如仍不漏水，则可洗净后使用。洗涤的方法一般是先用自来水洗涤，再用蒸馏水洗净后即可。污染较重时可用铬酸洗液洗涤，洗涤时将瓶内水尽量倒空，然后倒入铬酸洗液 20～30mL，盖上瓶塞，边转动边向瓶口倾斜，至洗液充满全部内壁。放置数分钟，倒出洗液，用自来水、蒸馏水淋洗后备用。容量瓶的磨口玻璃塞与瓶体是配套的，如若盖错，易造成漏水，最好用橡皮筋将瓶塞系在瓶颈上。

（2）定量转移溶液

如果是用固体物质配制标准溶液，应先将准确称量好的固体溶质放在小烧杯中，加入少量蒸馏水或溶剂，用玻璃棒搅拌使其溶解。然后将溶液定量地移入容量瓶中，定量转移的方

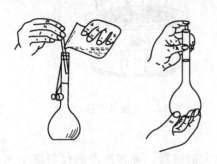

图 2-6　容量瓶的使用

法是：手持玻璃棒伸入瓶口中，让烧杯嘴靠紧玻璃棒，慢慢倾斜烧杯，使溶液沿玻璃棒流下，倾完溶液后，将烧杯沿玻璃棒向上提，同时将烧杯直立（避免溶液沿烧杯外壁流下），将玻璃棒放回烧杯，但玻璃棒不能碰烧杯嘴。用洗瓶冲洗玻璃棒和烧杯壁 3～4 次，每次约 5mL，并将洗涤液用相同方法定量转入容量瓶中（见图 2-6）。

如果是把浓溶液定量稀释，则可用移液管或吸量管直接吸取一定体积的溶液移入容量瓶中即可。

（3）稀释溶液并定容

定量转移完成后用蒸馏水或溶剂进行稀释。当蒸馏水或溶剂加至容量瓶的 3/4 处时，塞上塞子，用右手食指和中指夹住瓶塞，将瓶拿起，轻轻摇转，使溶液初步混合均匀（注意！此时不能倒转容量瓶）。继续加溶剂至标线下约 1cm 时，等 1～2min 后再用滴管滴加蒸馏水或溶剂至刻度。滴加时，不能手拿瓶底，应拿瓶口处。眼睛平视弯液面下部，当与刻度线重合时，停止滴加，盖好瓶塞。

（4）混合均匀

塞紧瓶塞，左手食指顶住瓶塞，其余四指拿住瓶颈标线以上部分，用右手指尖托住瓶底（注意不要用手掌握住瓶塞瓶身），将容量瓶倒转使气泡上升到顶，如此反复十余次使溶液充分混匀（见图 2-6）。

使用容量瓶时应注意以下几点：

① 容量瓶的瓶塞是配套的，不得张冠李戴。

② 容量瓶不得在烘箱中烘烤，也不允许以任何方式对其进行加热。

③ 容量瓶只能用于配制溶液，不能在容量瓶里进行溶质的溶解，并且如果溶质在溶解过程中放热，要待溶液冷却后再进行转移。

④ 容量瓶是量器而不是容器，不宜长期存放溶液，若需要长期保存，应转移到试剂瓶中。

⑤ 容量瓶用完后，应及时洗涤干净。如长期不用，在塞子与瓶口之间夹一条纸条，防止瓶塞与瓶口粘连。

2.3.2　移液管、吸量管的使用方法

移液管是准确移取和放出一定体积溶液的量器。它是一根细长的中间膨大的玻璃管，在管的上端有刻线。膨大部分标有它的容积和标定时的温度。移液管有 5mL、10mL、25mL、50mL 等规格。吸量管是带有分刻度的玻璃管，用它可以移取所需的不同体积的溶液，常用规格有 1mL、2mL、5mL、10mL 等。

（1）使用前的准备

移液管和吸量管在使用前均要先用自来水洗涤，再用蒸馏水洗净。较脏时（内壁挂水珠时），可用铬酸洗液洗净。其洗涤方法是：右手持移液管或吸量管，并将其下口插入洗液中，左手拿洗耳球，先把球内空气压出，然后把球的尖端接在移液管或吸量管的上口，慢慢松开左手手指，将洗液慢慢吸入管内直至上升至"0"刻度以上部分，等待片刻后，将洗液放回原瓶中。如果需要较长时间浸泡在洗液中时，应准备一个高型玻璃筒或大量筒（筒底铺些玻璃毛），将吸量管直立于筒中，筒内装满洗液，筒口用玻璃片盖上，浸泡一段时间后，取出移液管或吸量管，沥尽洗液，用自来水冲洗，再用蒸馏水淋洗干净。干净的移液管和吸量管应放置在干净的移液管架上。

（2）吸取溶液

为了保证移取溶液时溶液的浓度保持不变，应先使用滤纸将管口外水珠擦去，再用要移取的溶液润洗 2~3 次。润洗操作是：吸取移液管体积的 1/5~1/4，再将移液管放平并转动移液管，让移液管内壁都接触到溶液，然后将润洗液放到废液桶中。吸取溶液时，用右手大拇指和中指拿在管子的刻度上方，插入溶液中，但不要触到底部，左手用洗耳球将溶液吸入管中。当液面上升至标线以上时立即用右手食指（用大拇指操作不灵活）按住管口。管尖靠在瓶内壁，稍放松食指并转动移液管，使液面下降，当弯液面与刻线相切时，立即用食指按紧管口（见图2-7），将移液管移入锥形瓶中。方法是：将锥形瓶倾斜成 45°，管尖靠瓶内壁（管尖放到瓶底是错误的），移液管垂直，松开食指，液体自然

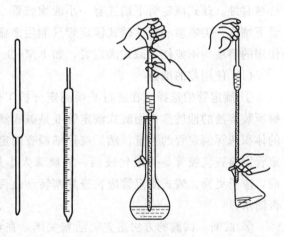

图 2-7　移液管的使用

沿瓶壁流下，液体全部流出后停留 15s，取出移液管（见图 2-7）。留在管口的液体是否要吹出，看移液管中间的标示，如有"吹"字，就必须吹出，不允许保留；否则不用吹出，因为校正时未将这部分体积计算在内。使用吸量管时，通常是液面由某一刻度下降到另一刻度，两刻度之差就是放出溶液的体积，注意目光与刻度线平齐。图 2-7 为移液管的使用方法。

（3）使用时的注意事项

① 移液管及吸量管一定用橡皮洗耳球（吸耳球）吸取溶液，不可以用嘴吸取。

② 移液时，移液管不要伸入太浅，以免液面下降后造成吸空；也不要伸入太深，以免移液管外壁附有过多的溶液。

③ 需精密移取 5mL、10mL、20mL、25mL、50mL 等整数体积的溶液时，应选用相应大小的移液管，不能用两个或多个移液管分别移取相加的方法来精密移取整数体积的溶液。同一实验中应尽可能使用同一吸量管的同一区段。

④ 移液管和吸量管在实验中应与溶液一一对应，不应混用，以避免污染。

⑤ 使用同一移液管移取不同浓度溶液时要充分注意荡洗 3 次，应先移取较稀的一份，然后移取较浓的。在吸取第一份溶液时，高于标线的距离最好不超过 1cm，这样吸取第二份不同浓度的溶液时，可以吸得再高一些荡洗管内壁，以消除第一份的影响。需要强调的是，

容量器皿受温度影响较大，切记不能加热，只能自然沥干，更不能在烘箱中烘烤。另外，容量仪器在使用前常需校正，以确保测量体积的准确性。

2.3.3　滴定管的使用

滴定管是滴定操作时准确测量放出标准溶液体积的一种量器。滴定管的管壁上有刻度线和数值，"0"刻度在上，自上而下数值由小到大，最小刻度为 0.1mL，可估读到 0.01mL，因此读数可达小数点后第二位，一般读数误差为 ±0.01mL。常量分析最常用的容量为 50mL 和 25mL 的滴定管，另外还有容量为 10mL、5mL、2mL 和 1mL 的微量滴定管。滴定管除有无色玻璃的之外，还有棕色玻璃的，用以装见光易分解的溶液，如 $KMnO_4$、$AgNO_3$ 等溶液。

滴定管根据其构造分为酸式滴定管和碱式滴定管两种。酸式滴定管下端有磨口玻璃旋塞，用以控制溶液的流出。酸式滴定管只能用来盛装酸性溶液或氧化性溶液，否则磨砂旋塞会被腐蚀。碱式滴定管下端连有一小段橡胶管，管内有玻璃珠，用以控制液体的流出，橡胶管下端连一尖嘴玻璃管。碱式滴定管只能用来盛装碱性溶液或非氧化性溶液，凡能与橡胶起作用的溶液均不能使用碱式滴定管，如 $KMnO_4$、I_2、$AgNO_3$ 溶液等。

（1）使用前的准备

① 滴定管的选择　在进行某项滴定分析工作时，首先应考虑选择什么样的滴定管，根据所装溶液的性质选择用酸式滴定管或是碱式滴定管，以及它们的颜色；根据所消耗滴定剂的体积选择滴定管的容量。然后应仔细检查滴定管，看滴定管各部位是否完好无损。碱式滴定管需检查乳胶管是否老化破损，玻璃珠大小是否合适，玻璃珠过大不易操作，过小则漏液，应予更换。酸式滴定管应检查旋塞转动是否灵活，旋塞孔是否被堵塞，再检查滴定管是否漏水。

② 试漏　试漏的方法是先将活塞关闭，在滴定管内充满水，然后将滴定管垂直夹在滴定管架上，放置 2min，观察管口及旋塞两端

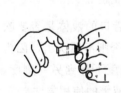

是否有水渗出，将旋塞转动 180°，再放置 2min，看是否有水渗出。若前后两次均无水渗出，旋塞转动也灵活，即可洗净使用，否则应对旋塞进行涂油处理（见图 2-8）。

图 2-8　玻璃旋塞涂油

旋塞的处理十分关键，其操作要领为：将滴定管中的水倒掉，平放在实验台上，取出旋塞，用滤纸将旋塞及旋塞槽内的水擦干，用手指蘸少许凡士林，先在滴定管旋塞细的一端外壁均匀地涂一薄层，再在旋塞粗的一端涂上薄薄一层，最后在塞孔垂直的玻璃塞上涂薄薄一层并将旋塞两头的凡士林油连上，这种涂法可避免凡士林进入旋塞孔。然后，将旋塞直接插入旋塞槽中，按紧，向一个方向转动旋塞，直至旋塞中油膜均匀透明。如发现旋塞转动不灵活或出现纹路，表示凡士林涂得不够，可取下旋塞再按上述方法涂一遍。初学者应注意，切勿一次涂过多的凡士林，滴定管一旦被凡士林堵塞，处理十分麻烦。涂好凡士林后，应在旋塞末端套上一个橡皮圈，或用橡皮筋将旋塞与滴定管拴牢，以防旋塞脱落打碎。再装水试漏，如不漏水，即可洗涤。

③ 洗涤　滴定管若无油污，一般可直接用自来水冲洗或用肥皂水、洗衣粉水泡洗，但不可用去污粉刷洗。再用蒸馏水润洗 3 次。润洗的方法是：每次装入 5～10mL 蒸馏水，两

手平端滴定管，缓慢旋转滴定管，使蒸馏水润湿整个滴定管内壁，然后将水从下管口放出。如果滴定管内壁挂水，说明有油污，需用滴定管刷蘸取少许洗涤剂刷洗，刷洗时应将滴定管平放于实验台上，轻轻地来回抽拉滴定管刷。若滴定管内沾有凡士林或其他难洗涤的污物，应使用铬酸洗液浸洗。先将滴定管内的水沥干，倒入 10~15mL 洗液，两手端住滴定管，边转动边向管口倾斜，直至洗液布满全部管壁为止，浸泡 10~20min，然后打开旋塞将洗液放回原瓶中。最后用大量自来水冲洗滴定管，再用少量蒸馏水润洗 3 次。碱式滴定管的洗涤方法与酸式滴定管基本相同，但要注意铬酸洗液不能直接接触橡胶管，否则橡胶管会变硬损坏。简单方法是将橡胶管连同尖嘴部分一起拔下，在滴定管下端套上一个滴瓶塑料帽，然后装入洗液洗涤，浸泡一段时间后放回原瓶中，然后先用自来水冲洗，再用蒸馏水润洗 3~4 次备用。

④ 装标准溶液　先用待装的标准溶液（每次 5~6mL）润洗滴定管 2~3 次，即可装入标准溶液至"0"刻线以上。检查尖嘴内是否有气泡。如有气泡，将影响溶液体积的准确测量。排除气泡的方法是：用右手拿住滴定管无刻度部分使其倾斜约 30°，左手迅速打开旋塞，使溶液快速冲出，将气泡带走。碱式滴定管应按图 2-9 所示的方法，将橡胶管向上弯曲，用力捏挤玻璃珠外橡胶管使溶液从尖嘴喷出，以排除气泡。碱式滴定管的气泡一般是藏在玻璃珠附近，必须对光检查橡胶管内气泡是否完全赶尽。赶尽后再调节液面至 0.00mL 处，或在 0.00 刻度以下，记下初读数。装标准溶液时应从盛标准溶液的容器内直接将标准溶液倒入滴定管中，以免浓度发生改变。

（2）滴定

滴定前，先记下滴定管液面的初读数。进行滴定操作时，应将滴定管夹在滴定管架上，使滴定管尖嘴部分插入锥形瓶口（或烧杯）下 2cm 处。对于酸式滴定管，左手控制旋塞，大拇指在管前，食指和中指在后，三指轻拿旋塞柄，手指略微弯曲，向内扣住旋塞，避免产生使旋塞拉出的力，同时手心要悬空，防止手心将旋塞顶出，造成溶液渗漏。右手腕不停地转动，使锥形瓶内的溶液朝同一个方向旋转运动（不应前后振动以免溶液溅出）。刚开始滴定时，溶液滴加的速度可以稍快些，以每秒 3~4 滴为宜，切记不可成液柱流下，边滴边摇（或用玻璃棒搅拌烧杯中的溶液）。锥形瓶中往往形成一个色斑，当色斑退色较缓慢时，预示终点已临近。此时，滴定液应一滴一滴或半滴半滴地加入，并用洗瓶加入少量水，冲洗锥形瓶口和内壁，使附着的溶液全部流下，然后摇动锥形瓶，观察终点是否已达到，至终点时停止滴定。如图 2-10 所示，进行碱式滴定管滴定操作时，用左手的拇指和食指捏住玻璃珠靠上部位，向手心方向捏挤橡胶管，使其与玻璃珠之间形成一条缝隙，溶液即可流出。

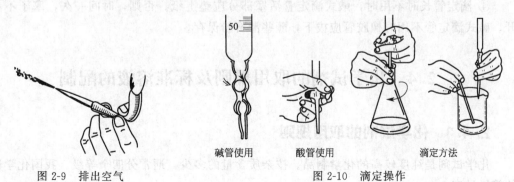

図 2-9　排出空气　　　　碱管使用　　酸管使用　　滴定方法

図 2-10　滴定操作

（3）读数

正确地进行滴定管读数，是减少误差的重要环节。读数应遵守以下规则：

① 读数应在停止滴定1～2min后进行。

② 将滴定管从滴定管架上取下，用拇指和食指捏住管上端无刻度处，让滴定管自然下垂，保持垂直。使管内液面与视线处于同一水平线，然后读数［图2-11（a）］。

③ 对于无色或浅色溶液，应读取与弯月面最低点相切的刻度线；对于有色溶液，由于弯月面不十分清晰，应读取与液面两侧最高点相切的刻度线［图2-11（b）］。

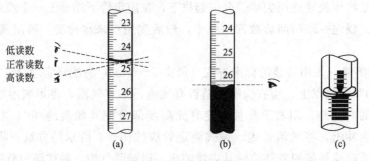

图2-11　滴定管读数

④ 对于初学者应先熟悉滴定管每个大、小刻度所代表的体积，避免记下错误的数据。读数必须读到（以mL为单位）小数点后第二位，即准确至0.01mL。

⑤ 若使用带有蓝带的滴定管，无色溶液在其中形成两个弯月面，如图2-11（c）所示。两个弯月面交于蓝带的某一点，读数时，视线应与交点处在同一条水平线上，读此点对应的数值。

⑥ 由于滴定管的体积标刻不可避免地会有误差，当进行多次平行测定时，最好每次滴定都使用滴定管的同一个体积范围，以减小偶然误差。通常每次滴定前将液面调节在"0.00"刻度或稍下一点的位置，这样每次都使用滴定管的上段。

（4）滴定操作的注意事项

① 滴定管在装满滴定液后，管外壁的溶液要擦干，以免流下或溶液挥发而使管内溶液降温（在夏季影响尤大）。手持滴定管时，也要避免手心紧握装有溶液部分的管壁，以免手温高于室温（尤其在冬季）而使溶液的体积膨胀（特别是在非水溶液滴定时），造成读数误差。

② 每次滴定，须从刻度零开始，以使每次测定结果能抵消滴定管的刻度误差。

③ 用毕滴定管后，倒去管内剩余溶液，用水洗净。装入蒸馏水至刻度线以上，用大试管套在管口上。这样，下次使用前可不必再用洗液清洗。

④ 滴定管长时不用时，酸式滴定管活塞部分应垫上纸。否则，时间一久，塞子不易打开。碱式滴定管不用时橡胶管应拔下，蘸些滑石粉保存。

2.4　化学试剂的取用规则及标准溶液的配制

2.4.1　化学试剂的取用规则

化学试剂是纯度较高的化学制品。按杂质含量的多少，通常分四个等级。我国化学试剂的等级见表2-3。

表 2-3　化学试剂等级对照表

质量次序		1	2	3	4	5
我国化学试剂等级标志	级别	一级品	二级品	三级品	四级品	
	中文标志	保证试剂	分析试剂	化学纯	化学用	生物试剂
		优级纯	分析纯	纯	实验试剂	
	符号	G.R.	A.R.	C.P.，P.	L.R.	B.R.，C.R.
	瓶签颜色	绿色	红色	蓝色	棕色等	黄色等
德、美、英等国通用等级和符号		G.R.	A.R.	C.P.		

取用何种化学试剂，必须根据实验的具体要求选用，要做到既不超规格造成浪费，又不随意降低规格而影响实验结果的准确度。

2.4.1.1　固体试剂的取用

（1）要用干净的药匙取用。药匙两端分为大小两个匙，取较多试剂时用大匙，少量时用小匙。用过的药匙必须洗净和擦干后才能再使用，以免沾污试剂。

（2）取用试剂后立即盖紧瓶盖，并将试剂瓶放回原处。

（3）称量固体试剂时，必须注意不要取多，取多的药品，不能倒回原瓶。一般的固体试剂可以放在干净的纸或表面皿上称量。具有腐蚀性、强氧化性或易潮解的固体试剂不能在纸上称量，应放在称量瓶或玻璃容器内称量。

（4）向试管中加入固体试剂时（如图 2-12），可用细长药匙取试剂后，悬空伸入试管 2/3 处，试管竖直加入药品；也可将试剂取出置于对折的纸上，伸进试管约 2/3 处竖直试加入药品。加入块状固体时，应将试管倾斜，以使固体沿管壁慢慢滑下。若固体的颗粒较大，应先在清洁干燥的研钵中研碎。

（5）有毒的药品要在详细了解的情况下使用。

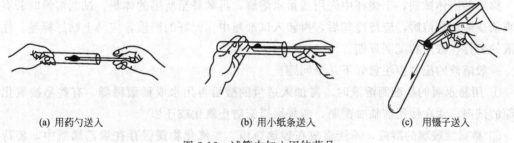

(a) 用药勺送入　　　　　　　(b) 用小纸条送入　　　　　　　(c) 用镊子送入

图 2-12　试管中加入固体药品

2.4.1.2　液体试剂的取用

（1）从滴瓶中取液体试剂时（如图 2-13），要用滴瓶中的滴管，滴管绝不能伸入所用的容器中，以免接触器壁而沾污药品。滴管必须在容器正上方垂直滴入。从试剂瓶中取少量液体试剂时，则需要专用滴管。装有药品的滴管不得横置或滴管口向上斜放，以免液体滴入滴管的胶皮帽中。

（2）从细口瓶中取出液体试剂时，用倾注法（如图 2-14）。先将瓶塞取下，反放在桌面上，手握住试剂瓶上贴标签的一面，逐渐倾斜瓶子，让试剂沿着洁净的试管壁流入试管或沿着洁净的玻璃棒注入烧杯中。取出所需量后，将试剂瓶口在容器上靠一下，再逐渐竖起瓶

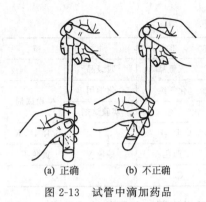

(a) 正确　　　　(b) 不正确

图 2-13　试管中滴加药品

子，以免遗留在瓶口的液体滴流到瓶的外壁。

（3）在试管里进行某些不需要准确体积的实验时，可以估计取出液体的量。例如用滴管取用液体时，1mL相当于 20～25 滴，3mL 液体占一个试管（10mL）容器的 1/3 等。倒入试管里的溶液的量，一般不超过其容积的 1/2。

（4）定量取用液体时，用量筒或移液管取。量筒用于量度一定体积的液体，可根据需要选用不同量度的量筒。

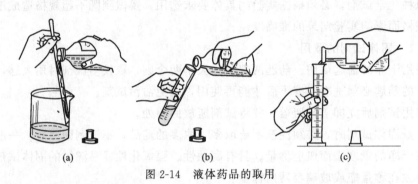

(a)　　　　　　　(b)　　　　　　　(c)

图 2-14　液体药品的取用

2.4.2　标准溶液及其配制

（1）一般溶液的配制方法

一般溶液的浓度不需要十分准确。配制时固体试剂用托盘天平称量；液体试剂及溶剂用量筒、量杯量取。

称出的固体试剂，于烧杯中先用适量水溶解，再稀释至所需的体积。试剂溶解时若有放热现象或需加热溶解，应待冷却后，再转入试剂瓶中。配好的溶液，应马上贴好标签，注明溶液的名称、浓度和配制日期。

一般溶液的配制应注意如下几个问题：

① 用易水解的盐配制溶液时，需加入适量的酸后再用水或稀酸稀释。有些易被氧化或还原的试剂，常在使用前临时配制，或采取措施防止氧化或还原。

② 易腐蚀玻璃的溶液，不能盛放在玻璃瓶内，如氟化物需保存在聚乙烯瓶中，装苛性碱的玻璃瓶应用橡胶塞，最好也盛于聚乙烯瓶中。

③ 配制指示剂溶液时，需称取的指示剂量可用分析天平称量，但只要读取两位有效数字即可。要根据指示剂的性质，采用合适的溶剂，必要时还要加入适当的稳定剂，并注意其保存期。配好的指示剂一般储存于棕色瓶中。

④ 经常并大量使用的溶液，可先配制成使用浓度 10 倍的储备液，需要用时取储备液直接稀释即可。

（2）标准溶液的配制方法

① 直接配制法　直接配制法适合于用基准物质配制标准溶液。具体方法是准确称取一定量的基准物质置于小烧杯中，溶解后定量地转移到容量瓶中，用蒸馏水稀释至刻度、摇

匀。根据称取物质的质量和容量瓶的体积，计算出该标准溶液的准确浓度。

基准物质必须具备以下条件：

a. 试剂的纯度足够高（或质量分数为 99.9% 以上），一般可以用基准试剂或优级纯试剂。

b. 物质的组成与化学式相符，若含结晶水，其结晶水的含量应与化学式相符。

c. 试剂稳定，如不易吸收空气中的水分和二氧化碳，不易被空气氧化。放置或烘干过程中不发生变化。

d. 摩尔质量尽可能大，可以使称量的相对误差比较小。

② 间接配制法　由于大多数物质不能满足基准物质的条件，可采用间接配制法。间接配制法就是先配制近似浓度的溶液然后再标定的方法。具体方法是粗略地称取一定量物质或量取一定体积溶液，配制成接近于所需要浓度的溶液，然后用基准物或另一种物质的标准溶液通过滴定的方法来确定它的准确浓度。这种确定浓度的操作称为标定。基准物标定法比标准溶液标定法准确度高。

（3）溶液配制时的注意事项

① 配制中所用的水及稀释液，在没有注明其他要求时，是指其纯度能满足分析要求的蒸馏水或去离子水。

② 工作中使用的分析天平砝码、滴定管、容量瓶及移液管均需校正。

③ 标准溶液浓度为 20℃时的标定浓度（否则应进行换算）。

④ 在标准溶液的配制中规定用"标定"和"比较"两种方法测定时，不要略去其中任何一种，而且两种方法测得的浓度值的相对误差不得大于 0.2%，以标定所得数字为准。

⑤ 标定时所用基准试剂应符合要求，配制标准溶液所用药品应符合化学试剂分析纯级。

⑥ 配制的标准溶液浓度与规定浓度相对误差不得大于 5%。

2.5　实验室常用加热技术

2.5.1　热源

在化学实验室中常用的热源有酒精灯、酒精喷灯、煤气灯、电加热设备、红外灯等。

（1）酒精灯

酒精灯是用酒精作燃料的加热器，它由灯罩、灯芯和灯壶三部分组成如图 2-15（a）。其火焰温度为 400～500℃，用于温度不需太高的实验。酒精灯灯焰由焰芯、内焰和外焰三部分组成［图 2-15（b）］使用酒精灯时应注意下面三点：

① 添加酒精时，应在火焰熄灭的状态下用漏斗把酒精加入灯壶内。灯壶内酒精的量以充满酒精灯容量的 2/3 为宜。以免移动时倾洒出，或点燃时受热膨胀而溢出。

② 点燃酒精灯要用火柴等引燃，决不能用燃着的酒精灯对燃。否则容易引起火灾。不用时将灯罩罩上，火焰即熄灭，不能用嘴吹。盖灭片刻后，应将灯罩打开一次，再重新盖上，以

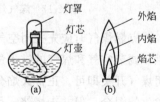

图 2-15　酒精灯的构造和灯焰

免冷却后盖内成负压而打不开。

③ 酒精灯连续使用的时间不能过长，以免火焰使酒精灯本身灼热后灯内酒精大量气化形成爆炸混合物。

（2）酒精喷灯

酒精喷灯也是用酒精作燃料的加热器，有座式和挂式两种如图 2-16。使用时先给喷灯储罐添加酒精，座式喷灯壶内酒精储量不能超过酒精壶的 2/3。然后在预热盘内注入适量的酒精，再点燃盘中的酒精以加热灯管，预热壶中酒精并使之汽化，待上口出现火焰，开启空气调节器，使酒精蒸汽与来自气孔的空气混合燃烧，形成 1000℃ 左右的高温火焰。用毕，挂式喷灯关紧调节即可使灯熄灭，同时酒精储罐的下口开关也应关闭。座式喷灯熄灭时需用盖板将灯焰盖灭，或用湿抹布将其闷灭。

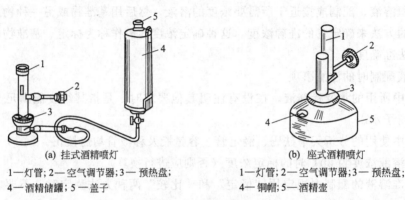

(a) 挂式酒精喷灯

1—灯管；2—空气调节器；3—预热盘；
4—酒精储罐；5—盖子

(b) 座式酒精喷灯

1—灯管；2—空气调节器；3—预热盘；
4—铜帽；5—酒精壶

图 2-16　酒精喷灯

（3）煤气灯

煤气灯的式样较多，构造原理基本相同。常用的煤气灯如图 2-17。它是由灯管和灯座两部分组成，灯管与灯座通过螺旋相连。灯管下端有几个小孔，是空气入口，通过旋转灯管可使小孔有不同程度的开启，以调节空气的进入量。灯座的侧面有煤气入口，煤气进入量可通过螺旋针阀进行调节。

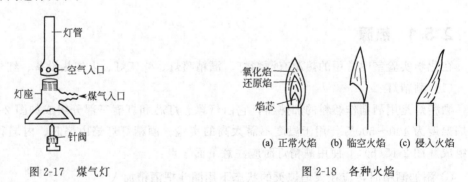

图 2-17　煤气灯

图 2-18　各种火焰

点燃煤气时应先关闭空气入口，擦燃火柴并放在灯管口边缘，然后打开煤气开关将灯点燃。调节空气和煤气的进入量，至火焰成为正常状态，即淡紫色分层的火焰。加热完毕，关闭煤气开关即可。正常火焰分为三层 ［图 2-18(a)］，内层为焰芯，呈黑色，是煤气与空气发生的混合，但并未燃烧，因而温度最低；中层为还原焰，火焰为淡蓝色，煤气燃烧不完全，温度不高；外层为氧化焰，火焰为淡紫色，煤气完全燃烧，温度最高，通常可达 800～

900℃。一般使用氧化焰加热。

当煤气和空气的进入量调节不适当时，会产生不正常的火焰［图 2-18（b）和图 2-18（c）］，如临空燃烧（煤气进入量太多）、浸入火焰（空气过多）等，如果出现这些现象应立即关闭煤气，重新调节和点燃。

（4）水浴锅

电热恒温水浴锅是用于蒸发和恒温加热。有两孔、四孔、六孔等不同规格，每孔最大直径为 120mm，孔上有四圈一盖，可以根据受热器皿的大小任意选用。水浴锅锅体分内外两层，内层用铝板制成，槽底安装铜管，管内电炉丝用瓷接线柱联通双股导线至控制器。外壳用薄钢板制成，内壁用隔热材料制成。控制器由热开关及电路组成。控制器的全部电器部件均装在电器箱内。控制器表面有电源开关、调温旋钮和指示灯。水浴锅外形如图 2-19 所示。

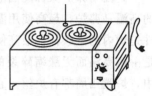

图 2-19　电热恒温水浴锅

水浴锅用电热加温。电源电压为 220V，水浴锅恒温范围为 37～100℃（须高于室温 3℃），温差为 ±1℃。将水温自 20℃升至 100℃的时间约为 50min。电炉丝用 ϕ0.4mm 热力丝制成，工作时电流密度比一般电炉小，这可降低温差和延长炉丝寿命，恒温控制采用差动棒式调节器。

使用方法：

① 关闭放水阀门，将水浴箱内注入清水至适当深度，一般不超过水浴锅容量的 2/3。

② 将电源插头接在插座上，并在插座的粗孔安装地线。

③ 顺时针调节调温旋钮到适当位置。

④ 开启电源，红灯亮显示电阻丝通电加热。

⑤ 电阻丝加热后温度计的指数上升到离预定温度约 2℃时，应反向转动调温旋钮至红灯熄灭，此后红灯不断熄亮，表示温控在起作用，这时再略微调节调温旋钮即可达到预定温度。

注意事项：

① 切记水位一定保持不低于电热管，否则会立即烧坏电热管。

② 控制箱内部不可受潮湿，以防漏电。

③ 使用时注意水箱是否有渗漏现象。

除了普通的电热恒温水浴锅外，还有些精密实验用的超级恒温水浴锅，它用电动循环的泵进行搅拌，并有良好的自动控温系统，恒温波动度为 ±1/15℃。这种超级恒温水浴锅可作精密的保温实验用。当然，在没有电热恒温水浴锅的情况下可用大烧杯装水代替水浴锅。

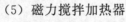

（5）磁力搅拌加热器

磁力搅拌加热器如图 2-20 中包含有可旋转的磁铁和可调功率的电热丝，既具有加热功能，又具有搅拌功能。当反应体系中放置聚四氟乙烯等材料包裹的磁棒（搅拌子）时，通过控制磁铁的转速可以在反应体系中产生搅拌作用。多数磁力搅拌加热器通过内置继电器具有恒温功能，是实验室小规模反应最常用的恒温加热搅拌装置。

图 2-20　磁力搅拌加热器

（6）电热套

电热套如图 2-21，有 50mL、100mL、250mL 等各种规格，是专为加

图 2-21 电热套

热圆底容器而设计的，电热面为凹的半球面的电加热设备，可取代油浴和沙浴对圆底容器加热。使用时应根据圆底容器的大小选择合适的型号。最高温度可达 450～500℃。加热时受热容器与电热套间要留有一定间隙，以便利用热空气传热和防止局部过热。如果受热容器较小，与电热套之间空隙较大时，为有效保温，可用玻璃布在电热套口和容器之间的间隙围住。

（7）高温马弗炉

高温马弗炉又称高温电炉，常用于质量分析中沉淀灼烧、灰分测定等工作。电阻丝结构的高温马弗炉，最高使用温度为 950℃，短时间可以用到 1000℃。硅碳棒式马弗炉的发热元件是炉内的硅碳棒，最高使用高温为 1350℃，常用工作温度为 1300℃。高温马弗炉的炉膛是由耐高温而无涨缩碎裂的氧化硅结合体制成。炉膛内、外壁之间有空槽，炉丝嵌在空槽中，炉膛四周都有炉丝，通电后，整个炉膛周围被均匀加热而产生高温。硅碳棒式马弗炉，发热元件硅碳棒分布在炉膛顶部，炉体两侧设有防护罩。炉膛的外围包着耐火砖、耐火土、石棉板等，以减少热量的损失。外壳包上带角铁的骨架和铁皮，炉门是用耐火砖制成，中间开一小孔，嵌一块透明的云母片，以观察炉内升温情况。当炉膛内暗红色时，约 600℃左右，达到深桃红色时，约 800℃左右，浅桃红色时，约 1000℃左右。

炉内的温度控制目前普遍采用温度控制器。温度控制器主要是由一块毫伏表和一个继电器组成，连接一支相匹配的热电偶进行温度控制。

电阻丝式马弗炉一般配镍铬-镍铝热电偶，硅碳棒式马弗炉配铂-铂铑热电偶如图 2-22。图 2-23 是高温马弗炉外形图。

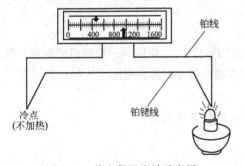

图 2-22　热电偶温度计示意图

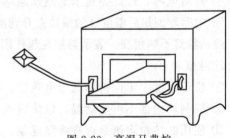

图 2-23　高温马弗炉

马弗电炉使用注意事项如下：

① 马弗炉必须放置在稳固的水泥台上，将热电偶棒从马弗炉背后的小孔插入炉膛内，将热电偶的专用导线接至温度控制器的接线柱上。注意正、负极不要接错，以免温度指针反向而损坏。

② 查明马弗炉所需电源电压，配置功率合适的插头插座和保险丝，并接好地线，避免危险。炉前地上应铺一块厚胶皮布，这样操作时较安全。

③ 灼烧完毕后，应先拉下电闸，切断电源。但不应立即打开炉门，以免炉膛骤然受冷碎裂。一般可先开一条小缝，让其降温快些，最后用长柄坩埚钳取出被烧物件。

④ 马弗炉在使用时，要经常照看，防止自控失灵，造成电炉丝烧断等事故。晚间无人值守时，切勿启用高温炉。

⑤ 炉膛内要保持清洁，炉子周围不要堆放易燃易爆物品。

⑥ 马弗炉不用时，应切断电源，并将炉门关好，防止耐火材料受潮气侵蚀。

（8）微波炉

微波炉的加热完全不同于常见的明火加热或电加热。工作时，微波炉的主要部件磁控管辐射出微波，在炉内形成微波能场，并以每秒 24.5 亿次的速度不断地改变着正负极性。当待加热物体中的极性分子吸收微波后也以高频率改变着方向，使分子间相互碰撞、挤压、摩擦而产生热量，将电磁能转化为热能。可见工作时并不是微波炉本身产生热量，而是待加热物质吸收微波能后，内部的分子相互摩擦而自身发热，简单地讲是摩擦起热。微波炉加热的优点是加热速度快、能量利用率高、受热均匀等；缺点是不能恒温，不能准确控制所需的温度，只能通过实验确定微波炉的功率和加热时间，以达到所需的加热程度。

2.5.2 加热技术

实验室常用的加热方法有以下几种。

（1）直接加热

实验室中常用的加热器皿有试管、烧杯、烧瓶、蒸发皿、坩埚等。这些器皿能承受一定的温度，可以直接加热，但不能骤热或骤冷。故在加热前必须将器皿外面的水擦干，加热后不能立即与潮湿的物体接触。

① 加热液体　适合于较高温度下稳定、不分解、又没有着火危险的液体。

加热试管内的液体时，如图 2-24(a) 所示，管内所装液体的量不能超过试管容量的 1/3，并用试管夹夹住距试管口 1/3～2/5 处，管口稍微向上倾斜，试管口不能对着自己或他人，以免溶液沸腾溅出烫伤人。加热时，应先加热液体的中上部，再慢慢往下移动，然后上下移动，使液体各部分受热均匀。否则液体局部受热，会引起爆沸或因受热不均而使试管炸裂。

加热烧杯、烧瓶等玻璃容器中的液体时 ［图 2-24(b)］，所盛液体不宜超过烧杯容量的 1/2 或烧瓶容量的 1/3。并且必须是放在石棉网上加热，并不断搅拌，否则会因受热不均匀而破裂。

如需把溶液浓缩，则把溶液放入蒸发皿中加热，待溶液沸腾后改用小火慢慢地蒸发、浓缩。

② 加热固体　用试管加热固体时，先将少量药品平铺在底部，并使试管口稍向下倾斜固定在铁架台上或用试管夹夹住 ［如图 2-25(a)］。先用酒精灯预热，后定点加热。

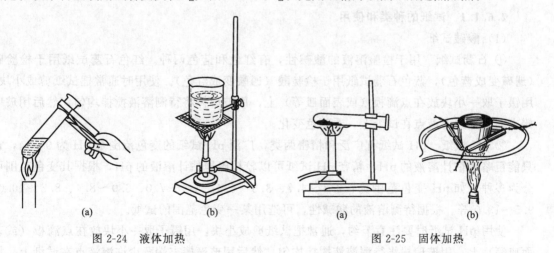

图 2-24　液体加热　　　　　　　　图 2-25　固体加热

较多固体的加热，要在蒸发皿中进行［如图 2-25(b)］。先用小火预热，再慢慢加大火焰，但也不能太大，并充分搅拌，使固体受热均匀，以免固体溅出造成损失。需要高温灼烧时，应把固体放在坩埚内，先小火后强火，直至坩埚红热，维持一段时间后停止加热。若需灼烧到更高温度时，要将坩埚置于马弗炉中进行强热。如分解矿石等。

（2）间接加热

① 水浴加热　要求加热温度不超过 100℃时，可用水浴加热。若把水浴锅中的水煮沸，用水蒸气来加热，即成蒸汽浴，见图 2-26。也可先用大小合适的烧杯代替水浴锅。

② 油浴加热　用油代替水浴锅中的水就是油浴（图 2-27），它适用的加热温度为 100～250℃。甘油和邻苯二甲酸二丁酯适用于 150℃ 以下的加热，高温分解。石蜡油浴可用于温度在 200℃ 以下的加热。硅油在 250℃ 仍稳定，不冒烟，透明度好，只是价格较高。

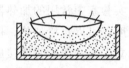

　　图 2-26　水浴加热　　　　　　图 2-27　油浴加热　　　　　图 2-28　蒸发皿沙浴加热

③ 沙浴加热　可加热到 350℃。将细沙盛在铁盘内（图 2-28），被加热的器皿可埋在沙子中，加热时是加热铁盘。若要测量沙浴的温度，可把温度计插入沙中。沙浴的特点是，升温比较慢，停止加热后，散热也较慢。所以容器底部的沙子要薄些，周围的沙子厚些。尽管如此，沙浴的温度仍不易控制，使用不多，现在可用电热套加热代替。

2.6　试纸和滤纸的使用

2.6.1　试纸的使用

2.6.1.1　试纸的种类和使用

（1）酸碱试纸

① 石蕊试纸　用于检验溶液的酸碱性，有红色和蓝色两种。红色石蕊试纸用于检验碱（遇碱变成蓝色），蓝色石蕊试纸用于检验酸（遇酸变成红色）。使用时通常把试纸剪成小块，用镊子取一小块放在点滴板（或表面皿等）上，用玻璃棒将待测溶液搅拌均匀，然后用玻璃棒末端蘸少许溶液点在试纸上，看颜色变化。

② pH 试纸　pH 试纸有广泛和精密两类，广泛 pH 试纸的变色范围是 pH 为 0～14，它只能粗略地估计溶液的 pH；精密 pH 试纸可以较精确地估计溶液的 pH，根据其变色范围可分为多种，如 pH 变色范围为：2.7～4.7、3.8～5.4、5.4～7.0、6.0～8.4、8.2～10.0、9.5～13.0 等。根据待测溶液的酸碱性，可选用某一变色范围的试纸。

使用 pH 试纸时要注意节约，通常把试纸剪成小块，用镊子取一小块放在点滴板（或表面皿等）上，用玻璃棒将待测溶液搅拌均匀，然后用玻璃棒末端蘸少许溶液点在试纸上，将试纸的颜色与色阶板比较，确定 pH。如测的是气体，使试纸湿润沾在玻璃棒上，放在试管口或伸入试管内，根据颜色变化确定酸碱性。不管是测气体还是测液体的酸碱性，试纸都不能浸入溶液中，以免沾污溶液。

（2）淀粉-碘化钾试纸

用来定性检验氧化性气体，如 Cl_2、Br_2 等。当氧化性气体遇到湿的试纸后，则将试纸上的 I^- 氧化成 I_2，I_2 立即与试纸上的淀粉作用变成蓝色。值得注意的是，当气体氧化性很强且浓度又大时，可能将 I_2 继续被氧化生成无色的 IO_3^- 使试纸退色，因此使用时必须认真观察试纸颜色的变化，否则会得出错误结论。使用时将一小块试纸湿润沾在玻璃棒上，放在试管口或伸入试管内，仔细观察。

（3）醋酸铅试纸

用来定性检验 H_2S 气体。当含有 S^{2-} 的溶液被酸化时，逸出的 H_2S 气体遇到试纸后，即与试纸上的醋酸铅反应，生成黑色的 PbS 沉淀，使试纸呈黑褐色，并有金属光泽。当溶液中 S^{2-} 浓度较小时，则不易检出。使用时，将小块试纸用去离子水湿润沾在玻璃棒上，放在试管口或伸入试管内，注意不要使试纸直接接触到溶液。

2.6.1.2 试纸的制备

这几类试纸在市场都能买到，当然，也可以自己动手制作。

（1）酚酞试纸（白色）

在 100mL 乙醇中溶解 1g 酚酞，摇匀后，加入 100mL 蒸馏水，将滤纸裁成条浸渍后，放在无氨蒸气处晾干即成。

（2）淀粉-碘化钾试纸（白色）

把 3g 淀粉和 25mL 水搅和，倾入 225mL 沸水中，加入 1g 碘化钾和 1g 无水碳酸钠，再用水稀释至 500mL，将滤纸裁成条浸泡后，放在无氧化性气体处晾干即成。

（3）醋酸铅试纸（白色）

将滤纸裁成条浸入 3% 醋酸铅溶液中，浸泡后，放在无 H_2S 气体处晾干即成。

2.6.2 滤纸的使用

实验室中常用的滤纸有定性和定量两种，按过滤速度和分离性能的不同，又分为快、中、慢三种。定量滤纸的特点是灰分很低、杂质含量也很低。在实验中可根据需要合理地选用。

2.7 溶解、蒸发和结晶操作技术

2.7.1 固体的溶解

溶解是指将固体物质溶于水、酸、碱等试剂中制备成溶液。当固体颗粒较大时，先在干燥、洁净的研钵中研细。并根据固体物质的性质选择合适的溶剂，如固体物质若无水解特性，可选蒸馏水作溶剂；若固体物质易水解且水解后呈酸性，则选相应的酸作溶剂（$FeCl_2$、$SnCl_2$ 常用稀盐酸作溶剂）；若水解后呈碱性则选相应的碱为溶剂。常用加热、搅拌等方法加快溶解速度。搅拌时要注意手持玻璃棒，轻轻转动，使玻璃棒不要触及容器底部及器壁。在试管中溶解固体时，可用震荡的方法加速溶解。

2.7.2 蒸发、浓缩

当溶液很稀而所制备的无机物的溶解度又较大时，为了能从中析出该物质的晶体，就要对溶液进行蒸发、浓缩，待蒸发到一定程度时冷却，就可析出晶体。当物质的溶解度较大时，必须蒸发到溶液表面出现晶膜时才停止加热；若物质的溶解度随温度变化不大，为了获得较多的晶体，可在结晶析出后继续蒸发（如熬盐）；若物质的溶解度较小或高温时溶解度较大而室温（或低温）溶解度较小时，则不必蒸发到液面出现晶膜就可冷却。

蒸发速度和液体表面积大小有关。蒸发的面积较大，有利于快速浓缩。因此无机实验中常在蒸发皿中进行蒸发，内盛液体不得超过其容量的 2/3。蒸发过程中应当尽量小心控制加热温度，避免因爆沸而溅出试样。

若无机物对热是稳定的，则可以把蒸发皿放在石棉网上用酒精灯或煤气灯直接加热，否则应用水浴间接加热。

2.7.3 结晶

晶体析出的过程称为结晶，只有当溶液的浓度达到饱和以后才有结晶析出。析出晶体的颗粒大小与结晶条件有关，如果溶液的浓度较高，溶质在水中的溶解度随温度下降而显著减小时，冷却速度越快析出晶体颗粒越细小；若溶液浓度不高，加入一小粒晶种后使溶液慢慢冷却，则得到较大的晶体。搅拌有利于细小晶体的生成，静止有利于大晶体的生成。从纯度来看，快速生成的细小晶体纯度较高，缓慢生长的大晶体纯度较低。因为在大晶体的间隙易包裹母液或杂质，故影响纯度。

如果溶液易发生过饱和现象，可以用搅拌、摩擦器壁或投入几粒小晶体（晶种）等办法，形成结晶中心，过量的溶质便会全部结晶析出。

如果第一次得到的晶体纯度不符合要求，可进行重结晶。重结晶是提纯固体物质常用的重要方法之一，适用于溶解度随温度有显著变化的化合物的提纯。即在加热的情况下使被纯化的物质溶于尽可能少的溶剂中，形成饱和溶液，趁热过滤，除去不溶性杂质。待滤液冷却后被纯化的物质再次结晶析出，而杂质则留在母液中，纯度得到提高。根据对物质纯度的要求，可进行多次结晶。

2.8 固液分离技术

2.8.1 倾析法

当沉淀的结晶颗粒或相对密度较大，静止后容易沉降到容器的底部，可用倾析法进行分离与洗涤。倾析法的操作如图 2-29 所示。待溶液和沉淀分层后，倾斜器皿，将玻璃棒横放在烧杯嘴上，将上部清液沿玻璃棒缓慢地倾入另一只烧杯中，使沉淀与溶液分离。洗涤时，可向盛结晶（沉淀）的容器内加入少量洗涤剂（如蒸馏水、酒精等）充分搅拌后静置、沉降后倾析出洗涤液，重复洗涤 2～3 次，可将沉淀洗净。

图 2-29 倾析分离

2.8.2 过滤法

过滤法是最常用的分离方法之一。当溶液和结晶（沉淀）的混合物通过过滤器（如滤纸）时，结晶（沉淀）就留在过滤器上，溶液则通过过滤器而滤入容器中，此所得的溶液叫做滤液。

影响过滤速度的因素有溶液的温度、黏度、过滤时的压力、过滤器孔隙的大小和沉淀物的状态。热的溶液比冷的溶液容易过滤；黏度小的过滤速度快；减压过滤比常压过滤快；要选择大小孔隙合适的过滤器进行过滤，孔隙太大时，会透过沉淀，孔隙太小时则易被沉淀堵塞，使过滤难于进行；沉淀若呈现胶状时，必须用加热的方法破坏，否则沉淀会随着滤液穿过滤纸。常用的过滤方法有常压过滤、减压过滤和热过滤三种。

（1）常压过滤

用普通漏斗在常压下过滤的方法，适合沉淀物为胶体或细小的晶体，缺点是过滤速度较慢。具体操作技术如下：先将一圆形或方形滤纸对折两次成扇形（方形滤纸需剪成扇形），展开后半边一层另半边为三层的锥形，如图 2-30 所示。放入干净的 60°角的漏斗中，一般要求漏斗颈的直径为 3～5mm，颈长为 15～20cm，颈口处磨成 45°角度，如图 2-30所示。

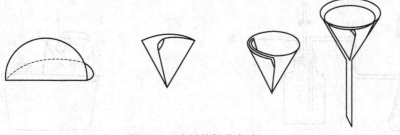

图 2-30 滤纸的折叠方法

过滤时要注意"一贴、二靠、三低"的操作要点。

"一贴"是调整滤纸的大小和角度使之与漏斗的大小相适应，使滤纸能与漏斗贴紧，否则会影响过滤速度。为保证滤纸与漏斗壁之间在贴紧后无缝隙，可在三层滤纸的那一边将外层撕去一小角，用食指把滤纸紧贴在漏斗内壁上，三层的一边放在漏斗出口短的一侧，用少量蒸馏水润湿滤纸，再用食指（或玻璃棒）轻压滤纸四周，挤出滤纸与漏斗间的气泡。使滤纸紧贴在漏斗壁上。此时漏斗颈内部应全部充满水，形成水柱，由于液体的重力可起抽滤作用，从而加快过滤速度。若没有形成完整的水柱，可以用手堵住漏斗下口，稍掀起滤纸三层的一边，用洗瓶向滤纸与漏斗间空隙里加水，直到漏斗颈和锥体的大部分被水充满，然后按紧滤纸边，放开堵住出口的手指，此时水柱即可形成。

"二靠"是漏斗颈长的一侧要紧靠在接盛滤液的容器内壁使滤液沿器壁流下以消除空气阻力，加快过滤速度，避免滤液溅失；在向漏斗中倾注沉淀物时，要用玻璃棒引流，此时烧杯嘴要紧靠在玻璃棒上，且玻璃棒的下端要对着三层滤纸的一边，尽可能接近滤纸，但不能接触滤纸。

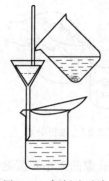

图 2-31　倾析法过滤

"三低"是过滤之前先调整漏斗的高度，使过滤过程中滤液液面低于漏斗颈的出口；滤纸的上缘要低于漏斗的边缘；漏斗中的液面应低于滤纸的边缘 5mm，以免少量沉淀物因毛细管作用越过滤纸上缘，造成损失，且不便洗涤。

为了加快过滤速度，多采用倾析法（图 2-31），即将容器中沉淀沉降后，先将清液倒入漏斗中，后转移沉淀。如果沉淀需要洗涤，应待清液转移完毕，将少量洗涤剂倒入沉淀，然后用玻璃棒充分搅动，静止一段时间，待沉淀下降后将上清液倒入漏斗中。如重复洗涤两三遍，最后将沉淀转移到滤纸上，洗涤沉淀时，应遵循"少量多次"的原则，这样洗涤效率才高。

（2）减压过滤

减压过滤可缩短过滤时间，并可以把沉淀抽得比较干燥，但它不适合于胶状沉淀和颗粒太细的沉淀的过滤。因为前者将更易透过滤纸；而后者将更易堵塞滤纸孔隙，或在滤纸上形成一层至密的沉淀使溶液不易通过。减压过滤装置如图 2-32、图 2-33 所示，由布氏漏斗、吸滤瓶、水泵及安全瓶组成。利用水泵中急速的水流不断将空气带走，从而使吸滤瓶内的压力减小，在布氏漏斗内的液面与吸滤瓶之间造成一个压力差，提高了过滤速度。在水泵与吸滤瓶之间安装一个安全瓶，目的是防止关闭水泵后流速的改变引起倒吸污染滤液。

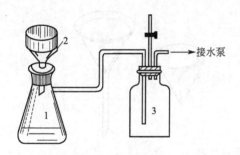

图 2-32　减压过滤

1—吸滤瓶；2—布氏漏斗；3—安全瓶

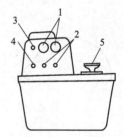

图 2-33　减压过滤水泵

1—真空表；2—抽气嘴；3—电源指示灯；
4—电源开关；5—水箱上盖手柄

减压过滤的操作步骤如下：

① 检查装置，布氏漏斗下端的斜面应与吸滤瓶的支管相对，便于吸滤。

② 把滤纸放入漏斗内，滤纸大小应剪得比布氏漏斗内径略小，恰好能盖住瓷板上的所有小孔为好。先用蒸馏水润湿滤纸，再开启水泵，使滤纸紧贴在漏斗上，然后才能进行吸滤操作。

③ 吸滤时，应采用倾析法，先将清液沿玻璃棒倒入漏斗中（溶液不要超过漏斗容量的 2/3）然后转移沉淀，继续抽吸到沉淀比较干燥为止。

④ 过滤时，吸滤瓶内的液面不能达到支管的水平位置，否则滤液将被抽出。

⑤ 过滤完毕，要先拔掉与吸滤瓶相连的橡胶管，再关水泵，防止倒吸。用玻璃棒轻轻掀起滤纸边缘，取出滤纸和沉淀，滤液则从吸滤瓶的上口倒出，不能从支管倒出。

减压过滤洗涤沉淀的方法是，先拔掉吸滤瓶上的橡胶管，再关闭水泵，然后在布氏漏斗中加入洗涤液润湿沉淀，让洗涤液慢慢通过沉淀，然后再进行吸滤。如果需要多次洗涤，则重复以上操作，洗至达到要求为止。

强酸、强碱和强氧化性溶液，过滤时不能用滤纸，因为溶液会和滤纸作用而破坏滤纸，若过滤后滤液有用，则可用石棉纤维代替滤纸；若过滤后要留用的是沉淀，则可用玻璃砂漏斗代替滤纸，但这种漏斗不适用强碱性溶液的过滤，因为强碱会腐蚀玻璃。

(3) 热过滤

当需除去热浓溶液中的不溶性杂质，而又不能让溶质析出时，通常使用热过滤法过滤（图 2-34）。热过滤时，把玻璃漏斗放在铜质的热水漏斗内，热水漏斗内装有热水可用酒精炉加热来维持溶液的温度。热过滤法选用的玻璃漏斗，其颈的外露部分愈短愈好，以免过滤时溶液在漏斗颈内停留过久，因散热降温，析出晶体而发生堵塞。

2.8.3 离心分离法

少量沉淀与溶液的分离常用离心分离法。该法操作简单而迅速。使用的离心机一般为电动离心机（图 2-35）。

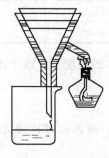
图 2-34 热过滤

图 2-35 离心机

操作时，将盛有沉淀的离心试管放入离心机的试管套内，在与之相对称的试管套内下要装入一支盛有相同体积水的离心试管。使离心机两臂保持平衡，否则易损坏离心机的轴。然后打开电源，调整转速，旋转一段时间后让其自然减速至停止旋转。在任何情况下，都不能突然加速离心机，或在未停止旋转前手按住离心机的轴，强制其停下来，否则离心机很容易损坏，而且容易发生危险。

离心沉降后，沉淀紧密地聚集在离心管底部，溶液则变澄清，可用毛细吸管（或滴管）把清液与沉淀分开。取一支毛细吸管，先用手指捏紧橡皮头，排除空气，将毛细管的尖端插入液面以下，但不可接触沉淀（注意尖端与沉淀表面要保持不小于 1mm 的距离），然后缓缓放松橡皮头，尽量吸出上层清液。操作中注意不要将沉淀吸入管中，或搅起沉淀。若沉淀需要洗涤，可以加入沉淀体积的 2～3 倍量的洗涤液，用玻璃棒充分搅拌，再离心分离，吸出清液，如此重复洗涤 2～3 次，即可洗去沉淀中溶液和吸附的杂质必要时可检验是否洗净，方法是将一滴洗涤液放在点滴板上，加入适当试剂，检查应分离出去的离子是否还存在，以决定是否需要进一步洗涤沉淀。

2.9　纯水的制备和检验

2.9.1　实验室用水的规格、选用和保存

纯水是无机及分析化学实验中最常用的溶剂和洗涤剂。我国的实验室用水规格在国家标准（GB 6682—92）中有相应的级别、技术指标、制备方法及检验方法。表2-4为实验室用水的级别与主要指标。

表 2-4　实验室用水的级别与主要指标

指标名称	一级	二级	三级
pH 值范围(25℃)	—	—	5.0～7.5
电导率(25℃)/(μS·cm^{-1})	≤0.1	≤1.0	≤5.0
比电阻(25℃)/(MΩ·cm)	≥10	≥1	≥0.2
可氧化物质(以 O 计)/(mg·L^{-1})	—	<0.08	<0.4
吸光度(254nm,1cm)	≤0.001	≤0.01	—
蒸发残渣[(105±25)℃]/(mg·L^{-1})	—	≤1.0	≤2.0
可溶性硅(以 SiO$_2$ 计)/(mg·L^{-1})	<0.01	<0.02	—

国标（GB 6682—92）的补充说明：由于在一级和二级水的纯度下，难于测定其真实的pH，因此对一级和二级水的pH范围国标不作规定。

一级和二级水的电导率需用新制备的水在线测定。

由于在一级水的纯度下，难于测定可氧化物和蒸发残渣，故国标对其限量也不作规定，可用其他条件和制备方法来保证一级水的质量。

国标对一、二级水电导的测试方法有明确的规定：用于一、二级水测定的电导仪，需配备电极常数为 0.01～0.1cm^{-1} 的在线电导池，并具有温度自动调节功能。

一级水用于有严格要求的分析实验，如液相色谱分析用水等。

二级水用于无机痕量分析，如原子吸收光谱分析用水等。

三级水用于一般化学分析实验。

纯水的制备不容易，也较难长时间保存，要求用 PC、PP、PE 材质的塑料桶装，放置时间不能过长。

2.9.2　实验室纯水的制备及水质检验

（1）蒸馏法

常用的蒸馏器有玻璃、石英、铜、不锈钢等。该法只能除去水中的非挥发性杂质及微生物等，但不能完全除去易溶于水的气体。本方法的设备成本低，操作简单，但能源消耗大。

（2）离子交换法

用离子交换法制备的纯水称为去离子水。目前多采用阴、阳离子交换树脂的混合床装置制备，此法的优点是制备的水量大、成本低、去离子能力强；缺点是设备及操作相对复杂，

不能去除非离子型杂质（如有机物），而且少量的树脂溶解在水中。因而去离子水中常含有微量的有机物。

（3）电渗析法

电渗析法是在离子交换技术的基础上发展起来的一种方法。它是在直流电场的作用下，利用阴、阳离子交换膜对溶液中的离子选择性透过而达到除去离子型杂质的目的。此法也不能除去非离子型杂质，适用于要求不高的分析工作。

纯水的水质检验有物理方法（如测定水的电导率或电阻率）和化学方法两类，检验的项目一般包括：pH、电导率或电阻率、硅酸盐、氯化物及某些金属离子，如 Cu^{2+}、Pb^{2+}、Zn^{2+}、Fe^{3+}、Ca^{2+}、Mg^{2+} 等。

第3章 无机及分析化学实验常用仪器操作技术

Chapter 03

3.1 分析天平

3.1.1 分析天平的分类和性能

分析天平是基础化学实验最常用的精密仪器之一，是定量分析中不可缺少的仪器。

（1）分析天平可按精度和结构两种方法进行分类

分析天平通常按精度分为 10 级。精度最好的是一级天平，最差的是十级天平。常量分析中，使用最多的是最大载荷为 100～200g 的分析天平，属于三、四级天平。微量分析中，最大载荷为 20～30g 的天平，属一至三级天平。

分析天平是根据杠杆原理制成的。按结构特点可分为等臂和不等臂两类。

常见的天平有：托盘天平、单盘电光分析天平、双盘电光分析天平和电子天平。

（2）天平的主要性能

① 分析天平的灵敏度　分析天平的灵敏度一般用天平盘上增加质量 1mg 的物体所引起指针偏移的格数表示，单位"格·mg^{-1}"。指针偏移的程度越大，表示天平越灵敏。

分析天平的灵敏度也可用感量表示，感量与灵敏度互为倒数关系：感量＝1/灵敏度。

② 分析天平的示值变动性　示值变动性是在不改变天平状态的情况下，多次开关天平，当天平达到平衡时指针所指位置的最大值和最小值之差，一般为 0.1～0.2mg。示值变动性太大，天平的稳定性差。

3.1.2 电子天平

电子天平是最新一代的天平，它是利用电子装置完成电磁力补偿的调节，使物体在重力场中实现力的平衡，或通过电磁力矩的调节，使物体在重力场中实现力矩的平衡。电子天平一般均具有自动调零，自动校准，自动去皮和自动显示称量结果等功能。电子天平达到平衡时间短，使称量更加快速。

下面以常见的 FA1104 型上皿电子天平为例（见图 3-1），简要说明电子天平的使用步骤。

（1）按一下 ON 键，经过短暂自检后，显示屏应显示"0.0000g"。如果显示不是"0.0000g"，则要按一下 TAR 键。

（2）将被称物轻轻放在秤盘上，这时可见显示屏上的数字在不断变化，待数字稳定后，即可读数，并记录称量结果。

（3）称量完毕，取下被称物，按一下 OFF 键关闭天平。

注意：学生在做实验时除了开关键和 TAR 键外，其余键均不得触动。

使用电子天平时，通电预热一定时间，零点稳定后即可称量。把物体放到称量盘上后，即能立即用数字显示出质量，称量快速。与计算机、记录仪等连接后可具有多种功能。

3.1.3 试样的称量方法

（1）直接称量法

对于那些在空气中稳定且不吸湿的物质如金属等，可在表面皿上或硫酸纸上直接称取，也可以称取指定质量的试样，其方法如下：

① 先称容器（如表面皿、硫酸纸等）并记录其质量和平衡点。

② 增加指定质量的砝码，在天平休止

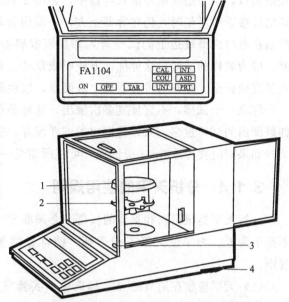

图 3-1 FA1104 型上皿电子天平示意图
1—秤盘；2—盘托；3—水平仪；4—水平调节脚

状态下，用牛角匙将试样添加在天平左盘的表面皿或硫酸纸中，半开天平进行试重。直到所加试样量与砝码只差很小质量时（通常为 10mg 以内），便可开启天平，极小心地用左手持盛有试剂的牛角匙，伸向表面皿中心部位上方约 2～3cm 处，如图 3-2 所示，轻轻振动使试样慢慢添入，直至两次平衡点一致为止。

称得的试样倒入容器内，并用干净的干毛刷把黏附在表面皿或硫酸纸上的残留试样全部刷入容器，并将毛刷放容器上轻轻敲刷柄，使沾在毛刷上的试样也尽可能落入容器内，盖上表面皿。

注意：称量时如果试样取得过多，只能弃去，不得放回原试样瓶中。这种称量方法准确度稍差，常用于工业分析中。

（2）减量法（又称递减法或差减法）

称取试样或基准试剂时，一般采用减量法。先取一个洗净并烘干的称量瓶，用牛角匙取较需要量稍多的试样于称量瓶中，在分析天平上准确称量，如图 3-3(a) 所示。然后，将称量瓶置于准备盛放试样的容器上方，用右手将瓶盖轻轻打开，慢慢将称量瓶向下倾斜，用盖

图 3-2 直接称量法

(a)   (b)

图 3-3 减量法

轻敲瓶口，小心地使试样落入容器中，如图 3-3(b) 所示，不要撒落在容器外。当倒出的试样估计接近所需量时，仍在容器上方，一面用盖轻轻敲打称量瓶，一面将称量瓶慢慢竖起，使沾在瓶口内壁或边上的试样落入称量瓶或容器中，盖好瓶盖，再准确称量。两次质量之差，即为试样的质量。这种称样方法叫减量法。如果试样倒得过少，可以按上述操作补加，重新准确称量。称好后将容器盖上表面皿，以免落入尘土等杂质。

称取一个试样，不宜反复多次倒出，这样易引进误差，对于吸湿强的试样更不宜如此。如果倒出的试样过多，只好将倒出的试样废弃，重新称取。

如果同时要称取 2～3 份试样，可将所需量一次放入称量瓶中，连续称取。

3.1.4 分析天平的使用规则

分析天平是很精密和贵重的仪器，必须非常小心使用，才能保证天平的灵敏度和准确度不至于降低。为了使天平不受损坏，使称量结果准确，在使用天平时必须严格遵守下列规则。

(1) 天平应放在适宜地点，远离化学实验室，以免受腐蚀性气体损害，最好另辟天平室。天平室应保持干燥，光线充足而不直射，温度变化不宜太大。天平台应坚固抗震，不要在靠近门窗和暖气处放置天平。天平一经调好，不得任意挪动位置。

(2) 天平箱内应十分清洁，放有干燥剂（如硅胶），并要定期更换，以保持天平箱内干燥。

(3) 绝对不可使天平负载的质量超过限度。绝不能把过热或过冷的物体放在天平盘上。称量物的温度必须与天平温度相同。湿的和具有挥发腐蚀性气体的物体应放在密闭容器中，才能称量。

(4) 砝码必须用镊子夹取，除了砝码盒与天平盘外，不应放在任何其他地方。砝码应放在盒内固定位置上。取放砝码后应随手关上砝码盒。砝码盒内应保持十分清洁。

(5) 所有称量结果必须即刻正确地记录在记录本上。

(6) 称量完毕后，一定要检查天平是否一切复原，是否清洁。称量者应负责维护。

(7) 如发现天平有毛病时，不要自己修理，立即告知教师。因分析天平是一种精密仪器，初学者随便调节，可能引起更大的损坏。

3.2 酸度计

酸度计是对溶液中 H^+ 活度产生响应的一种电化学传感器，它是以指示电极、参比电极、溶液组成的工作电池。以已知酸度的标准缓冲溶液的 pH 为基准，比较标准缓冲溶液所组成的电池的电动势和待测溶液组成的电池的电动势，从而得出待测液的 pH。

酸度计由电极和电动势测量部分组成。电极用来与试液组成工作电池。电动势测量部分则将电池产生的电动势进行放大和测量，最后显示出溶液的 pH。多数酸度计还兼有 mV 测量挡，可直接测量电极电位。如果配上合适的离子选择性电极，还可以测量溶液中某一离子的浓度（活度）。

酸度计通常以玻璃电极为指示电极，饱和甘汞电极为参比电极。当玻璃电极和饱和甘汞电极和待测溶液组成工作电池时，在 25℃是产生的电池电动势为：

$$E = K' + 0.0592\text{pH}$$

式中，E 为电池的电动势（V）；K' 为常数。测量这一电动势就可以获得待测溶液的pH。酸度计要用 pH 标准缓冲溶液进行校正。pH 标准缓冲溶液见附录 12。

3.2.1　Sartorius PB-10 型酸度计

Sartorius PB-10 型酸度计使用 pH 复合玻璃电极，外观结构如图 3-4 所示。

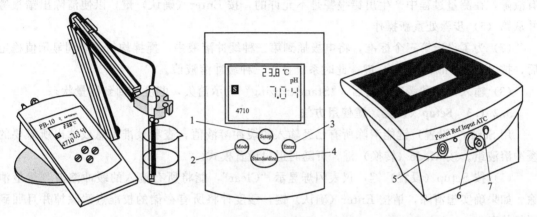

图 3-4　Sartorius PB-10 型酸度计外观结构示意图

1—Setup（设置）键；2—Mode（转换）键；3—Enter（确认）键；4—Standardize（校正）键；

5—Power（电源插口）；6—Input（电极插头）；7—ATC（温度探头插口）

3.2.1.1　使用方法

（1）将变压器插头与酸度计 Power（电源）接口相连，并接好交流电。

（2）将复合电极和 ATC（温度探头插口）输入孔连接。

（3）按 Mode（转换）键，直至显示屏上出现相应的测量方式（pH 或 mV）。

（4）酸度计最多可用三种标准缓冲溶液校准。校准时要将电极浸入到缓冲溶液中，搅拌均匀，按 Standardize（校正）键进行相应的缓冲溶液校准。若再输入第 4 种缓冲溶液时，将替代第 1 种缓冲溶液的值。

（5）显示屏显示当前 pH 或 mV 测量值。

（6）按 Setup（设置）键可显示经校准而得到的信息和清除或选择输入的缓冲溶液值。

3.2.1.2　pH 测量方式的校准

因为电极的响应会发生变化，因此酸度计和电极都应校准，以补偿电极的变化。为了获得精确的测量结果，有必要每天或经常进行校准。酸度计具有自动温度补偿功能。为了校准酸度计，至少使用两种缓冲溶液，待测溶液的 pH 应处于两种缓冲溶液 pH 之间。用磁搅拌器搅拌，可使电极响应速度加快。

（1）将电极浸入到标准缓冲溶液中，搅拌均匀，直至达到稳定。按 Mode（转换）键，直至显示屏上出现所需要的 pH 测量方式。

（2）在进行一个新的两点或三点校准之前，要将已经存储的校准点清除。使用 Setup（设置）键和 Enter（确认）键可清除，并选择所需要的标准缓冲溶液组。

（3）按 Standardize（校正）键。酸度计识别出缓冲溶液并闪烁显示缓冲溶液值，达到稳定转台后，按 Enter（确认）键，测量值被存储。

（4）酸度计显示的电极斜率为 100.0％。当输入第二种或第三种缓冲溶液时，仪器首先进行电极检验［见步骤（6）及以后的步骤］，然后显示电极的斜率。

（5）将电极进入第二种缓冲溶液中，搅拌均匀，等到显示值稳定后，按 Standardize（校正）键。酸度计识别出缓冲溶液，并在显示屏上显示出第一种或第二种缓冲溶液值。

（6）当前酸度计正进行电极检验。系统显示，电极完好出现"OK"，"Error"表示电极有故障，在测量过程中产生出错报警是不允许的，按 Enter（确认）键，以便清除出错报警并从第（5）步骤处重新操作。

（7）为了设定第三个标准，将电极插到第三种缓冲溶液中，搅拌均匀，等到显示值稳定后，按 Standardize（校正）键，此时系统显示三种缓冲溶液值。

（8）输入每一种缓冲溶液后，"Standardizing"显示消失，酸度计回到测量状态。

3.2.1.3　Setup（设置）键使用方法

用 Setup（设置）键能清除所有已经输入的缓冲溶液值，查看校准信息或选出所需要的缓冲溶液组。按 Mode（转换）键，可随时退出设置模式。

（1）按 Setup（设置）键，仪表闪烁显示"Clear"，能将所有输入的缓冲溶液测量值清除。如果确实想清除，请按 Enter（确认）键，酸度计将所有存储的校准点清除掉并且回到测量状态。

（2）再按 Setup（设置）键，即得到有关电极状态和第 1 与第 2 校准点之间斜率的信息。此外，还显示出两个缓冲溶液的数值。

（3）再按 Setup（设置）键，显示第 2 与第 3 个缓冲溶液间斜率（如果已经输入第 3 个缓冲溶液）以及第 2 与第 3 个缓冲溶液的数值。

（4）再按 Setup（设置）键，仪表闪烁显示"Set"，并显示第一组缓冲溶液的数值。

（5）按 Enter（确认）键，可以选择所显示的缓冲溶液组，或者通过按 Setup（设置）键在三组缓冲溶液组之间切换。

（6）按 Enter（确认）键，选出所需要的缓冲溶液组。按 Setup（设置）键或随时按 Mode（转换）键，回到测量状态。

3.2.1.4　电极安装和维护

（1）去掉电极的防护帽。建议电极在第一次使用前，或电极填充液干了，应该将电极浸在标准溶液或 KCl 溶液中 24h 以上。

（2）在各次测量之前要清洗电极，吸干电极表面的溶液，用蒸馏水或去离子水或待测溶液进行冲洗。

（3）将玻璃电极存放在电极填充液 KCl 溶液中或电极存储液中。测量过程中如选择可填充电解液电极，加液口应常开，存放时关闭。并注意在内部溶液液面较低时及时补充电解液。

（4）去掉酸度计接头的防护帽，将电极插头接到背面的 BNC（电极）和 ATC（温度探头）输入孔。

（5）ORP（氧化还原电位）及离子选择电极的连接。去掉 BNC 密封盖，将电极接到 BNC 输入口。

（6）温度探头应干燥存放。

3.2.2　雷磁 pHs-25 型酸度计

雷磁 pHs-25 型酸度计是一种精密数字显示的 pH 计，其测量范围宽，重复性误差小。使用的电极是 E-201-C 型复合电极，它是将测量电极（玻璃电极）和参比电极（甘汞电极）组合成一根电极进行测量。pHs-25 型酸度计的面板结构如图 3-5 所示。

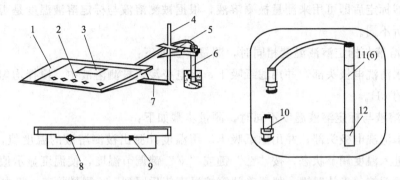

图 3-5　雷磁 pHs-25 型酸度计外观结构示意图

1—机箱；2—键盘；3—显示屏；4—电极梗；5—电极夹；6—电极；7—电极梗固定座；
8—测量电极插座；9—电源插座；10—Q9 短路插座；11—E-201-C 型 pH 复合电极；12—电极保护套

3.2.2.1　使用方法

（1）电极安装

电极梗 4 插入电极梗固定座 7 中，电极夹 5 插入电极梗 4，复合电极 11 安装在电极夹 5 上，拔下电极 11 前端的电极套 12，并且拉下电极上端的橡皮套使其露出上端的小孔，用蒸馏水清洗电极，再用滤纸吸干底部的水分。

（2）开机

按下电源开关，电源接通后，预热 10min。

（3）标定

仪器使用前首先要标定。一般情况下仪器在连续使用时，只需最初标定一次。自动标定具体操作步骤如下：

① 在测量电极插座 8 处拔掉 Q9 短路插头 10。

② 在测量电极插座 8 处插入复合电极 11。

③ 打开电源开关，仪器进入 pH 测量状态。

④ 按"温度"键，使仪器进入温度调节状态（此时温度单位℃指示灯闪亮），按"△"键或"▽"键调节温度显示数值上升或下降，使温度显示值和溶液温度一致，然后按"确认"键，仪器确认溶液温度值后回到 pH 测量状态。

⑤ 把用蒸馏水清洗过的电极插入 pH=6.86（或 pH=4.00 或 pH=9.18）的标准缓冲溶液中，按"标定"键，此时"定位"显示，并显示实测的 mV 值，待读数稳定后，按"确认"键（此时"定位"显示，并显示实测的 mV 值对应的该温度下的标准缓冲溶液的 pH 校准值），然后再按"确认"键，仪器进入"斜率"标定。

⑥ 仪器在"斜率"标定状态下，把用蒸馏水清洗过的电极插入 pH=4.00（或 pH=6.86 或 pH=9.18）的标准缓冲溶液中，此时"斜率"显示，并显示实测的 mV 值，待读数

稳定后，按"确认"键（此时"斜率"显示，并显示实测的 mV 值对应的该温度下的标准缓冲溶液的 pH 校准值），然后再按"确认"键，仪器进入 pH 测量状态。至此，完成仪器的标定。

注意：一般情况下，在 24h 内仪器不需再标定。

（4）测量 pH

测量仪器标定后即可用来测量被测溶液，根据被测溶液与标定溶液温度是否相同，其测量步骤也有所不同。

① 被测溶液与标定溶液温度相同时，测量步骤如下：

用蒸馏水清洗电极头部，并用滤纸吸干，将电极浸入被测溶液中，搅拌均匀，在显示屏上读出溶液的 pH。

② 被测溶液与标定溶液温度不同时，测量步骤如下：

用蒸馏水清洗电极头部，并用滤纸吸干。用温度计测出被测溶液的温度值，按"温度"键，使仪器进入温度调节状态，按"△"键或"▽"键调节温度，使温度显示值和被测溶液温度一致，然后按"确认"键，仪器确认溶液温度值后回到 pH 测量状态。将电极浸入被测溶液中，搅拌均匀，在显示屏上读出溶液的 pH。

（5）测量后

测量完毕，拆下复合电极，插上 Q9 短路插，移走电极并冲洗电极，套上电极保护套。

3.2.2.2 注意事项

（1）仪器的输入端（测量电极插座）必须保持干燥清洁。仪器不用时，将 Q9 短路插头插入插座，防止灰尘和水汽侵入。

（2）测量时，电极的引用导线应保持静止，否则会引起测量不稳定。

（3）取下电极保护套后，应避免电极的敏感玻璃泡与硬物接触，因为任何破损或擦毛都使电极失效。

（4）测量结束，及时将电极保护套套上，电极套内应放少量的外参比补充液，以保持电极球泡的湿润，切忌浸泡在蒸馏水中。

（5）复合电极的外参比补充液为 3mol·L^{-1} 的氯化钾，补充液可以从电极上端小孔加入，复合电极不使用时，拉上电极上端的橡皮套，防止补充液干涸。

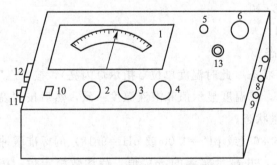

图 3-6　pHs-25C 型酸度计外观结构示意图

1—电表；2—温度调节器；3—定位调节器；4—选择开关；
5—甘汞电极插口；6—玻璃电极接线柱；7—电位校正；
8—pH 校正；9—零点校正；10—指示灯；11—电源
开关；12—电源插座；13—读数按钮

3.2.3　pHs-25C 型酸度计

pHs-25C 型酸度计是用电位法测定 pH 的一种仪器，如图 3-6 所示。

3.2.3.1　使用方法

（1）仪器的安装

仪器的电源为 220V 交流电，电源插头中黑色线表示接地线，不可弄错。将电源插头插入电源插座的孔内。

（2）电极安装

电极夹插入电极梗上，并将玻璃电极和甘汞电极安装在电极夹上，电极引线插入各自的插口内。将甘汞电极的小橡胶塞及下端电极套拔下，不用时再套回。

(3) pH 的测量

① 零点的校正　未接通电源之前，检查电表的指针是否在零点（pH＝7）处，如不在零点，调节零点校正，使指针指在 pH＝7 处。

② 接通电源　开启电源开关，电源接通后，预热 10min。

③ 将选择开关置于"pH"位置　调节温度调节器置室温。

④ 定位　用蒸馏水清洗电极，再用滤纸吸干底部的水分。将电极插入 pH＝4.01 的标准缓冲溶液的烧杯中，轻轻摇动烧杯，先按下读数旋钮。调节定位调节器，使指针指在标准缓冲溶液的 pH 处，放开读数旋钮。定位完毕后，不要再动定位调节器，否则要重新定位。

⑤ 测量 pH　把用蒸馏水清洗过的电极插入装有被测溶液的烧杯中，轻轻摇动烧杯，按下读数旋钮。指针指示值即表示被测溶液的 pH，放开读数旋钮。

3.2.3.2　注意事项

(1) 各种调节旋钮转动时不可用力过大，以防螺丝松动，从而影响测量的准确度。

(2) 仪器的电极插口应保持清洁，不用时将接续器插入，以防灰尘及水汽侵入。

(3) 玻璃电极球泡勿接触污物，因球泡玻璃很薄，勿与硬物相碰，以防球泡破碎。一般在安装电极时，玻璃电极下端的玻璃球泡应比甘汞电极的陶瓷芯稍高一些，在摇动烧杯时球泡不会碰到杯底。玻璃电极球泡有裂痕或老化（久放两年以上），则应更换新电极。

(4) 测量读数时，按下读数旋钮。但更换测量样品或停止测量需要移出电极清洗之前，必须放开读数旋钮，使指针回零。否则由于指针频繁摆动会使仪器损坏。

3.3　可见光分光光度计

分光光度计是利用物质对单色光的选择性吸收来测定物质含量的仪器。实验室中常用的国产分光光度计有 721 型、722 型、723 型、751 型等，下面主要介绍 721 型、722 型、723 型分光光度计的使用。

3.3.1　721 型分光光度计

721 型分光光度计是在可见光谱区域内使用的一种单光束型仪器，其工作波长范围为 360～800nm。其仪器的仪器光学系统图和结构示意图分别如图 3-7，图 3-8 所示。

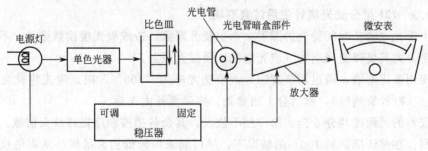

图 3-7　721 型分光光度计光学系统图

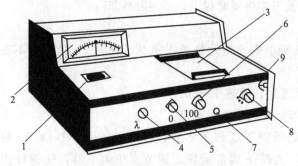

3.3.1.1　721 型分光光度计仪器结构

721 型分光光度计的仪器内部分成光源部件、单色器部件、入射光与出射光调节部件、比色皿架部件、电子放大器部件、稳压装置部件、电源变压器部件等几部分。721 型分光光度计以钨丝白炽灯为光源，以玻璃棱镜为单色器。棱镜固定在圆形活动板上，并通过拉杆与带有波长刻度盘的凸轮相连。转动波长刻度盘，棱镜相应转动一个角度，即可获得相应波长。获得的单色光经透镜进入液槽。采用自准式光路。

图 3-8　721 分光光度计结构示意图
1—波长读数盘；2—电表；3—比色皿暗盒盖；4—波长调节；
5—"0"透光率调节；6—"100%"透光率调节；
7—比色皿架拉杆；8—灵敏度选择；9—电源开关

仪器使用真空光电管。光电管前设有一套光门部件，当开启液槽暗箱盒盖时，光门挡板下垂，遮住透光孔，使光电管阴极面不受光照射。当关闭液槽暗盒盖时，光门顶杆向下压紧，光门挡板被打开，光电管受到光的照射而产生光电流。以场效应管为放大器，产生的微电流用微安表显示。

3.3.1.2　721 型分光光度计使用方法

（1）接通仪器电源之前，应首先检查微安表指针是否指"0"，如不指"0"，用微安表上的校正螺丝调整。灵敏度选择旋钮处于 1 挡。

（2）将仪器电源开关接通，开启液槽暗盒盖，使微安表指针指"0"，预热 20min。

（3）选择需用的单色光波长和相应的灵敏挡，调节"0"旋钮，使微安表指针处于透光率"0"位。

（4）将盛有参比液和待测液的比色皿并置于液槽架内。盛参比液的比色皿置于第一格内，盛待测液的比色皿顺次置于其他格内。合上暗箱盖，将参比溶液推置光路，使光电管受光照射，顺时针旋转"100%"旋钮，使微安表表指针处于透光率"100%"处。

（5）若旋转透光率"100%"旋钮，微安表指针偏离 100% 处，可将灵敏度旋钮旋至 2 挡或 3 挡，再重新调零和"100%"调节旋钮。

（6）按上述方式连续几次调节透光率位于"0"和"100%"，仪器稳定后即可测量。

（7）拉出比色皿定位拉杆，使待测溶液置于光路，从微安表上读取吸光度值，重复此操作 1~2 次，求读数平均值，作为测定的数据。

（8）测量完毕，关闭电源，将比色皿取出洗净晾干，放置于比色皿盒中。

3.3.1.3　721 型分光光度计使用注意事项

（1）由于光电管长时间受光的照射会产生疲劳现象，造成吸光度读数漂移，不测定时应打开暗盒盖，尤其要避免光电管（或光电池）受强光照射。

（2）使用参比溶液，通过调节旋钮 3 调节透光率为"100%"时，应先将此光量调节器调到最小（反时针旋到底），然后合上暗盒盖，再慢慢开大光量。

（3）仪器的灵敏度共分 5 挡，第一挡不放大，其余各挡按顺序提高放大倍数。选择灵敏度挡的原则：在保证能调到 100% 的情况下，尽可能采用较低档灵敏度，从而使仪器有更高的稳定性。

（4）拿比色皿时，用手捏住比色皿的毛玻璃面，切勿触及透光面，比色皿外壁的液体用擦镜纸或细软的吸水纸按一个方向轻轻擦拭，以免透光面被磨损，造成仪器误差。

（5）比色皿盛取溶液时需装至比色皿的约 3/4 高度处为宜。在测定一系列溶液的吸光度时，通常都是按从稀到浓的顺序进行。

（6）清洗比色皿时，一般用去离子水冲洗。若比色皿被有机物沾污，宜用盐酸-乙醇混合液（1∶2）浸泡片刻，再用水冲洗。不能用碱液或强氧化性洗涤清洗，更不能用毛刷刷洗，以免损伤比色皿。

（7）在实际工作中，根据待测液浓度的不同，选择厚度不同的比色皿，控制溶液的吸光度为 0.2～0.7。

3.3.2　722型分光光度计

3.3.2.1　722型分光光度计结构

722 型分光光度计仪器微机的中央控制中心为 CPU，并有程序存储器（ROM）和数据存储器（RAM）通过输入输出接口分别对显示器、光源稳压控制电路等进行控制。由键盘输入测量方式（T、A、C、F）和测量参数后，由 CPU 根据 ROM 设定的程序和 RAM 存储的数据控制测量方式，并对仪器提供讯号进行处理和控制，实现测量和相应的运算。使用波长范围 330～1000nm，波长精度为 2nm，单色光的带宽为 4。722 型分光光度计整机结构原理方框图见 3-9，722 型分光光度计外形如图 3-10 所示。

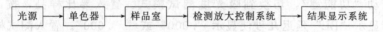

图 3-9　整机结构原理方框图

3.3.2.2　722型分光光度计工作原理

通电开机后点燃光源灯，此时光源发出的复合光进入单色器，经光栅色散由出射狭缝射出一束单色光，经样品室被光电池接收并转为电信号。通过放大器的放大和 A/D 变换后至 CPU，CPU 根据收到的信号和调 0% T、100% T 指令，由软件调整自动控制，使信号保持稳定输出，使数显屏上显示 100% T（或 0.000A），实现自动调 0% T、调 100% T 的目的。测量时设定测试波长，参比槽内放入参比液，按 100% T 键，CPU 根据接收到的指令，

图 3-10　722 型分光光度计外形图
1—样品室；2—波长调节旋钮、波长显示窗；3—控制面板；4—样品槽拉杆

自动调整 100% T 或 ABS0。当样品槽内样品进入光路，单色光被样品溶液吸收后透射出的单色光被光电池接收，转换成与样品透射光强度成一定比例的电讯号，在与参比液相同水平的状态下，经放大器放大和 A/D 变换后，由 CPU 控制显示出样品的透射比或吸光度。

3.3.2.3　722型分光光度计使用方法

（1）波长调整

接通电源，开启开关，预热 20min。转动波长旋钮，并观察波长显示窗，调整至需要的测试波长。注意事项：转动测试波长调满度后，要稳定 5min 以上才能进行测试。

（2）设置测试模式

按下"功能键"，便可切换测试模式。相应的测试模式如下：A 吸光度测试、T 透射比

测试、C 浓度测试、F 斜率测试。注意事项：开机默认的测试方式为吸光度方式。

（3）调 T 零（0％T）

在 T 模式时，将遮光体置入样品架，并拉动样品架拉杆使其进入光路。然后按下仪器上的"0％T"按钮，显示器上显示"00.0"或"—00.0"，便完成调 T 零，完成调零后，取出遮光体。

注意事项：

① 测试模式应在透射比（T）模式；

② 如果未置入遮光体并使其进入光路便无法完成调 T 零；

③ 调 T 零时不要打开样品室盖、推拉样品架；

④ 如果此时在吸光度测试模式，屏幕将显示"EL"。

（4）调 100％T/0A

将空白样品置入样品架，并拉动样品架拉杆使其进入光路。然后按下仪器上的"100％T"按钮，此时屏幕显示"BL"延迟几秒便显示"100.0"（在 T 模式时）或"—.000"、".000"（在 A 模式下时），即自动完成调 100％T/0ABS。注意事项：调 100％/0A 时不要打开样品室盖、推拉样品架。

（5）吸光度测试

按动"功能键"，切换到透射比测试模式，调整测试波长，置入遮光体，并使其进入光路，按下"0％T"键调 T 零，此时仪器显示"00.0"或"—00.0"。完成调零后，取出遮光体。按动"功能键"，切换到吸光度测试模式。置入参比样品，按下"100％T"键，此时仪器显示"BL"延迟几秒便显示".000"或"—.000"。置入测试样品，读取测试数据。

（6）透射比测试

按动"功能键"，切换到透射比测试模式，调整测试波长。置入遮光体，并使其进入光路，按下"0％T"键调 T 零，此时仪器显示"00.0"或"—00.0"。完成调零后，取出遮光体。置入参比样品，按下"100％T"键调满度，此时仪器显示"100.0"。置入测试样品，读取测试数据。

（7）浓度方式测试

按动"功能键"，切换到透射比测试模式，调整测试波长。置入遮光体，并使其进入光路，按下"0％T"键调 T 零，此时仪器显示"00.0"或"—00.0"。完成调零后，取出遮光体。置入参比样品，按下"100％T"键调满度，此时仪器显示"100.0"。置入标准浓度样品。按动"功能键"，切换到浓度测试模式。按动参数设置键（"▲"或"▼"），设置标准浓度，并按下"确认键"返回测试状态。置入测试样品，读取测试数据。

（8）斜率方式测试

按动"功能键"，切换到透射比测试模式，调整测试波长。置入遮光体，并使其进入光路，按下"0％T"键调 T 零，此时仪器显示"00.0"或"—00.0"。完成调零后，取出遮光体。置入参比样品，按下"100％T"键调满度，此时仪器显示"100.0"。置入标准浓度样品。按动"功能键"，切换到斜率测试模式。按动参数设置键（"▲"或"▼"），设置样品斜率。置入测试样品，并按下"确认键"读取测试数据。

3.3.3 723型分光光度计

723 型分光光度计配有专用微处理器，是用于可见光区的光吸收测量仪器。仪器的外形如图 3-11 所示，操作面板上各键的功能如图 3-12 所示。

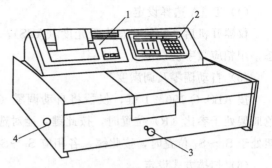

3.3.3.1 723型分光光度计的使用方法

（1）使用仪器

仪器使用之前要熟悉各个操作旋钮及键盘中各键的功能。接通电源之前，首先检查

图 3-11 723 型可见光分光光度计外形图

1—绘图打印机；2—键盘显示；3—试样槽拉杆；4—干燥器

仪器的安全性，使仪器处于原始状态。接通电源之后，电源指示灯点亮，绘图仪画出四色方格，仪器自动进入自测试程序，此时在波长显示窗上显示 723C 字样，数据显示窗上显示仪器能量值（十六进制数）。仪器自动寻找"0"级光。仪器找到"0"级光后，仪器自动进入100％线校正及相应自动控制能量增益，在波长显示窗上显示 320.0，表示从 320.0nm 开始校正仪器 100％线，每隔 1nm 进行校正，直到 820.0nm，然后仪器波长自动回到 500.0nm，表示仪器顺利通过自测试功能，在绘图仪上打印出开工信号。

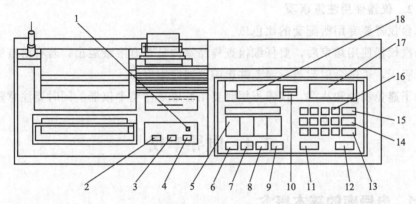

图 3-12 操作面板

1—电源指示灯；2—绘图仪换笔键；3—绘图仪走纸键；4—绘图仪记录笔换色键；

5—仪器工作状态指示灯；6—T/A 键；7—$\dfrac{\text{T/A}}{\text{RANGE}}$ 键；8—$\dfrac{\lambda\,(\text{nm})}{\text{RANGE}}$ 键；9—MOD 键；

10—$\dfrac{\text{ABSO}}{100\%\text{T}}$ 键；11—START/STOP 键；12—ENTER 键；13—CE 键；14—FUNC 键；

15—$\dfrac{\lambda}{\text{GOTO}}$ 键；16—数字键；17—波长显示窗；18—数据显示窗

（2）波长设定

仪器按 λ（GOTO）键，在 330.0～800.0nm 范围内任意设定仪器波长，最小设定变化为 0.1nm，波长显示窗显示仪器当前波长值。

（3）工作方式设定

723 型分光光度计有三种工作方式，即扫描方式（SCAN）、数据方式（DATA）、定时打印方式（TIME）。仪器开机后初始设定为数据方式（DATA），在此方式下仪器数据显示窗根据 T/A，选择功能显示出透光率读数（000.0～100.0％）或吸光度读数（000.0～2.000）。

（4）T、A 选择设定

仪器开机后，初始状态为吸光度（ABS），设定仪器"％T"，"ABS"，"CON"三种状态，用相应数字键设定。

（5）自动调零及调满度

按 ABS. O 100％T 键，仪器将自动调零（T＝0）及调满度（T＝100％）。例如：当比色皿架处于参比（R）位置时，按此键，能对选用的"参比"自动调零和调满度。当比色皿架处于 $S_1 \sim S_3$ 位置时，按此键，各相应 $S_1 \sim S_3$ 位置上的溶液被自动调零和调满度。

（6）扫描方式设定

仪器扫描时的起始波长需在 330.0nm 处，工作方式为扫描方式（SCAN）。在样品室内放入试样后，按下 START/STOP 键，仪器就开始自动扫描。此仪器可以重复自动扫描。

（7）打印设定

当选择数据（DATA）方式和定时打印（TAME）方式时，按 START/STOP 键，仪器立即打印出测定次数编号 1～99 号的数据。

（8）终止设定

ENTER 是将设定的各项功能或参数输入内存时用的键，当设定结果再按此键时，即可终止设定操作。

3.3.3.2 仪器使用注意事项

（1）每台仪器要专用所配套的比色皿。

（2）每次仪器使用结束后，要仔细检查样品室内是否有溶液溢出，若有溶液溢出必须马上用吸水纸吸干，否则会引起测量误差并影响仪器使用寿命。

（3）为了避免积尘和沾污，仪器不用时要用套罩罩住整个仪器。同时要注意防潮。

3.4　电导率仪

3.4.1　电导率的基本概念

导体导电能力的大小常以电阻（R）或电导（G）表示，电导是电阻的倒数，即 $G = \dfrac{1}{R}$。电阻、电导的国际单位分别是欧姆（Ω）、西门子（S）。

导体的电阻与其长度（L）成正比，而与其截面积（A）成反比：$R = \rho \dfrac{L}{A}$，ρ 为比例常数，称电阻率或比电阻。根据电导与电阻的关系，容易得出：$\kappa = G \dfrac{L}{A}$。κ 称为电导率。国际单位是西门子每米，用符号 $S \cdot m^{-1}$ 表示。

溶液的电导 G 为 R 的倒数，电导率用希腊字母 κ 表示，是电阻率 ρ 的倒数，即具有如下关系：$\kappa = \dfrac{1 \times L}{RA}$，对于固定的电导池，$\dfrac{L}{A}$ 为定植，称为电导池常数，用 K_{cell} 表示，即上式可写为：$\kappa = \dfrac{K_{cell}}{R}$（单位为 $S \cdot m^{-1}$）。由于电导的单位西门子太大，常用毫西门子（mS）

或微西门子（μS）表示。

电导率仪用以测定溶液的电导。因为电导是电阻的倒数，所以电导率仪实际上测量的是溶液的电阻，下面介绍两种常见的电导率仪。

3.4.2 DDS-11A 型电导率仪

3.4.2.1 仪器的控制面板

仪器的控制面板见图 3-13。

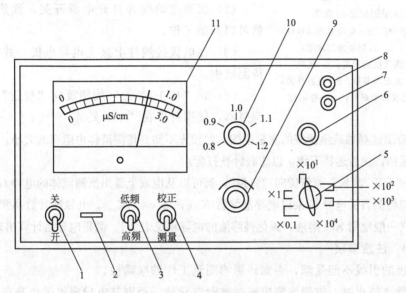

图 3-13 DDS-11A 型电导率仪的面板图

1—电源开关；2—指示灯；3—高周、低周开关；4—校正、测量开关；5—量程选择开关；6—电容补偿调节器；7—电极插口；8—10mV 输入插口；9—校正调节器；10—电极常数调节器；11—表头

3.4.2.2 仪器的使用方法

（1）没有接通电源之前，首先检查电表指针是否指零，如不指零，调节表头上的螺丝，使表针指向零。然后将校正、测量开关 4 扳在"校正"位置上。

（2）接电源线并打开电源开关，预热 10min 后，调节校正调节器 9，使表针位于满刻度。

（3）根据液体电导率的大小，将低频、高频开关拨向"低频"或"高频"。将量程开关 5 扳到所需的测量范围。如预先不知道待测液体电阻率的大小，应先把开关旋到最大测量挡，然后逐挡下调，以防表针被打弯。

（4）电极的使用。用电极夹夹紧电极的胶木帽，将电极固定在电极杆上，插头插入电极插口 7 内，旋紧插口上的固定螺丝，再将电极浸入待测溶液中。把电极常数调节器 10 旋在与该电极的电极常数相对应的位置处。

（5）将校正、测量开关 4 旋到"校正"，调节校正调节器 9 使电表指针满刻度。为了提高测量精度，当使用 $\times 10^4 \mu S \cdot cm^{-1}$、$\times 10^3 \mu S \cdot cm^{-1}$ 挡时，校正必须在接好电导池（电极插头插入插孔，电极浸入待测液中）的情况下进行。

（6）进行测量时，将校正、测量开关 4 旋到"测量"，这时指针指示读数乘以量程开关 5 的倍率即为被测溶液的电导率。

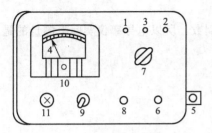

图 3-14 DDS-11 型电导
率仪控面制面板示意图
1,2—电极接线柱；3—电极屏蔽接线柱；
4—电表；5—U 形电极固定架；
6—校正/测量换挡开关；7—范围
选择器；8—校正调节器；9—电源开关；
10—指示电表调节螺丝；11—指示灯

3.4.3 DDS-11 型电导率仪

3.4.3.1 仪器的控制面板

仪器的控制面板见图 3-14。

3.4.3.2 仪器的使用方法

（1）没有接通电源之前，首先检查电表指针是否指零，如不指零，调节表头上的螺丝，使表针指向零。

（2）接通电源线并打开电源开关，预热几分钟后，就可以开始工作。

（3）在电极接线柱上接上电导电极，并将电极浸入待测液中。

（4）将"校正/测量"旋钮旋向"校正"，调整校正调整器，使指针停在"▼"处。

（5）把范围选择器旋至所需的测量范围，如预先不知到待测液体电阻率的大小，应先把开关旋到最大测量挡，然后逐挡下调，以防表针被打弯。

（6）将"校正/测量"旋钮旋向"测量"，就可以从电表上读出所测液体的电导 G。要求液体的电导率 κ 应将测得的电导 G 乘以电导池常数 K_{cell}，即 $\kappa = GK_{cell}$。电导池常数通常是由已知电导率的溶液（一般使用 KCl 溶液，氯化钾溶液的电导率见表 3-1）测得电导后计算出来的。

3.4.3.3 注意事项

（1）电极的引线不能受潮，否则将影响测量工作的准确性。

（2）测量高纯水时，被测溶液应流过密封电导池。否则其电导率将很快升高，这是因为空气中的 CO_2 溶入高纯水后，就变成具有导电性能的 CO_3^{2-} 而影响测量值。

（3）盛放被测溶液的容器必须清洁，无离子沾污。

表 3-1 氯化钾溶液的电导率

温度/℃＼电导率	1mol·L⁻¹ KCl 溶液	0.1mol·L⁻¹ KCl 溶液	0.01mol·L⁻¹ KCl 溶液	0.001mol·L⁻¹ KCl 溶液	0.02mol·L⁻¹ KCl 溶液
1	67130	7360	800		1566
2	68860	7570	824		1612
3	70610	7790	848		1659
4	72370	8000	872		1705
5	74140	8220	896		1752
6	75930	8440	921		1800
7	77730	8660	945		1848
8	79540	8880	970		1896
9	81360	9110	995		1954
10	83190	9330	1020	105.57	1994
11	85040	9560	1045	108.20	2043
12	86870	9790	1070	110.90	2093
13	99760	10020	1095	113.50	2142
14	90630	10250	1121	116.10	2193
15	92520	10480	1147	118.80	2243

温度/℃ \ 电导率	1mol·L⁻¹ KCl 溶液	0.1mol·L⁻¹ KCl 溶液	0.01mol·L⁻¹ KCl 溶液	0.001mol·L⁻¹ KCl 溶液	0.02mol·L⁻¹ KCl 溶液
16	94410	102070	1173	121.60	2294
17	96310	10950	1199	124.30	2345
18	98220	11190	1225	127.10	2397
19	100140	11430	1251	129.90	2449
20	102070	11670	1278	132.70	2501
21	104000	11910	1305	135.50	2553
22	105540	12150	1332	138.30	2606
23	107890	12390	1359	141.10	2659
24	109840	12640	1386	144.00	2712
25	111800	12880	1413	146.80	2765
26	113770	13130	1441	149.70	2819
27	115740	13370	1468	152.60	2873
28		13620	1496	155.60	2927
29		13870	1524	158.40	2981
30		14120	1552	161.40	3036
31		14370	1581		3091
32		14620	1609		3146
33		14880	1638		3201
34		15130	1667		3256
35		15390			3312

3.5　自动电位滴定仪

　　自动电位滴定仪是通过观察和测量电位的变化来确定分析终点并进行定量分析的一种仪器。
　　实验室常见的是 ZD-2 型自动电位滴定仪，适用于 pH 测定、mV 测定、供实验室应用电位滴定法进行容量分析、pH 或电极电位的控制、用人工手动电位滴定法进行容量分析。分析速度快，结果的准确度高。

3.5.1　自动电位滴定仪的结构

　　自动电位滴定仪外形（包括滴定装置）和控制面板如图 3-15 所示。

3.5.2　自动电位滴定仪的工作原理

　　将指示电极和参比电极同时插入待测液中组成工作电池。随着滴定反应的进行，待测离子的浓度发生变化，它的变化又引起指示电极的电位发生改变。当滴定进行到化学计量点前后，指示电极的电位将随着溶液中待测离子浓度的突变而发生突跃，即引起工作电池电动势的突跃，因此，通过观察和测量电池电动势的变化即可确定滴定终点，从而根据滴定剂的消耗量和滴定反应的化学计量关系计算出待测组分的含量。

3.5.3　自动电位滴定仪的使用方法

　　仪器安装接好以后，插上电源线，打开电源开关，电源指示灯亮。预热 15min 后即可使用。

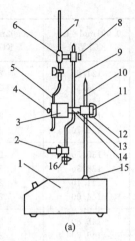
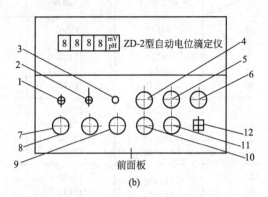

1—搅拌器；2—电极夹；3—电磁阀；4—电磁阀螺丝；5—橡胶管；6—固定夹；7—滴定管；8—滴定夹固定螺丝；9—弯式滴定夹；10—管状滴定管架；11—螺帽；12—夹套；13—夹心；14—支头螺钉；15—安装螺母；16—固定夹

1—电源指示灯；2—滴定指示灯；3—终点指示灯；4—斜率补偿调节旋钮（pH标定时使用）；5—温度调节补偿旋钮（pH标定及测量时使用）；6—定位调节旋钮（pH标定时使用）；7—"设置"选择开关；8—"pH/mV"选择开关；9—"功能"选择开关；10—"终点定位"调节旋钮；11—"预控点"调节旋钮；12—"滴定开始"按钮

图 3-15　滴定仪外形和控制面板

（1）测量 pH

① pH 校正（两点校正法）

a. "设置"开关置"测量"，"pH/mV"选择开关置"pH"，"斜率"旋钮顺时针旋到底（100％处），"温度"旋钮置于此标准缓冲溶液的温度。

b. 用蒸馏水将电极洗净后，用滤纸吸干。将电极放入 pH 近似 7 的标液内，调节"定位"旋钮，使仪器显示值为此溶液温度下的标准 pH。

c. 将电极从 pH 近似 7 标液中取出，用蒸馏水洗净，用滤纸吸干。把电极放入 pH 近似 4 或 pH 近似 9 标液中，调节"斜率"旋钮，使仪器显示为该标液在此温度下的 pH。

d. 如此反复两次即可。在一般情况下，两种标准缓冲溶液的温度必须相同，以获得最佳 pH 校正效果。

② 样品溶液 pH 测定

a. 仪器进行 pH 校正后，必须清洗电极，并用滤纸吸干。

b. 将仪器的"温度"旋钮旋至被测样品的温度值，将电极放入被测溶液中。仪器的显示值即为该样品的 pH。

（2）mV 的测定

① "设置"开关置"测量"，"pH/mV"选择开关置"mV"；

② 将电极插入被测溶液中，将溶液搅拌均匀后，停止搅拌，即可读取电极电位（mV）值；

③ 如果被测信号超出仪器的测量范围，显示屏会不亮，作超载报警。

（3）自动滴定

① 滴定前的准备工作

a. 电极的选择。取决于滴定时的化学反应，如果是中和反应，可用 pH 复合电极或玻璃电极和甘汞电极；如为氧化还原反应，可采用铂电极和甘汞电极；如为银盐与卤素反应，可采用银电极和特殊甘汞电极。

b. 电极、滴定管、电磁阀及滴液头安装好。电极的安装可参阅仪器使用说明书。滴定管、电磁阀及滴液头之间的连接，不可漏液，或在滴定过程中扭曲变形，这将影响滴定液的读数，导致滴定误差。滴定液滴入被滴定的样品液中，当心溅出，以滴在搅拌的漩涡部分，利于搅拌均匀。

c. 滴定计的调节。pH/mV 的选择，若为酸碱滴定，可选用 pH 显示，若为氧化还原等电位滴定时选用 mV 值显示；滴定方向选择，由滴定剂的性质和电极的安装位置所决定。如果在滴定过程中，pV 或 mV 值会逐渐增加，则把选择开关扳在"＋"处，如果 pH 或 mV 值会逐渐减少，则扳在"－"处；滴定终点的设置，正确设置滴定终点是保证分析精度的重要环节。终点位置可在文献资料或通过计算得到，也可以在滴定曲线上选择；欲控制的调节，该距终点多少而由直通放液变换为间歇放液，取决于化学反应的类型及各种反应条件，用户在多次应用后会较好地选择。

② 具体操作

a. 在滴定前的准备工作做好后，将滴定管用滴定液润洗 2～3 次，调节液面到可读数的范围（冲洗、放液可利用"放液"按钮）。在盛放被滴定溶液的烧杯中，放入磁转子，开启磁力搅拌器，使其转速由慢到快到达适当的转速，使溶液得到很好的搅拌又不至于溅出。

b. 滴定计稳定几分钟后，将滴定计的工作开关由"测量"扳向"终点"此时数字显示出所要控制的终点值，这可调节"预置终点调节器"到你所要求的终点。

c. 按一下"滴定开始"按钮，仪器即开始滴定，滴定指示灯闪亮，表示滴定液正在放出，在接近终点时，滴速减慢。到达终点后，滴定指示灯不再闪亮，过 10s 左右，终点指示灯亮，滴定结束。此时可在滴定管上读数，计算消耗滴定液的体积。

d. 滴定管添加滴定液，读出起始值，换好被滴定样品，可继续下一个试样的分析。

注意：在滴定过程中，千万勿旋动"预置终点调节器"，否则会因终点设置的改变，而影响结果。

（4）手动滴定

①"功能"开关置"手动"，"设置"开关置"测量"。

② 按下"滴定开始"开关，滴定灯亮，此时滴液滴下，控制按下此开关的时间，即控制滴液滴下的数量，放开此开关，则停止滴定。

（5）滴定曲线的绘制

滴定终点选在滴定曲线的突越部位是保证分析精度的重要因素，因此绘制滴定曲线是十分重要的，下面介绍两种利用 ZD-2 型自动电位滴定仪得出滴定曲线的简便方法。

① 把"自动-恒速"选择开关扳在"恒速"处。

② 把"预置终点调节器"调在应选的滴定终点后面，以保证能得到完整的突越区域（即适当靠近 pH 为 14 或 0）。

③ 调节"预置终点调节器"，选择较合适的添加滴定液的速度（当选择"恒速"滴定时，"预置终点调节器"已与终点位置无关，在滴定过程中不能再旋转"预置终点调节器"，否则会影响曲线形状）。

④ 调节"输出电压调节器"使输出信号均在记录仪的有效记录范围。

注意：当开动记录仪，按动"滴定"按钮，仪器便自动记录滴定过程，直到"预置终点"的位置，滴定自动停止。在曲线上能看出信号变化最大的 pH 值（或 mV 值），以选作滴定终点。（在滴定过程中，若已得到"突越"部位，想停止滴定，可旋动"预置终点调节器"，使之到达终点，而停止滴定。）

（6）利用"放液"按钮，手动绘制滴定曲线

这时仪器只利用其"测量"或"滴定挡"的读数和电磁阀的吸合放液，其余功能未利用。记录每次按下"放液"按钮所添加的滴定液的体积及相应读数（pH 或 mV）。然后在坐标纸上，以 pH 或 mV 读数为纵坐标，添加的滴定液体积为横坐标作图。

这些绘制滴定曲线的方法，可先粗略地做一次，然后根据上一次的情况，改善放液速度（或体积）等条件，从而得出较精确的滴定曲线。表 3-2 为缓冲溶液 pH 与温度关系对照表。

表 3-2　缓冲溶液 pH 与温度关系对照表

pH 温度/℃	溶 液		
	邻苯二甲酸盐	中性磷酸盐	硼酸盐
5	4.01	6.95	9.39
10	4.00	6.92	9.33
15	4.00	6.90	9.27
20	4.01	6.88	9.22
25	4.01	6.86	9.18
30	4.02	6.85	9.14
35	4.03	6.84	9.10
40	4.04	6.84	9.07
45	4.05	6.83	9.04
50	4.06	6.83	9.01
55	4.08	6.84	8.99
60	4.10	6.84	8.96

化学实验基本操作训练

第4章

Chapter 04

实验1　玻璃仪器的加工和塞子钻孔

【实验目的】

① 了解酒精喷灯的构造，学会酒精喷灯使用方法。

② 学会截、弯、拉、熔光玻璃管（棒）的基本操作。

③ 学会塞子钻孔的基本操作。

【实验用品】

（1）仪器：酒精喷灯；三角锉；钻孔器；石棉网；压塞机；玻璃管；玻璃棒；橡胶塞；软木塞。

（2）试剂：工业酒精。

【实验步骤】

玻璃的加工技术很多，最基本的如用玻璃管制作弯管、滴管等。掌握简单的玻璃加工操作，可以解决实际工作中许多非标准仪器的制作问题。

（1）酒精喷灯的使用

常用的酒精喷灯见第2章图2-16。座式喷灯的酒精储存在灯座内，火焰温度可达700～1000℃。

酒精喷灯的使用方法如下：

① 使用前首先用探针捅一捅酒精蒸汽出口，以保证出口畅通。

② 借助小漏斗向酒精壶内添加酒精，添加量以不超过酒精壶容积2/3为宜。

③ 往预热盘注入少许酒精，点燃酒精使灯管受热，待酒精接近燃完并且在灯管口处有火焰时，上下移动空气调节器调节火焰，直至灯管口冒出蓝色火焰并发出"嘶嘶"声，这时酒精喷灯可以正常使用了。

④ 用完后，用石棉网或硬质板盖灭火焰，也可以将调节器上移来熄灭火焰。

注：若酒精喷灯长期不用，须将壶内剩余的酒精倒出。

（2）玻璃管（棒）的加工操作

① 截断　取一玻璃管平放在桌面上，用三角锉刀的一个棱在左手拇指按住玻璃管的地方（量好的尺寸位置）用力向一个方向锉（不要来回锉），锉出一道凹痕，见图4-1。锉出的凹痕应与玻璃管垂直，以保证折断后的玻璃管截面是平整的，然后双手平持玻璃管（凹痕

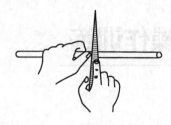

图 4-1 玻璃管的锉痕

向外），两拇指齐放在凹痕的背面向外推，以折断玻璃管，见图 4-2。若截面平整，则操作合格。玻璃棒的截断操作步骤与玻璃管是相同的。

② 熔光 玻璃管（棒）的截断面很锋利，容易把手划破，且难以插入塞子的孔内，所以必须在氧化焰中熔烧。把玻璃管（棒）截断面置于氧化焰中熔烧时，玻璃管与火焰的夹角一般为 45°，并缓慢地转动玻璃管使熔烧均匀，直到管口变成红热平滑为止，见图 4-3。灼烧后的玻璃管（棒），应放在石棉网上冷却，不可直接放在实验台上，以免烧焦台面。

图 4-2 玻璃管（棒）的截断过程

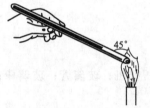

图 4-3 玻璃管（棒）的熔光过程

图 4-4 玻璃管（棒）的烧软过程

③ 制作 制作长 18cm 的玻璃管三支；制作长 16cm 的玻璃棒两支。

（3）弯曲玻璃管的操作

① 烧管 先将玻璃管需要弯曲的部位放在火焰上预热几下。然后双手平持玻璃管，将要弯曲的地方斜插入喷灯的氧化焰中，以增大玻璃管的受热面积，见图 4-4。缓慢而均匀地转动玻璃管（两手用力要均等，转速缓慢一致，防止玻璃管在火焰中扭曲）。待玻璃管加热到发黄变软时，即可移离火焰。

② 弯管 自火焰中取出玻璃管，稍等 1～2s，使各部分温度均匀。双手持玻璃管的两端，同时向上合拢，将其弯成所需的角度，见图 4-5。弯好后，待其冷却变硬后再把它放在石棉网上继续冷却。冷却后，应检查其角度是否准确，整个玻璃管是否处在同一个平面上，见图 4-6。

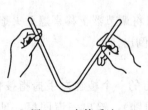

图 4-5 弯管手法

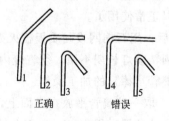

图 4-6 弯管好差比

120°以上的角度，可以一次弯成。较小的锐角可以分几次弯成，先弯成一个较大的角度，然后在第一次的受热部位的偏左、偏右处进行第二次加热和弯曲、第三次加热和弯曲，直到弯成所需的角度为止。

③ 制作　制作三支分别弯曲成 120°、90°、60°角度的玻璃管。

（4）拉玻璃管的操作

① 拉细玻璃管　按照弯曲玻璃管时加热的方法给玻璃管加热，拉细玻璃管技术的关键是使加热的各部分受热均匀，当玻璃管烧到红黄软化状态时才移离火焰，然后顺着水平方向边拉、边来回转动玻璃管，见图 4-7，当拉到所需的细度和长度时，一手持玻璃管，使玻璃管垂直。冷却后，可按需要截断。

② 制作滴管两支　规格见图 4-8。

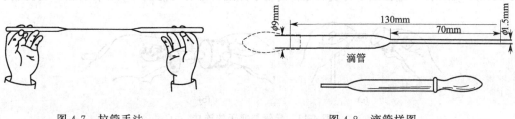

图 4-7　拉管手法　　　　　　　　　　　图 4-8　滴管样图

（5）塞子钻孔及装配洗瓶

① 需要钻孔的塞子有软木塞、橡胶塞　软木塞易被酸、碱所损坏，但与有机物作用较小。橡胶塞可以把瓶子塞得严密，并可以耐强碱性物质的侵蚀，但它易被强酸和某些有机溶剂（如汽油、苯、氯仿、丙酮、二硫化碳等）所侵蚀，所以应依据容器中所装的物质的性质来选择不同的塞子。另外，塞子的大小应与仪器的口径相适合，塞子塞进瓶口或仪器口的部分不能少于塞子本身高度的 1/2，也不能多于 2/3。

实验时，有时需要在塞子上安装温度计或插入玻璃管，所以需要在软木塞和橡胶塞上钻孔。钻孔器是一组直径不同的金属管，一端有柄，另一端很锋利，可用来钻孔。另外还有一个带圆头铁条，用来捅出钻孔时进入钻孔器中的橡胶或软木。

② 钻孔的步骤　选择一个比要插入橡胶塞子的玻璃管的管径略粗一点的钻孔器。将塞子的小头向上，放置在操作台面上，左手拿住塞子，右手按住钻孔器的手柄，将钻孔器锋利一端沾少许水，然后在选定的位置上沿着一个方向垂直地边旋转边往下钻。待钻到一半深时，反方向旋转并拔出钻孔器，并用小铁条捅出钻孔器中的橡胶。把橡胶塞换一头，对准原孔的方向按同样的操作钻孔，直到打通为止，见图 4-9。

图 4-9　钻孔法

图 4-10　压塞机

打软木塞的方法和橡胶塞基本一致，只是钻孔前先用压塞机，见图 4-10。把软木塞压实，以免钻孔时钻裂。另外，选择钻孔器的直径应比玻璃管略细一些，因为软木塞没有橡胶塞那样大的弹性。

钻完孔后，检查玻璃管和塞孔是否合适。若塞孔太小，可用圆锉把孔锉大一些，再进行实验，直到大小合适为止。如果玻璃管毫不费力地插入塞孔，塞子和玻璃管间不够严密，则要换塞子重新钻孔。

③ 装配洗瓶　若要装配洗瓶，还需将玻璃管插入塞子中。操作步骤如下：按要求弯曲好玻璃管，并依容器口的直径选好塞子，打孔。装配洗瓶时，先用右手拿住玻璃管靠近管口的部位，并用少许去离子水将管口润湿，然后左手拿住塞子，将玻璃管慢慢地旋转插入塞子，见图 4-11(a)，并穿过塞孔至所需留的长度为止。也可以用布包住玻璃管，将玻璃管塞入塞孔，见图 4-11(b)。如果用力过猛或手持玻璃导管离塞子太远，都有可能使玻璃导管折断，刺伤手掌。

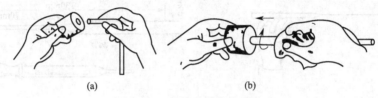

(a)　　　　　　　　(b)

图 4-11　导管与塞子的连接

练习：

① 练习钻孔　分别给一个橡胶塞和一个软木塞钻孔。

② 练习装配洗瓶　按图 4-12 或图 4-13 装配玻璃洗瓶或塑料洗瓶一个。

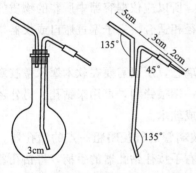

图 4-12　玻璃洗瓶

图 4-13　塑料洗瓶

【注意事项】

① 在实验操作过程中，一定要注意酒精灯的火焰不要烧着皮肤及衣服。

② 在截断、弯曲、拉细玻璃管、玻璃棒时，注意不要扎破手指，一旦出现情况，及时找教师处理，不要自己擅自处理。

③ 在装配洗瓶时，最好用抹布包住玻璃管，以免玻璃管破碎扎破皮肤。

【思考题】

① 如何安全使用酒精喷灯？

② 截断、熔光、弯曲和拉细玻璃管的技术关键是什么？

③ 如何弯曲小角度的玻璃管？

实验 2　氯化钠的提纯

【实验目的】

① 通过粗食盐的提纯，了解盐类溶解度知识在无机物提纯中的应用。

② 掌握提纯 NaCl 的原理和方法。

③ 练习称量、溶解、沉淀、过滤、蒸发、结晶、干燥等基本操作。

【实验原理】

化学试剂或医药用的 NaCl 都是以粗食盐为原料提纯的。粗食盐中常含有难溶性杂质（如泥、沙、难溶性盐等）及可溶性杂质（如 Ca^{2+}、Mg^{2+}、SO_4^{2-} 等）。不溶性杂质可以通过溶解、过滤的方法除去。由于氯化钠的溶解度随温度的变化很小，不能用重结晶的方法纯化，所以可溶性杂质需将其转化成难溶物，过滤除去。其原理如下：

（1）在粗食盐溶液中加入过量的 $BaCl_2$ 溶液，以除去 SO_4^{2-}。

$$Ba^{2+} + SO_4^{2-} == BaSO_4 \downarrow$$

（2）加入适量的 Na_2CO_3 和 NaOH 溶液，使溶液中的 Ca^{2+}、Mg^{2+} 及过量的 Ba^{2+} 转化为沉淀。

$$2Mg^{2+} + 2OH^- + CO_3^{2-} == Mg_2(OH)_2CO_3 \downarrow$$
$$Ca^{2+} + CO_3^{2-} == CaCO_3 \downarrow$$
$$Ba^{2+} + CO_3^{2-} == BaCO_3 \downarrow$$

（3）生成的沉淀和泥、沙、难溶盐用过滤的方法除去。过量的 Na_2CO_3 和 NaOH，加入 HCl 并加热的方法除去。

$$NaOH + HCl == NaCl + H_2O$$
$$Na_2CO_3 + 2HCl == 2NaCl + H_2O + CO_2 \uparrow$$

注意：

在整个提纯过程中，以不引入新的杂质为前提，或者所引入的新杂质能在下一步操作中除去，如少量多余的盐酸，在干燥氯化钠时，以氯化氢气体形式逸出。

【实验用品】

（1）仪器：酒精灯；三脚架；泥三角；石棉网；烧杯（100mL）；量筒（50mL）；玻璃棒；洗瓶；漏斗；漏斗架；蒸发皿；坩埚钳；托盘天平；烘箱。

（2）试剂：粗食盐；$BaCl_2$（$1.0mol \cdot L^{-1}$）；Na_2CO_3（$1.0mol \cdot L^{-1}$）；NaOH（$2.0mol \cdot L^{-1}$）；HCl（$6.0mol \cdot L^{-1}$）；定性滤纸；广泛 pH 试纸。

【实验步骤】

（1）称量

在托盘天平的两个盘上，分别放两张质量相等的纸片，称量 5.0g 粗食盐。

（2）溶解

将称好的粗食盐倒入洗净的小烧杯中，用量筒量取 25mL 蒸馏水加入烧杯中，用酒精灯在石棉网上加热，不断搅拌使粗食盐溶解。注意要防止加热过度，否则液面上将有 NaCl "晶花"产生。如果粗食盐的溶解液泥沙含量大，溶液很浑浊，冷却后，可先进行一次过滤，以保证后续实验的顺利进行。

（3）除去 SO_4^{2-}

在上述近沸溶液（或第一次过滤后加热近沸液）中，逐滴加入 $1.0mol \cdot L^{-1}$ 的 $BaCl_2$ 溶液 25～30 滴，并不断搅拌，继续加热 2min，使沉淀颗粒长大而易于过滤。

（4）检验 SO_4^{2-} 是否除尽

将烧杯从石棉网上取下，待沉淀沉降后，沿烧杯壁在上层清液中滴加 1～2 滴 $1.0mol \cdot L^{-1}$ 的 $BaCl_2$ 溶液，观察是否出现浑浊，若出现浑浊，则说明 SO_4^{2-} 尚未除尽，需继续滴加 $BaCl_2$ 溶液以除去剩余的 SO_4^{2-}；若不出现浑浊，表示 SO_4^{2-} 已沉淀完全。

（5）除去 Ca^{2+}、Mg^{2+} 及过量的 Ba^{2+}

在烧杯中继续滴加足量的 $2.0mol \cdot L^{-1}$ 的 NaOH 及 $1.0mol \cdot L^{-1}$ 的 Na_2CO_3 溶液以沉淀 Ca^{2+}、Mg^{2+} 及过量的 Ba^{2+}，直至不产生沉淀为止，检验是否除尽的方法与检验 SO_4^{2-} 的方法相同。

（6）过滤

用常压过滤的方法过滤泥沙和 $Mg_2(OH)_2CO_3$、$CaCO_3$ 及 $BaCO_3$ 沉淀。滤液即为已除尽杂质离子的 NaCl 碱性溶液。

（7）中和

进行第（5）步实验时，溶液引入了过量的 NaOH 和 Na_2CO_3，反应结束后，应加入少量 HCl 中和。其具体操作是将过滤液转入已称量的蒸发皿中，放在泥三角上用酒精灯加热，在搅拌状态下加入 $6.0mol \cdot L^{-1}$ HCl 至溶液 pH 为 5。

（8）蒸发、浓缩、结晶、烘干

中和完之后，继续加热，使溶液蒸发浓缩，并不断搅拌，等出现少量结晶后将泥三角换成石棉网，加热浓缩至出现大量结晶后，停止加热，用坩埚钳将蒸发皿移至烘箱中，在 200℃下烘干 30min，取出后冷却至室温（或用酒精灯小火加热直至变成干粉）。称量蒸发皿和 NaCl 的质量，并记录。

【数据记录与处理】

$$w(NaCl) = \frac{m_2}{m_1} \times 100\%$$

式中　m_1——粗氯化钠质量，g；

　　　m_2——精制氯化钠质量，g。

【注意事项】

① 检验 SO_4^{2-}、Ca^{2+}、Mg^{2+} 及过量的 Ba^{2+} 时，必须沿着烧杯内壁缓缓滴加溶液，以免直接滴入到烧杯里，把已生成的沉淀溅起，从而导致无法正确判断是否还有沉淀生成。

② 如实验室没有烘箱，也可以用蒸发皿直接加热至粉末，但操作时需要不断搅拌以免 NaCl 溅出，造成实验数据误差过大。

【思考题】

① 在除去 Ca^{2+}、Mg^{2+}、SO_4^{2-} 时，为什么先加入 $BaCl_2$ 溶液，然后加入 Na_2CO_3 溶液？

② 在 NaCl 溶液中加入 $BaCl_2$（或 Na_2CO_3）后，为什么要煮沸？

③ 加 HCl 除去 CO_3^{2-} 时，为什么要把 pH 调至 5？调至中性如何，为什么？

[提示：从 $c(H_2CO_3)$、$c(HCO_3^-)$、$c(CO_3^{2-})$ 的大小与 pH 的关系考虑。]

 实验 3　硫酸铜的提纯

【实验目的】

① 了解溶解度随温度变化较大的物质提纯的方法——重结晶法。

② 继续练习称量、溶解、加热、蒸发浓缩、减压过滤等基本操作。

【实验原理】

粗硫酸铜中含有不溶性杂质和可溶性杂质，不溶性杂质泥、沙等可用溶解、过滤的方法除去。可溶性杂质主要包括 $FeSO_4$ 和 $Fe_2(SO_4)_3$，则需将其转化为难溶物后过滤除去。$Fe_2(SO_4)_3$ 中的 Fe^{3+} 能发生水解反应形成 $Fe(OH)_3$ 沉淀从而过滤除去，而 $FeSO_4$ 中的 Fe^{2+} 需用 H_2O_2 将其氧化为 Fe^{3+}，而后 Fe^{3+} 发生水解反应形成 $Fe(OH)_3$ 沉淀，过滤除去。因为该水解反应为可逆反应，为了使反应向正方向进行，可以向该反应体系中加入 OH^- 来中和形成的 H^+，使生成物的浓度减少。但加入 OH^- 不应过量，以调节溶液的 $pH=4$ 为宜（通过计算可知，当 $pH \geqslant 4.17$ 时，Cu^{2+} 也发生水解反应）。其反应为：

$$2FeSO_4+H_2SO_4+H_2O_2 = Fe_2(SO_4)_3+2H_2O$$
$$Fe^{3+}+3H_2O \rightleftharpoons 3Fe(OH)_3+3H^+$$

除去 Fe^{3+} 后的滤液，用 KSCN 溶液检验其有无 Fe^{3+} 存在，如无 Fe^{3+} 存在即可蒸发结晶，其他微量可溶性杂质在硫酸铜结晶时仍留在母液中，过滤时与硫酸铜分离。

【实验条件】

用 H_2O_2 将 Fe^{2+} 氧化为 Fe^{3+} 时，注意一定要在酸性或弱酸性的条件下，该反应在酸性条件下或弱酸性条件下反应的产物如下。

酸性条件下：　　　　$2H^++H_2O_2+2Fe^{2+} = 2Fe^{3+}+2H_2O$

弱酸性条件下：　　　$4H_2O+H_2O_2+2Fe^{2+} = 2Fe(OH)_3+4H^+$

而 H_2O_2 在碱性介质中不稳定，易分解。

【实验用品】

(1) 仪器：托盘天平；研钵；酒精灯；三脚架；石棉网；玻璃棒；洗瓶；漏斗；漏斗架；蒸发皿；坩埚钳；布氏漏斗；真空泵；吸滤瓶；试管；试管架；烧杯（100mL）；量筒（25mL、5mL）。

(2) 试剂：$CuSO_4 \cdot 5H_2O$（工业）；H_2SO_4（$1.0mol \cdot L^{-1}$）；H_2O_2（3%）；NaOH（$0.5mol \cdot L^{-1}$）；NH_4SCN（$1.0mol \cdot L^{-1}$）；广泛 pH 试纸；滤纸；硫酸纸。

【实验步骤】

(1) 称量

在托盘天平的左右盘上，分别放上两张重量相等的硫酸纸，称量 5.0g 工业硫酸铜放入小烧杯中。

（2）溶解

用量筒量取 25mL 蒸馏水，倒入盛粗硫酸铜（颗粒大的在研钵中研细）的小烧杯中，将小烧杯置于石棉网上用酒精灯加热，用玻璃棒不断搅拌使硫酸铜全部溶解，立即停止加热。

（3）氧化和沉淀

往上述溶解液中加 1mL 3％ H_2O_2 及 1mL $1.0mol \cdot L^{-1}$ H_2SO_4 溶液，然后将烧杯放在石棉网上继续加热直至溶液由纯蓝色变成蓝绿色后，将烧杯取下，小心逐滴加入 $0.5mol \cdot L^{-1}$ 的 NaOH 溶液直至 pH≈4（边加边用 pH 试纸检验），再加热片刻，停止加热，静置，使红棕色的 $Fe(OH)_3$ 沉降。

（4）常压过滤

用"倾泻法"趁热过滤硫酸铜溶液，滤液接收于洁净的蒸发皿中。

（5）蒸发和浓缩

在滤液中加入 $1.0mol \cdot L^{-1}$ 的 H_2SO_4，使溶液酸化，调节 pH 至 1～2，然后在石棉网上加热、蒸发、浓缩至液面出现一层晶膜时即停止加热（切勿蒸干!），让其慢慢冷却至室温，使 $CuSO_4 \cdot 5H_2O$ 晶体析出。

（6）减压过滤

将蒸发皿内 $CuSO_4 \cdot 5H_2O$ 晶体及母液全部移入布氏漏斗中，减压抽滤，尽量抽干，以除去其中大量水分。停止抽滤后，取出结晶放在两层滤纸中间并挤压吸干水分。用托盘天平称量产品，并做记录。将吸滤瓶中的母液（母液中含有可溶性杂质）倒入回收瓶中。

（7）产品纯度的定性检验

用托盘天平分别称取粗硫酸铜和经实验提纯后的硫酸铜各 0.2g，分别置于两个洁净的试管中，各加入 2mL 蒸馏水，然后再各加入 5 滴 $1.0mol \cdot L^{-1}$ 的 H_2SO_4 溶液，5 滴 3.0％的 H_2O_2 和 3mL $1.0mol \cdot L^{-1}$ 的 NH_4SCN 溶液，这时应有棕黑色的 $Cu(SCN)_2$ 沉淀生成，静置片刻，待沉淀完全沉降后，对照观察两支试管上层清液的颜色（溶液为血红色说明有 Fe^{3+} 杂质），从而可定性判断产品的纯度。

【数据记录与处理】

$$w(CuSO_4 \cdot 5H_2O) = \frac{m_2}{m_1} \times 100\%$$

式中　m_1——粗硫酸铜质量，g；

　　　m_2——精制硫酸铜质量，g。

【注意事项】

① 在实验步骤（5）中，要求蒸发皿"切勿蒸干!"，这是因为此时蒸发皿中还有其他的可溶性杂质，如蒸干了这些杂质就与硫酸铜分离不出去了。

② 蒸发与浓缩滤液时，要求先调节滤液的 pH 控制在 1～2 之间，是为了防止硫酸铜水解。硫酸铜是强酸弱碱盐，加热的时候会出现水解的现象，有氢氧化铜胶体形成。

$$CuSO_4 + 2H_2O \rightleftharpoons Cu(OH)_2 + H_2SO_4$$

因为此反应为可逆反应，加入硫酸会使反应向左方向进行，从而抑制硫酸铜水解。

【思考题】

① 除去硫酸铜中所含的杂质铁时，为什么先要用 H_2O_2 将 Fe^{2+} 氧化成 Fe^{3+}，然后调整 pH≈4，若 pH 过大有何影响，怎样解决？

② 在步骤（3）中将烧杯放在石棉网上继续加热直至溶液由纯蓝色变成蓝绿色，为什么出现这种颜色？

③ 用重结晶法提纯硫酸铜的蒸发操作中，为什么切不可将滤液蒸干？

实验4　硫酸亚铁铵的制备

【实验目的】

① 学会制备复盐 $(NH_4)_2SO_4 \cdot FeSO_4 \cdot 6H_2O$ 方法、操作，初步了解复盐的特性。

② 熟练掌握水浴加热、过滤、蒸发、结晶等基本无机制备操作。

③ 了解无机物制备的投料、产量、产率的有关计算。

【实验原理】

硫酸亚铁铵商品名为莫尔盐，为浅蓝绿色单斜晶体。一般亚铁盐在空气中易被氧化，而 $(NH_4)_2SO_4 \cdot FeSO_4 \cdot 6H_2O$ 在空气中比一般亚铁盐要稳定，不易被氧化，并且价格低，制造工艺简单，容易得到较纯净的晶体，因此应用广泛。在定量分析中常用来配制亚铁离子的标准溶液。和其他复盐一样，$(NH_4)_2SO_4 \cdot FeSO_4 \cdot 6H_2O$ 在水中的溶解度比组成它的每一组分 $FeSO_4$ 或 $(NH_4)_2SO_4$ 的溶解度都要小。利用这一特点，可通过蒸发浓缩 $FeSO_4$ 和 $(NH_4)_2SO_4$ 溶于水所制得的浓混合溶液的方法来制备硫酸亚铁铵晶体。

本实验先将过量的铁溶于稀硫酸生成硫酸亚铁溶液：

$$Fe + H_2SO_4 = FeSO_4 + H_2 \uparrow$$

再往硫酸亚铁溶液中加入硫酸铵并使其全部溶解，加热浓缩制得的混合溶液，再冷却即可得到溶解度较小的硫酸亚铁铵晶体。

$$FeSO_4 + (NH_4)_2SO_4 + 6H_2O = (NH_4)_2SO_4 \cdot FeSO_4 \cdot 6H_2O$$

产品硫酸亚铁铵中的主要杂质是 Fe^{3+}，产品质量的等级也常以 Fe^{3+} 的含量多少来评定。通常采用目测比色法，将一定量产品溶于水中，加入 KSCN，然后将生成的 $[Fe(SCN)_n]^{3-n}$ 的颜色于标准色阶相比较，从而确定 Fe^{3+} 的含量范围。

【实验用品】

(1) 仪器：托盘天平；恒温水浴锅；真空泵；吸滤瓶；布氏漏斗；锥形瓶（100mL）；酒精灯；三脚架；洗瓶；石棉网；蒸发皿；滤纸；玻璃棒。

(2) 试剂：Fe 屑；$(NH_4)_2SO_4$ (s, A.R.)；Na_2CO_3 (10%)；H_2SO_4 (3.0mol·L^{-1})；乙醇（95%）。

【实验步骤】

(1) Fe 屑的净化

用托盘天平称取 2.0g Fe 屑，放入 100mL 锥形瓶中，加入 15mL 10% Na_2CO_3 溶液，小火加热煮沸约 10min 以除去 Fe 屑上的油污，倾去 Na_2CO_3 碱液，用自来水冲洗后，再用去离子水把 Fe 屑冲洗干净。（如果用纯净的铁屑，可省去此步。）

（2）$FeSO_4$ 的制备

往盛有 Fe 屑的锥形瓶中加入 15mL 3.0mol·L^{-1} H_2SO_4，于通风橱中水浴加热至不再有气泡放出（反应过程中注意适当补充水，以保证体积不变），趁热减压抽滤，用少量热水洗涤锥形瓶及漏斗上的残渣，抽干。将滤液转移至洁净的蒸发皿中，将留在锥形瓶内和滤纸上的残渣收集在一起用滤纸片吸干后称重，由已反应的 Fe 屑质量算出溶液中生成的 $FeSO_4$ 的量。

（3）$(NH_4)_2SO_4·FeSO_4·6H_2O$ 的制备

根据溶液中的 $FeSO_4$ 量，按关系式 $n[(NH_4)_2SO_4]:n(FeSO_4)=1:1$ 计算并称取所需 $(NH_4)_2SO_4$ 固体的质量，加入上述制得的 $FeSO_4$ 溶液中。水浴加热，搅拌使 $(NH_4)_2SO_4$ 全部溶解，并用 3.0mol·L^{-1} H_2SO_4 溶液调节 pH 为 1~2，继续在水浴上蒸发、浓缩直至表面出现结晶薄膜为止（蒸发过程不宜搅动溶液）。静置，使之缓慢冷却，$(NH_4)_2SO_4·FeSO_4·6H_2O$ 晶体析出，减压抽滤除去母液，并用少量 95% 乙醇洗涤晶体，抽干。将晶体取出，摊在两张吸水纸之间，轻压吸干。

观察晶体的颜色和形状。称重，计算产率。

【数据记录与处理】

实验数据填入表 4-1。

表 4-1　制备硫酸亚铁铵的实验数据

$m(Fe)/g$	$m(FeSO_4)/g$	$m[(NH_4)_2SO_4]/g$	$m[(NH_4)_2SO_4·FeSO_4·6H_2O]/g$	产率/%

$$w[(NH_4)_2SO_4·FeSO_4·6H_2O]=\frac{m_2}{m_1}\times100\%$$

式中　m_1——制备硫酸亚铁铵理论质量，g；

　　　m_2——实际制备硫酸亚铁铵质量，g。

【注意事项】

① 当 Fe 屑中加入 H_2SO_4 水浴加热至不再有气泡放出时，注意应趁热减压抽滤，以免温度降低，$FeSO_4$ 晶体有析出。

② $(NH_4)_2SO_4·FeSO_4·6H_2O$ 晶体析出后，减压抽滤除去母液后，最后一次抽滤时，注意不能用蒸馏水或母液洗晶体，以免新生成的晶体溶解。

③ $(NH_4)_2SO_4·FeSO_4·6H_2O$ 的产率以原料中物质的量较少者为依据计算。

【思考题】

① 为什么硫酸亚铁铵在定量分析中可以用来配制亚铁离子的标准溶液？

② 用酸溶解 Fe 时，为什么要分次补充水分，维持原体积不变？

③ Fe 屑中加入 H_2SO_4 水浴加热至不再有气泡放出时，为什么要趁热减压过滤？

④ $FeSO_4$ 溶液中加入 $(NH_4)_2SO_4$ 全部溶解后，为什么要调节至 pH 为 1~2？

⑤ 蒸发浓缩至表面出现结晶薄膜后，为什么要缓慢冷却后再减压抽滤？

⑥ 洗涤晶体时为什么用 95% 乙醇而不用水洗涤晶体？

【附表】

（1）三种盐的溶解度数据列于表 4-2。

表 4-2　三种盐的溶解度　　　　　　　　　单位：$g \cdot (100g\ H_2O)^{-1}$

温度/℃	$FeSO_4$	$(NH_4)_2SO_4$	$(NH_4)_2SO_4 \cdot FeSO_4 \cdot 6H_2O$
10	20.0	73	17.2
20	26.5	75.4	21.6
30	32.9	78	28.1

（2）硫酸亚铁铵的纯度级别列于表 4-3。

表 4-3　硫酸亚铁铵的纯度级别

规　格	Ⅰ级	Ⅱ级	Ⅲ级
$\rho(Fe^{3+})/(mg \cdot mL^{-1})$	0.05	0.1	0.2

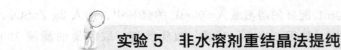

实验 5　非水溶剂重结晶法提纯硫化钠

【实验目的】

① 学习非水溶剂重结晶的原理和操作。

② 练习冷凝管的安装、使用操作。

【实验原理】

硫化钠俗称硫化碱，纯的硫化钠是含有不同数目结晶水的无色晶体，如 $Na_2S \cdot 6H_2O$、$Na_2S \cdot 9H_2O$ 等，工业硫化钠因含有大量杂质（重金属硫化物、煤粉等）而呈现红至黑色。本实验利用硫化钠能溶于热酒精，其他杂质可在趁热过滤时除去，或在硫化钠结晶析出时留在母液中而被除去的原理。

【实验用品】

（1）仪器：托盘天平；圆底烧瓶（500mL）；量筒（20mL、100mL）；冷凝管；乳胶管；烧杯（250mL、500mL）；玻璃棒；洗耳球；布氏漏斗；真空抽滤机；抽滤瓶；干燥器；恒温水浴锅；洗瓶；容量瓶（100mL）；移液管（50mL）。

（2）试剂：硫化钠（s、工业）；酒精（95%）；$ZnSO_4$（s）；淀粉指示剂；I_2 标准溶液（0.0100mol·L^{-1}）。

【实验步骤】

（1）称重

用托盘天平称取已粉碎的工业 Na_2S 18g，放入 500mL 圆底烧瓶内，加入 150mL 95% 酒精，再加 20mL 去离子水。

（2）提纯

按回流加热装置（见图 4-14），装上直形或球形冷凝管，并向冷凝管中通入冷却水。将圆底烧瓶放在水浴锅上，水浴加热，从烧瓶内酒精开始沸腾起，回流约 40～60min，停止加热。

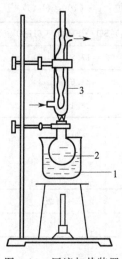

图 4-14　回流加热装置
1—水浴；2—圆底烧瓶；
3—冷凝管

（3）干燥

将烧瓶在水浴锅中静置 5min 后取下，趁热抽滤，以除去不溶杂质。将滤液转入 250mL 烧杯中，不断搅拌促使硫化钠晶体大量析出，冷却后抽滤，将产品置于干燥器中干燥、称量、计算产率。

本实验方法制得的产品为 $Na_2S \cdot 6H_2O$ 晶体。

如果在圆底烧瓶中加入 300mL 95% 酒精和 40mL 去离子水，最后制得的产品组成相当于 $Na_2S \cdot 9H_2O$。

（4）产品检验

① 重金属检验　称取制得的产品 1g（0.01g）溶于 50mL 去离子水中。观察该溶液的颜色是否与同体积的去离子水的颜色一致。

② 硫代硫酸盐杂质的检验　称取制得的产品 2g（0.01g），放入 100mL 容量瓶中，用去离子水定容，摇匀。用移液管移取 50.00mL 配好的溶液放入 500mL 的烧杯中。加入 2g $ZnSO_4$，充分搅拌，静置 15min，过滤，收集滤液。取收集的滤液 100mL（相当于 0.5g 产品），以淀粉为指示剂，用 0.0100mol·L^{-1} I_2 标准溶液滴定，当溶液的颜色呈现稳定的蓝色，30s 不退色，到达终点。记录消耗的 I_2 标准溶液体积。

【数据记录与处理】

$$w(Na_2S) = \frac{m_2}{m_1} \times 100\%$$

式中　m_1——粗硫化钠的质量，g；

　　　m_2——精制后硫化钠的质量，g。

【注意事项】

在实验步骤（3）中，注意要将圆底烧瓶中的溶液趁热过滤，以除去不溶于酒精的杂质，若温度降低，这些杂质会与硫化钠一起生成结晶，不能分离出来。

【思考题】

用非水溶剂重结晶法提纯工业硫化钠时，为什么要用水浴加热？为何要回流？

实验 6　滴定分析基本操作练习

【实验目的】

① 认识滴定分析常用仪器。

② 掌握滴定分析常用玻璃仪器的正确洗涤方法。

③ 通过滴定练习操作，掌握滴定分析常用仪器的正确使用方法。

④ 练习正确读数。

【实验用品】

（1）仪器：酸式滴定管（50mL）；碱式滴定管（50mL）；容量瓶（250mL）；移液管

（25mL、20mL、10mL）；锥形瓶（250mL）；烧杯（250mL）；毛刷若干。

（2）试剂：$K_2Cr_2O_7$（C. P.）；浓 H_2SO_4。

【实验步骤】

（1）洗涤

先用自来水冲洗滴定管、移液管、容量瓶、锥形瓶等玻璃器皿，若有油污，再用铬酸洗液浸泡，最后用蒸馏水或去离子水洗涤。洗涤干净的标准是：玻璃器皿内壁完全被去离子水均匀润湿，不挂水珠为止。

（2）50mL铬酸洗液的配制

将 2.5g $K_2Cr_2O_7$ 固体溶于 5mL 水中，然后向溶液中加入 45mL 浓 H_2SO_4，边加边搅，切勿将 $K_2Cr_2O_7$ 溶液加到浓 H_2SO_4 中。

注意：铬酸洗液必须回收，千万不能倒入水池，以防污染环境。

（3）酸式、碱式滴定管的使用练习

① 检漏　在酸式、碱式滴定管中加满水至零刻度，静止固定在滴定管架上几分钟，然后用滤纸检验尖嘴和旋塞位置是否漏水。

酸式滴定管漏水时需涂凡士林，将活塞取出用滤纸擦干净，用手将凡士林涂在活塞的大头，用火柴杆将凡士林涂在活塞套小头的内壁上，涂薄薄的一层，将活塞插入活塞套中，然后，沿同一方向旋转活塞，直至旋塞与旋塞槽接触的地方呈透明状态，转动灵活，不漏水为止。

碱式滴定管如果漏水配装大小合适的玻璃珠并移动玻璃珠的位置或更换乳胶管，直至不漏水，液滴能够灵活控制为止。

② 润洗　酸式、碱式滴定管在盛装标准液或待测液之前要用蒸馏水和待装液分别润洗 2~3 次。每次取润洗液 10mL 左右。

③ 排空气　酸式滴定管、碱式滴定管内装入指定溶液，检查旋塞附近或橡胶管内有无气泡，若有气泡应排除，酸式滴定管下斜 15°~30°排空气；碱式滴定管两边均成 45°上翘，手指握住玻璃珠上 1/3 处排空气。

④ 加液及调零　待装液要直接加入，不能用烧杯、移液管、滴管加入。调零时手指轻握滴定管最上端无刻度处，让滴定管自然竖立，慢速放出溶液，调节液面至 0.00mL 或接近 0.00 的某一刻度，并学会正确读取滴定管读数。

⑤ 滴液　右手握持锥形瓶，使锥形瓶稍稍倾斜，将滴管尖伸入锥形瓶中 1cm 左右，左手用正确手势控制滴定的旋塞（或橡胶管中的玻璃珠），学会熟练地从酸式滴定管和碱式滴定管内逐滴连续滴出溶液，学会一滴、半滴（液滴悬而未落）地滴出溶液。同时按顺时针方向旋动锥形瓶。

（4）移液管使用的练习

① 移液管使用前要用待取液润洗。

② 移液管在使用过程中始终要保持竖直状态。

③ 移液时必须将管尖伸入液面下 1~2cm 处。

④ 放液时，管尖与锥形瓶内壁靠紧，让液体自然流下，千万不能用洗耳球吹移液管中的残液，学会用食指灵活控制调节液面高度，放后要停留 15s，并旋转几次。

(5) 容量瓶使用的练习

① 选择合适的容量瓶。

② 将指定的溶液自烧杯中全部定量转移入容量瓶内，用去离子水稀释至刻度线，摇匀。注意溶液不能洒到容量瓶外，稀释时切勿超过刻度线。

③ 摇匀。

【思考题】

① 用滴定管装标准溶液之前，为什么要用待装的标准溶液来润洗 2~3 次？锥形瓶最后是否也需要用同样方法润洗？

② 滴定分析仪器洗净的标志是什么？

③ 在滴定管中装入溶液后，为什么先要把滴定管下端的空气泡赶净，然后读取滴定管中液面的读数？如果没有赶净空气泡，将对实验的结果产生什么影响？

④ 在滴定过程中，溅在锥形瓶壁上的溶液为什么要用去离子水将洗下去？

⑤ 滴定管中的待装液为什么要直接加入，而不能用烧杯、移液管、滴管、漏斗等加入？

实验 7　滴定分析容量器皿的校准

【实验目的】

① 加强练习滴定管、移液管、容量瓶的使用。

② 了解容量器皿校准的意义，学习容量器皿的校准方法。

③ 学习和掌握滴定管的绝对校准以及容量瓶与移液管间相对校准的操作方法。

④ 练习分析天平的称量操作。

【实验原理】

实验室常用的滴定分析玻璃容量器皿有滴定管、移液管、容量瓶等，这些量器都具有刻度和标称容量，此标称容量是 20℃时以水的体积来标定的。例如，一个标有 20℃ 1L（称为标称容量）的容量瓶，表示在 20℃时它的容积是 1 标准升〔这里所指的升与国际单位制（SI）升的关系为：$1L=1.0000028\ L(SI)$，即在真空中质量为 1000g 的纯水，在 3.98℃时所占的体积。$1L(SI)=10^{-3}m^3=1dm^3=1000mL$〕，标准升是测量容积的基本单位。由于玻璃具有热胀冷缩的性质，所以在不同的温度下，玻璃容量器皿的容积是不同的。因此，为了消除温度引起的误差，必须规定一个共同的温度值，这个规定温度值为标准温度，国际上规定玻璃容量器皿的标准温度为 20℃。我国生产的玻璃容量器皿也采用这一标准。既量器的标称容量都是指 20℃时的实际容量。

但是由于不合格产品或温度的变化以及使用中试剂的腐蚀等因素，量器的实际容量与量器上所标的标记容量往往不符合，有时甚至会超过滴定分析所允许的误差范围，所以，在准确度要求较高的分析工作中，必须对所用的量器进行校准。校准是一项技术要求十分高的工作，其操作要正确、规范而且仔细。凡是使用标准值的，其校准次数不得少于两次，两次校准数据的偏差不得超过该量器容量允差的 1/4，并以其平均值为校准结果。

容量器皿校准的原理是称量器皿中所容纳（或放出）的水的质量，根据水的密度计算出该容量器皿在 20℃时的容积。

由质量换算成容量时，必须考虑三方面的影响：

① 温度对水的密度的影响。

② 温度对玻璃容量器皿容量的影响。

③ 在空气中称量时，空气浮力的影响。

把上述三方面影响考虑在内，可以得到一个总校准值。即可以计算出在某一温度时需称取多少克水（在空气里，用黄铜砝码称量），使它们所占的体积恰好等于 20℃时该容器所标示的体积。

下面将 20℃下容量为 1L 的玻璃容器，在不同温度时所盛水的质量列于表 4-4 中。

表 4-4   1L 玻璃容器在不同温度时所盛水的质量

温度/℃	质量/g	温度/℃	质量/g	温度/℃	质量/g	温度/℃	质量/g
0	998.24	11	998.32	22	996.80	33	994.06
1	998.32	12	998.23	23	996.60	34	993.75
2	998.39	13	998.14	24	996.38	35	993.45
3	998.44	14	998.04	25	996.17	36	993.12
4	998.48	15	997.93	26	995.93	37	992.80
5	998.50	16	997.80	27	995.69	38	992.46
6	998.51	17	997.65	28	995.44	39	992.12
7	998.50	18	997.51	29	995.18	40	991.77
8	998.48	19	997.34	30	994.91		
9	998.44	20	997.18	31	994.64		
10	998.39	21	997.00	32	994.34		

【例 4-1】   在 10℃，某 250mL 容量瓶以黄铜砝码称量其容积的水的质量为 249.63g，计算该容量瓶在 20℃时的容积是多少？

解   由表 4-4 查得，为使某容器在 20℃时容积为 1L，在 10℃时称取的水的质量应为 998.39g，即在 10℃时水的密度（包括容器校准在内）为 $0.99839g \cdot mL^{-1}$。所以，容量瓶在 20℃的真正容积为 $249.63g/0.99839g \cdot mL^{-1} = 250.03mL$。量器通常采用两种校准方法：相对校准法（相对法）和绝对校准法（称量法）。

（1）相对校正法

在实际工作中，经常要用移液管从容量瓶中移取一定量的溶液进行测定，但此时并不需要知道容量瓶和移液管的准确容量，只需知道两种容器的容量之间有一定的比例关系即可。此时，这两种容器可采用相对校正法进行校正。例如，25mL 移液管量取的液体的体积应是 250mL 容量瓶量取液体体积的 1/10。应用此法时必须要求这两件量器配套使用。

（2）绝对校正法

绝对校正法是测定量器实际容量的一种方法。常用的绝对校正法为衡量法（或称量法）。既称量器皿中所容纳（或放出）的水的质量，根据水的密度计算出该容量器皿在 20℃时的容积。要进行空气浮力的校准、玻璃量器随温度变化的校准、称量砝码的温度校准。

【实验用品】

（1）仪器：分析天平；酸（碱）式滴定管（50mL）；移液管（25mL）；容量瓶（250mL）；

烧杯（250mL）；温度计（0～100℃，精度0.1℃）；磨口锥形瓶（50mL）；洗耳球。

（2）试剂：去离子水（或蒸馏水）。

【实验步骤】

（1）滴定管的绝对校准

将待校准的滴定管洗净，向其中装满去离子水（去离子水的温度与室温达平衡），记下水温（T），液面调到刻度"0.00"处，然后从滴定管中放出一段水（10mL）于已称量的干燥的50mL具有玻璃塞的锥形瓶中（切勿将水滴到磨口上），盖紧瓶塞，用万分之一天平称其质量，称准到0.01g，记录数据。再放出一段水于同一锥形瓶中，用同一台天平再称量。如此逐段放出和称量，直到刻度"50"处为止。每两次质量之差即为滴定管中放出的水的质量。从表4-5查出实验温度下经校准后水的密度ρ_t（空），以此水的质量除以ρ_t（空），即可得到所测滴定管各段的实际容量。

表4-5　不同温度下的ρ_t和ρ_t（空）

温度/℃	ρ_t/(g·mL^{-1})	ρ_t（空）/(g·mL^{-1})	温度/℃	ρ_t/(g·mL^{-1})	ρ_t（空）/(g·mL^{-1})
5	0.99996	0.99853	18	0.99860	0.99749
6	0.99994	0.99853	19	0.99841	0.99733
7	0.99990	0.99852	20	0.99821	0.99715
8	0.99985	0.99849	21	0.99799	0.99695
9	0.99978	0.99845	22	0.99777	0.99676
10	0.99970	0.99839	23	0.99754	0.99655
11	0.99961	0.99833	24	0.99730	0.99634
12	0.99950	0.99824	25	0.99705	0.99612
13	0.99938	0.99815	26	0.99679	0.99588
14	0.99925	0.99804	27	0.99652	0.99566
15	0.99910	0.99792	28	0.99624	0.99539
16	0.99894	0.99773	29	0.99595	0.99512
17	0.99878	0.99764	30	0.99565	0.99485

例如，25℃时，由待测滴定管中放出10.10mL去离子水，称其质量为10.08g，由表4-5查得，25℃时水的密度为0.99612g·mL^{-1}，由此求得此段滴定管在25℃时的实际容量为：$V_{25}=(10.08\text{g}/0.99612\text{g·mL}^{-1})=10.12\text{mL}$，该滴定管此段容量的校准值为：（10.12－10.10）mL＝＋0.02mL。表4-6为滴定管校准表。

表4-6　滴定管校准表（实验所得）

滴定管读数	滴定管的容积/mL	瓶与水的质量/g	水的质量/g	实际容积/mL	校准值/mL	累计校准值/mL
0.03		29.20(空瓶)				
10.13	10.10	39.28	10.08	10.12	＋0.02	＋0.02
20.10	9.97	49.19	9.91	9.95	－0.02	0.00

滴定管读数	滴定管的容积/mL	瓶与水的质量/g	水的质量/g	实际容积/mL	校准值/mL	累计校准值/mL
30.08	9.98	59.18	9.99	10.03	+0.05	+0.05
40.03	9.95	69.13	9.95	9.99	+0.04	+0.09
49.97	9.94	79.01	9.88	9.92	−0.02	+0.07

注：水的温度为 $25℃$，水的密度为 $0.99612g \cdot mL^{-1}$。

（2）移液管和容量瓶的校准

① 移液管的绝对校准　将待校准的移液管洗净，吸取去离子水至标线，然后将移液管中的去离子水放入已称量的干燥的磨口锥形瓶中，再称量，两次质量之差为待校正移液管中水的质量。以水的质量除以实验温度时水的密度，即得实验温度下待校正移液管的实际容量。重复校正一次。

② 容量瓶的绝对校准　将待校正的容量瓶洗净干燥，称空瓶的质量，然后向其中注入去离子水至标线，称量容量瓶和水的总质量，两次质量之差为待校正容量瓶中水的质量，除以实验温度时水的密度，即得待校正容量瓶的实际容量。重复校正一次。

③ 移液管和容量瓶的相对校准　同一次实验中，移液管和容量瓶是相互配合使用的，此时不需要知道两者的绝对体积，只要知道它们之间的体积是否成一定比例即可。如用 $25mL$ 移液管移取去离子水至待校正的 $250mL$ 容量瓶中十次，静置一会，仔细观察溶液的弯月面是否与容量瓶上的标线相切，若不相切，可以另做一个标记，以后在使用时即以此标记为标线。反过来，用这一移液管吸取的一管溶液，就是该容量瓶中溶液体积的 $1/10$。经相互校准后的容量瓶和移液管均做上相同标记，就可以配套使用。

【数据记录与处理】

自行设计表格进行数据处理。

【思考题】

① 试简要叙述滴定管校准的原理。

② 为什么校正滴定管时称量只准确到毫克位？

③ 移液管与容量瓶相对校准的意义何在？

④ 滴定管校准时，将去离子水放入锥形瓶时应注意什么？锥形瓶外壁有水珠，可能会造成什么影响？

⑤ 滴定管校准时，每次放出去离子水的速度太快，且放出后立刻就读数，可能会造成什么问题？

⑥ 为什么移液管放完液体后要停留 15s？移液管尖端残留的液体是否要用洗耳球吹下去？

第 5 章 基本原理实验

Chapter 05

实验 8　胶体溶液的性质

【实验目的】

① 学习胶体和乳浊液的制备方法。

② 熟悉胶体的光学、电学、动力学性质。

③ 了解固体吸附剂在溶液中的吸附现象。

【实验原理】

胶体溶液是指直径在 $1 \sim 100nm$ 的固体颗粒或高分子化合物分散在溶剂中所形成的溶液，分散剂大多数为水，少数为非水溶剂。胶体溶液是一种高度分散的多相体系，它具有很大的比表面积和表面能，故胶体是热力学不稳定体系。胶体溶液有三个主要性质：布朗运动体现的动力学性质；丁达尔效应说明胶粒对光线产生散射作用；胶粒带有电荷，使胶体溶液具有电泳现象。

胶体溶液（溶胶）是一种高分散的多相体系，要制备比较稳定的胶体溶液，就要在加入稳定剂的条件下设法获得适当大小（$10^{-7} \sim 10^{-5}$ cm）的颗粒。在此原则上有两种办法：

（1）凝聚法，即在一定条件下使分子或离子聚结为胶粒。

（2）分散法，将大颗粒的分散相在一定条件下分散为胶粒。

在胶体体系中加入电解质，使胶团扩散层变薄，胶体粒子合并变大，发生聚沉。此外，浓度、温度增高及两种带有相反电荷的溶胶相互混合等，都可克服胶团的电性排斥力，使溶胶聚沉。

固体吸附剂在溶液中可以吸附分子，也可以吸附离子。

【实验用品】

（1）仪器：烧杯（100mL）；量筒（10mL、50mL）；聚光箱；铁架台；试管；洗瓶；酒精灯；铁环；漏斗；滤纸。

（2）试剂：$NH_3 \cdot H_2O$（$2mol \cdot L^{-1}$）；$FeCl_3$（$1mol \cdot L^{-1}$）；HCl（$0.1mol \cdot L^{-1}$）；$CuCO_4$（$2mol \cdot L^{-1}$）；NaCl（$5mol \cdot L^{-1}$）；Na_2SO_4（$0.05mol \cdot L^{-1}$）；$K_3[Fe(CN)_6]$（$0.005mol \cdot L^{-1}$）；$AlCl_3$（$2mol \cdot L^{-1}$）；酒石酸锑钾（1%）；饱和硫化氢水溶液；饱和 $(NH_4)_2SO_4$ 溶液；稀蛋白质溶液；明胶（1%）；苯；活性炭；品红（0.01%）；肥皂水。

【实验步骤】

(1) 溶胶的制备

① 凝聚法 复分解法制硫化亚锑溶胶：在烧杯中加入 1% 的酒石酸锑钾溶液 50mL，然后滴加饱和硫化氢水溶液直至溶胶变成橙红色为止。保留溶胶，供后面实验用。

水解法制备 $Fe(OH)_3$ 溶胶：在 100mL 烧杯中加蒸馏水 30mL，加热至沸，用滴管逐滴加入 $1mol \cdot L^{-1}$ $FeCl_3$ 溶液 3mL，继续煮沸 $1 \sim 2min$，待溶液呈红棕色为止，停止加热。保留 $Fe(OH)_3$ 溶胶，供后面实验用。

② 分散法制备 $Al(OH)_3$ 溶胶 在一支试管中加入 $2mol \cdot L^{-1}$ $AlCl_3$ 溶液，逐滴加入 $2mol \cdot L^{-1}$ $NH_3 \cdot H_2O$，使其完全沉淀。将沉淀过滤后用适量的蒸馏水洗涤 $2 \sim 3$ 次，将滤纸上的沉淀转入烧杯中，加 50mL 蒸馏水继续加热煮沸约 20min，取上清液供后面实验用。

(2) 溶胶的光学性质（丁达尔效应）

将上面制备的几种溶胶放入装有强光灯泡及聚光镜的聚光箱中（也可以用手电筒在暗处观察），观察溶胶中形成的光锥，并与 $2mol \cdot L^{-1}$ $CuSO_4$ 溶液对照。

(3) 溶胶的聚沉

① 取三支试管，各加入 $Fe(OH)_3$ 溶胶 5mL，第一支试管滴加 $0.005mol \cdot L^{-1}$ $K_3[Fe(CN)_6]$，第二支试管滴加 $0.05mol \cdot L^{-1}$ Na_2SO_4，第三支试管滴加 $5mol \cdot L^{-1}$ NaCl，每支试管都加到刚出现浑浊为止。记下每种电解质溶液引起溶胶发生聚沉所需的最小量。通过估算聚沉值比较说明 3 种电解质对溶胶聚沉能力的大小，并加以解释。

② 将 $Fe(OH)_3$ 溶胶 5mL 和 Sb_2S_3 溶胶 5mL 混合在一起，震荡试管，观察现象并加以解释。

③ 取 5mL Sb_2S_3 水溶胶于试管中，加热至微沸，冷却后观察有何现象并加以解释。

④ 蛋白质溶液的聚沉作用，在 0.5mL 蛋白质的稀溶液中加入饱和 $(NH_4)_2SO_4$ 溶液，当两者的量大约相等时，观察有何变化。

(4) 高分子化合物对溶胶的保护作用

取两支试管各注入 $Fe(OH)_3$ 溶胶 5mL，在第一支试管中加入蒸馏水 1mL，第二支试管中加入 1% 明胶 1mL，小心摇动试管。在两支试管中各滴加 $0.05mol \cdot L^{-1}$ Na_2SO_4 几滴，边滴边摇，观察、比较聚沉时所需电解质的量，并加以解释。

(5) 吸附现象

取一支试管，加入 0.01% 品红溶液 2mL 和颗粒状活性炭少许，摇动 5min 以上，过滤于另一试管中，观察滤液的颜色并与 0.01% 品红溶液比较。通过实验现象解释活性炭对品红的吸附作用。

(6) 乳浊液的制备

取两支试管，在第一支试管中加入蒸馏水 5mL、苯 1mL，再加肥皂水 1mL；在第二支试管中加入蒸馏水 6mL、苯 1mL。同时摇动两支试管后静置观察比较两试管的不同现象，并加以解释。

【数据记录与处理】

胶体溶液的性质见表 5-1。

表 5-1　胶体溶液的性质

实 验 步 骤		现　　象	解释(反应方程式)
溶胶的制备	①凝聚法 a. 复分解法制硫化亚锑溶胶 b. 水解法制备 Fe(OH)₃ 溶胶		
	②分散法 制备 Al(OH)₃ 溶胶		

【思考题】

① 电解质对溶胶的稳定性有何影响？

② 试举自然界和日常生活中的两例胶体聚沉的例子。

③ 由 FeCl₃ 溶液制备 Fe(OH)₃ 溶胶时，应注意什么？

实验 9　化学反应速率和化学平衡

【实验目的】

① 理解浓度、温度和催化剂对反应速率的影响。

② 掌握浓度和温度对化学平衡的影响。

【实验原理】

在均相反应中，化学反应速率的快慢，首先决定于反应物的本性，其次受外界条件浓度、温度、催化剂等影响。化学反应速率的快慢用单位时间内反应物浓度的减少或生成物浓度的增加来表示。本实验用不同浓度的 $NaHSO_3$ 和 KIO_3 反应生成 I_3，如果在溶液中预先加入淀粉指示剂，I_3 与淀粉生成蓝色化合物，以出现蓝色快慢为标志表明反应速率的快慢。

$$2KIO_3 + 5NaHSO_3 \Longrightarrow Na_2SO_4 + 3NaHSO_4 + K_2SO_4 + I_2 + H_2O$$

反应速率常数 k 与反应温度 T 一般有如下关系：即 $k = Ae^{-E_a/(RT)}$，可见温度对反应速率有显著影响。

催化剂的加入也能改变反应速率。

在一定条件下，某可逆反应的正、逆反应速率相等时，该可逆反应就达到了化学平衡。当外界条件改变时，化学平衡就发生移动，平衡移动的方向可以根据吕·查德里原理判断。例如下列平衡：

$$2K_2CrO_4 + H_2SO_4 \Longrightarrow K_2Cr_2O_7 + K_2SO_4 + H_2O$$
　　　　（黄色）　　　　　　　　　（橙色）

当反应系统中反应物或生成物浓度增大或减小时，正、逆反应速率不再相等，平衡发生移动，溶液颜色由橙色变为黄色或由黄色变为橙色。

温度对化学平衡也有影响。如：

$$2NO_2(g) \Longrightarrow N_2O_4(g)$$
　　（棕红色）　　　　　　（无色）

【实验用品】

(1) 仪器：秒表；温度计（100℃）；量筒（10mL）；大试管；NO_2 平衡仪。

(2) 试剂：KIO_3（0.05mol·L^{-1}）；$NaHSO_3$❶（0.05mol·L^{-1}）；H_2SO_4（2.0mol·L^{-1}）；MnO_2（s）；$NnSO_4$（0.1mol·L^{-1}）；$H_2C_2O_4$（0.1mol·L^{-1}）；$KMnO_4$（0.01mol·L^{-1}）；NaOH（2.0mol·L^{-1}）；K_2CrO_4（0.1mol·L^{-1}）；H_2O_2（3%）；$FeCl_3$（0.1mol·L^{-1}）；NH_4SCN（0.1mol·L^{-1}）。

【实验步骤】

(1) 浓度对化学反应速率的影响

用量筒量取 2mL 0.05mol·L^{-1} $NaHSO_3$ 溶液和 7mL 蒸馏水放入大试管中。再量取 1mL 0.05mol·L^{-1} KIO_3 溶液迅速放入盛有 $NaHSO_3$ 溶液的大试管中，不断摇动，与此同时用秒表计时，记下溶液变蓝所需的时间。平行的 4 组实验，按表 5-2 的用量进行，并如实的加以记录。

(2) 温度对反应速率的影响

在大试管中，加入 2mL 0.05mol·L^{-1} $NaHSO_3$ 溶液和 6mL 蒸馏水。用量筒量取 2mL 0.05mol·L^{-1} KIO_3 溶液于另一试管中。将两支试管同时放入热水浴中，恒温在比室温高 10℃时，同时取出两支试管，将 KIO_3 溶液马上倒入 $NaHSO_3$ 溶液中，并立刻摇动试管，与此同时用秒表计时，记下淀粉变蓝所需的时间。平行的 3 组实验，按表 5-3 所示的温度进行，并如实的加以记录。

(3) 催化剂对反应速率的影响

① 均相催化　取两支试管，分别加入 4mL 2.0mol·L^{-1} H_2SO_4 和 6mL 0.1mol·L^{-1} $H_2C_2O_4$ 溶液，向其中一支试管中加入 2mL 0.1mol·L^{-1} $MnSO_4$；然后向两支试管中各加入 0.01mol·L^{-1} $KMnO_4$ 溶液 5 滴，摇匀，比较两支试管中紫色退去的快慢。写出反应方程式，说明 $MnSO_4$ 在反应中的作用。

② 多相催化　向试管中加入 5mL 3% H_2O_2 溶液，观察有无气泡产生。然后向试管中加入少量 MnO_2 粉末，再观察现象。并用火柴余烬插入试管口 1cm 处检验生成的气体。写出反应方程式，说明 MnO_2 在反应中的作用。

(4) 浓度对化学平衡的影响

① 在试管中加入 5mL 0.1mol·L^{-1} K_2CrO_4 溶液，然后滴加 2.0mol·L^{-1} H_2SO_4 溶液。我们会观察到溶液由黄色变为橙色，之后再向试管中滴加 2.0mol·L^{-1} NaOH 溶液，观察溶液颜色又由橙色变为黄色了，说明原因。

② 在试管中加入 10mL 蒸馏水，滴加 0.1mol·L^{-1} $FeCl_3$ 溶液和 0.1mol·L^{-1} NH_4SCN 溶液各 5 滴，摇匀得到血红色溶液。将此溶液分装在三支试管中，向第一支试管加入 0.1mol·L^{-1} $FeCl_3$ 溶液 5 滴；向第二支试管中加入 0.1mol·L^{-1} NH_4SCN 溶液 5 滴。与第三支试管比较，观察颜色有何不同，写出反应方程式，并解释原因。

(5) 温度对化学平衡的影响

将 NO_2 平衡仪两端分别置于盛有冷水和热水的烧杯中，观察平衡仪两端颜色的变化。根据观察到的实验结果，说明温度对化学平衡的影响。

---

❶ 称取 5g 淀粉，用少量水调成糊状，加入到 100～200mL 沸水中，煮沸，待冷却后加入 $NaHSO_3$ 溶液中即可。

【数据记录与处理】

将数据填入表 5-2 和表 5-3。

表 5-2　浓度对反应速率的影响

实验序号	NaHSO₃ V/mL	H₂O 体积 V/mL	KIO₃ 体积 V/mL	溶液变蓝时间 t/s
1	2	7	1	
2	2	6	2	
3	2	5	3	
4	2	4	4	
5	2	3	5	
结论				

表 5-3　温度对反应速率的影响

实验序号	NaHSO₃ V/mL	H₂O 体积 V/mL	KIO₃ 体积 V/mL	实验温度 T/℃	溶液变蓝时间 t/s
1	2	6	2	室温	
2	2	6	2	室温＋10	
3	2	6	2	室温＋20	
4	2	6	2	室温＋30	
结论					

【思考题】

① 在浓度、温度对化学反应速率的影响实验中，我们为什么加入不同体积的水？

② 化学平衡在什么情况下发生移动？如何判断平衡移动的方向？

实验 10　电解质溶液（缓冲溶液的配制与性质）

【实验目的】

① 掌握弱电解质解离平衡的特点及影响其平衡移动的因素。

② 理解酸碱反应及影响酸碱反应的主要因素。

③ 学习缓冲溶液的配制及性质。

④ 掌握缓冲溶液 pH 的计算。

【实验原理】

根据电解质溶液导电能力大小把电解质分为强电解质和弱电解质。弱电解质在水溶液中的解离过程是可逆的，在一定条件下建立平衡，称为解离平衡。如 HAc：

$$HAc(aq) \rightleftharpoons H^+(aq) + Ac^-(aq)$$

$$K_a^\ominus = \frac{[c(H^+)/c^\ominus][c(Ac^-)/c^\ominus]}{c(HAc)/c^\ominus}$$

解离平衡是化学平衡的一种，遵循化学平衡原理。

在已经达到解离平衡的 HAc 溶液中加入含有相同离子的强电解质，即增加 H^+ 或 Ac^- 的浓度，则平衡就向生成 HAc 分子的方向移动，使弱电解质 HAc 的解离度降低，这种现象称为同离子效应。

在上述这种弱酸（碱）及其盐的混合溶液中，加入少量的碱（酸）或将其稀释时，溶液的 pH 改变很小，这种溶液称为缓冲溶液。任何缓冲溶液的缓冲能力都是有限的。如果溶液稀释的倍数太大，或加入的强酸（碱）的量太大时，溶液的 pH 就会发生较大的变化，而失去缓冲能力。

【实验用品】

(1) 仪器：小烧杯（50mL）；量筒（10mL）；吸量管（10mL）；移液管（25mL）；洗耳球；容量瓶（100mL）；试管；试管夹；酒精灯；滴管；酸度计；滤纸。

(2) 试剂：HCl（$0.10mol \cdot L^{-1}$、$1.0mol \cdot L^{-1}$）；HAc（$0.10mol \cdot L^{-1}$，$0.5mol \cdot L^{-1}$）；NaAc（$0.10mol \cdot L^{-1}$，$0.5mol \cdot L^{-1}$）；$NH_3 \cdot H_2O$（$2.0mol \cdot L^{-1}$、$0.10mol \cdot L^{-1}$）；NaOH（$0.10mol \cdot L^{-1}$、$1.0mol \cdot L^{-1}$）；NHCl（s）；NaAc（s）；PbI_2（饱和）；KI（$0.2mol \cdot L^{-1}$）；广泛 pH 试纸；Zn 粒；酚酞指示剂；甲基橙指示剂。

【实验步骤】

(1) 酸碱溶液的 pH

① 用广泛 pH 试纸测定浓度均为 $0.10mol \cdot L^{-1}$ 的 HAc 溶液、HCl 溶液、$NH_3 \cdot H_2O$ 和 NaOH 溶液的 pH，填于表 5-4，并与实验前计算出的理论值进行比较。

表 5-4 电解质强弱比较

项目	pH		项目	pH	
	理论值	测定值		理论值	测定值
$0.10mol \cdot L^{-1}$ HAc			$0.10mol \cdot L^{-1}$ $NH_3 \cdot H_2O$		
$0.10mol \cdot L^{-1}$ HCl			$0.10mol \cdot L^{-1}$ NaOH		

② 取两支试管各加一颗 Zn 粒，分别加入 2mL $0.10mol \cdot L^{-1}$ 的 HCl 和 $0.10mol \cdot L^{-1}$ 的 HAc 溶液，比较反应进行的快慢。加热试管，进一步观察反应速率的差别。

(2) 同离子效应

① 在试管中加入 2mL $0.10mol \cdot L^{-1}$ 的 HAc 溶液，再加入 1 滴甲基橙指示剂，观察溶液的颜色。作记录，再向其中加入少量 NaAc 固体，振荡试管使其溶解，观察溶液颜色的变化，说明其原因。

② 在试管中加饱和 PbI_2 溶液 5 滴，然后加 $0.2mol \cdot L^{-1}$ KI 溶液 1～2 滴，振荡试管观察现象，说明其原因。

③ 参照①设计另一个实验（$2.0mol \cdot L^{-1}$ $NH_3 \cdot H_2O$ 与 NH_4Cl 固体），用以证明同离子效应。

(3) 缓冲溶液

① 缓冲溶液的配制

按照表 5-5 所示体积用吸量管分别准确吸取 $0.5mol \cdot L^{-1}$ HAc 和 $0.5mol \cdot L^{-1}$ NaAc 溶液依次加到 100mL 的容量瓶中，稀释到刻度，摇匀待用。

表 5-5　缓冲溶液的配制

实 验 编 号	$0.5mol \cdot L^{-1}$ HAc 溶液的体积/mL	$0.5mol \cdot L^{-1}$ NaAc 溶液的体积/mL	$0.1mol \cdot L^{-1}$ HAc 溶液的体积/mL	$0.1mol \cdot L^{-1}$ NaAc 溶液的体积/mL
1	2.50	7.50		
2	5.00	5.00		
3			7.50	2.50
4			3.00	1.00

② 测量新配制的缓冲溶液的 pH

按表 5-6 所示，准确移取 3 份 25.00mL 编号为 1 的缓冲溶液，分别置于 3 个 50mL 烧杯中，编上号码。用酸度计测量其 pH，将数据记录下来。然后用 1.00mL 吸量管在第一份中加入 0.050mL $1.0mol \cdot L^{-1}$ HCl 溶液，第二份中加入 0.050mL $1.0mol \cdot L^{-1}$ NaOH 溶液，第三份中加入 1mL 去离子水，分别用酸度计测量它们的 pH，编号为 2、3、4 缓冲溶液重复 1 号缓冲溶液的操作，并记录数据，填入表 5-6 中。

表 5-6　测定结果

实 验 编 号	溶 液 组 成	pH	
		计算值	测量值
1	缓冲溶液中加 0.050mL $1.0mol \cdot L^{-1}$ HCl		
	缓冲溶液中加 0.050mL $1.0mol \cdot L^{-1}$ NaOH		
	缓冲溶液中加 1mL 去离子水		
2	缓冲溶液中加 0.050mL $1.0mol \cdot L^{-1}$ HCl		
	缓冲溶液中加 0.050mL $1.0mol \cdot L^{-1}$ NaOH		
	缓冲溶液中加 1mL 去离子水		
3	缓冲溶液中加 0.050mL $1.0mol \cdot L^{-1}$ HCl		
	缓冲溶液中加 0.050mL $1.0mol \cdot L^{-1}$ NaOH		
	缓冲溶液中加 1mL 去离子水		
4	缓冲溶液中加 0.050mL $1.0mol \cdot L^{-1}$ HCl		
	缓冲溶液中加 0.050mL $1.0mol \cdot L^{-1}$ NaOH		
	缓冲溶液中加 1mL 去离子水		

【思考题】

① 欲配制 pH=4.2 的缓冲溶液 10mL，现有 $0.1mol \cdot L^{-1}$ HAc 和 $0.1mol \cdot L^{-1}$ NaAc 溶液，通过计算说明应如何配制。如何验证其缓冲能力？

② 缓冲溶液缓冲能力的大小主要取决于哪些因素？

③ 同离子效应对弱电解质的解离度有何影响？

实验 11　盐类水解和沉淀平衡

【实验目的】

① 学习盐类的水解反应和影响盐类水解的因素。

② 熟练掌握溶度积规则的应用。

③ 了解难溶电解质的转化规律，掌握离心分离技术。

【实验原理】

（1）盐类的水解

盐的某些离子能和水发生反应，生成弱电解质，破坏了水的解离平衡，从而使盐的水溶液呈现出酸性或碱性。水解后溶液的酸碱性决定于盐的类型，水解反应生成的弱电解质越弱则水解反应越完全。当弱碱盐和弱酸盐的正、负离子均发生水解反应时，反应较彻底，这样的水解反应称为"双水解"反应。如 $Al_2(SO_4)_3$ 和 Na_2CO_3 的水解反应：

$$2Al^{3+} + 3CO_3^{2-} + 3H_2O \Longrightarrow 2Al(OH)_3 + 3CO_2$$

水解反应遵循化学平衡移动规律，水解反应是吸热反应，升高温度平衡向水解方向移动。根据同离子效应，若改变系统中的 H_3O^+ 或 OH^- 浓度，也能使水解平衡发生移动。如实验室配制 $FeCl_3$ 溶液时，为防止 Fe^{3+} 的水解，可先用浓盐酸溶解 $FeCl_3$，再加水稀释到所需浓度，从而抑制水解。

$$FeCl_3 + 3H_2O \Longrightarrow Fe(OH)_3 + 3HCl$$

（2）难溶电解质的沉淀溶解平衡

难溶电解质的饱和溶液中，存在着相应的离子与未溶解的电解质固体之间多相离子平衡，这就是沉淀溶解平衡。例如，在 $AgCl$ 的饱和溶液中，存在着如下平衡：

$$AgCl(s) \Longrightarrow Ag^+(aq) + Cl^-(aq)$$

其标准平衡常数关系式为：

$$K_{sp}^{\ominus}(AgCl) = \{c(Ag^+)/c^{\ominus}\}\{c(Cl^-)/c^{\ominus}\}$$

离子积与溶度积之间存在着如下所示的溶度积规则：

$Q(AgCl) > K_{sp}^{\ominus}(AgCl)$，形成过饱和溶液，有沉淀生成；

$Q(AgCl) = K_{sp}^{\ominus}(AgCl)$，形成饱和溶液，即达到沉淀溶解平衡；

$Q(AgCl) < K_{sp}^{\ominus}(AgCl)$，形成不饱和溶液，无沉淀生成或沉淀继续溶解。

根据溶度积规则，可以判断溶液中是否有沉淀生成及沉淀是否完全、沉淀是否溶解或沉淀是否转化。

在实际工作中，经常遇到溶液中含有两种或两种以上的离子，且都能和某种沉淀剂反应生成沉淀，由于各种难溶电解质的溶度积不同，则出现分级沉淀。因此，在实际工作中适当的控制条件，就可以利用分级沉淀进行离子分离。

在实际工作中有时还会遇到不能用一般方法溶解的沉淀（如不溶于酸或碱），此时可借助某种试剂将其转化为另一种沉淀，然后再用一般的方法溶解，这种将一种沉淀转化为另一种沉淀的方法叫做沉淀的转化。

【实验用品】

（1）仪器：试管；试管夹；量筒；烧杯；玻璃棒；离心试管；酒精灯；低速离心机；水浴锅。

（2）试剂：Na_2CO_3（$0.20\text{mol} \cdot L^{-1}$）；$NaCl$（$0.01\text{mol} \cdot L^{-1}$、$0.10\text{mol} \cdot L^{-1}$、$0.20\text{mol} \cdot L^{-1}$）；$Al_2(SO_4)_3$（$0.20\text{mol} \cdot L^{-1}$）；$Na_3PO_4$（$0.20\text{mol} \cdot L^{-1}$）；$Na_2HPO_4$（$0.20\text{mol} \cdot L^{-1}$）；$NaH_2PO_4$（$0.20\text{mol} \cdot L^{-1}$）；$NaAc$（$0.20\text{mol} \cdot L^{-1}$、$0.50\text{mol} \cdot L^{-1}$）；

NH$_4$Cl（0.20mol·L^{-1}）；Pb（NO$_3$）$_2$（0.010mol·L^{-1}、0.00010mol·L^{-1}）；KI（0.010mol·L^{-1}、0.00010mol·L^{-1}）；K$_2$CrO$_4$（0.050mol·L^{-1} 0.10mol·L^{-1}）；AgNO$_3$（0.10mol·L^{-1}）；CaCl$_2$（0.10mol·L^{-1}）；（NH$_4$）$_2$C$_2$O$_4$（饱和）；NH$_3$·H$_2$O（2.0mol·L^{-1}）；HAc（2.0mol·L^{-1}）；HNO$_3$（6.0mol·L^{-1}）；Na$_2$S（0.10mol·L^{-1}）；HCl（2.0mol·L^{-1}）；广泛 pH 试纸；酚酞指示剂。

【实验步骤】

（1）盐类的水解及其溶液的酸碱性

① 盐类的水解　取三支试管，分别加入 2.0mL 浓度均为 0.20mol·L^{-1} 的 NaAc、NaCl 及 NH$_4$Cl 溶液，用广泛 pH 试纸测量它们的 pH，写出水解反应的离子反应方程式，并加以解释。

用 pH 试纸测量浓度均为 0.20mol·L^{-1} Na$_3$PO$_4$、Na$_2$HPO$_4$、NaH$_2$PO$_4$ 溶液的 pH。酸式盐是否都呈酸性？加以解释。

取一支试管中加入 0.20mol·L^{-1} 的 Na$_2$CO$_3$ 溶液 8mL，再加入 0.20mol·L^{-1} 的 Al$_2$（SO$_4$）$_3$ 溶液 4mL，观察现象。写出离子反应方程式。并加以解释。

② 盐类的水解平衡的移动

取两支试管，分别加入 2mL 浓度为 0.50mol·L^{-1} 的 NaAc 溶液，再各加 1 滴酚酞指示剂，将其中的一支试管水浴加热，观察颜色的变化，冷却后颜色又如何变化？

（2）沉淀的生成和溶解

① 沉淀的生成　取两支试管，在一支试管中加入浓度均为 0.010mol·L^{-1} 的 Pb(NO$_3$)$_2$ 溶液和 KI 溶液各 10 滴，观察有无沉淀生成。另一支试管中加入浓度均为 0.00010mol·L^{-1} 的 Pb(NO$_3$)$_2$ 溶液和 KI 溶液各 20 滴，观察有无沉淀生成。写出离子反应方程式，用溶度积规则加以解释。

取两支试管，在一支试管中加入浓度均为 0.10mol·L^{-1} 的 AgNO$_3$ 溶液和 NaCl 溶液各 10 滴，在另一支试管中加入浓度均为 0.10mol·L^{-1} 的 AgNO$_3$ 溶液和 K$_2$CrO$_4$ 溶液各 10 滴，观察有无沉淀生成。通过计算说明沉淀生成的原因，写出离子反应方程式。

② 沉淀的溶解　取两支离心试管，分别加入 10 滴饱和（NH$_4$）$_2$C$_2$O$_4$ 溶液和 10 滴 0.10mol·L^{-1} 的 CaCl$_2$ 溶液，观察沉淀的生成。离心分离，弃去清液后，在一支试管中加入 2mL 2.0mol·L^{-1} 的 HCl 溶液，观察沉淀是否溶解。另一支试管中加入 2mL 2.0mol·L^{-1} 的 HAc 溶液，观察沉淀是否溶解。写出有关离子反应方程式，解释原因。

（3）分步沉淀

取一支试管中加入 1mL 0.10mol·L^{-1} 的 NaCl 溶液和 1mL 0.050mol·L^{-1} 的 K$_2$CrO$_4$ 溶液，然后滴加 0.10mol·L^{-1} 的 AgNO$_3$ 溶液，边加边振荡试管，观察形成沉淀的颜色。离心分离，在上层溶液中再滴加 AgNO$_3$ 溶液，观察形成沉淀颜色的变化。写出有关离子反应方程式，并且用溶度积原理解释该实验现象。

（4）沉淀的转化

取一支离心试管中加入浓度均为 0.10mol·L^{-1} 的 AgNO$_3$ 溶液和 NaCl 溶液各 10 滴，观察现象。离心分离，弃去溶液，于试管内的沉淀中滴加 0.10mol·L^{-1} 的 Na$_2$S 溶液，观察沉淀颜色的变化，解释原因。

（5）平衡相互转化

取一支离心试管，加入浓度均为 $0.10\,mol\cdot L^{-1}$ 的 $AgNO_3$ 溶液和 NaCl 溶液各 10 滴，观察现象。离心分离，弃去上层清液，向试管内的沉淀中滴加 $2.0\,mol\cdot L^{-1}$ 的 $NH_3\cdot H_2O$，观察沉淀是否溶解？沉淀若溶解，继续向试管中加入 $0.10\,mol\cdot L^{-1}\ Na_2S$ 溶液 10 滴，观察现象，离心分离，弃去上层清液，向试管内的沉淀中滴加 $6.0\,mol\cdot L^{-1}$ 的 HNO_3 溶液，水浴加热，观察沉淀是否溶解。写出有关离子反应方程式。

（6）沉淀法分离混合离子溶液

试液中可能含有 Cu^{2+}、Ba^{2+}、Mg^{2+}，试自行设计方案进行分离鉴定。

【数据记录与处理】

将实验数据填于表 5-7。

表 5-7　盐类的水解和沉淀溶解平衡

实验步骤		
（1）	现象：	
	解释：	
（2）	现象：	
	解释：	
（3）	现象：	
	解释：	

【思考题】

① 同离子效应对弱电解质的解离度及难溶电解质的溶解度有何影响？

② 用什么方法可以使沉淀溶解？

③ 低速离心分离操作中应注意什么问题？

④ 实验室如何配制 Fe^{3+}、Al^{3+}、Bi^{3+} 等溶液？

⑤ 设计 pH 对沉淀的生成和溶解影响的实验。

实验 12　配位化合物的性质

【实验目的】

① 了解配离子的生成、组成、性质。

② 学习配离子与简单离子、配合物与复盐在性质上的区别。

③ 了解配离子的解离平衡及其移动。

④ 比较不同配离子在溶液中的稳定性。

⑤ 了解螯合物的形成及特性。

【实验原理】

配位化合物是由中心离子（或原子）与配位体按一定组成和空间构型以配位键结合所形成的化合物称为配位化合物（简称配合物）。大多数易溶配合物为强电解质，在水中完全解离，它与复盐不同，在水溶液中解离出的配离子十分稳定，只有很少的一部分解离成简单离子，而复盐则全部解离为简单离子。例如：

配位化合物　$[Cu(NH_3)_4]SO_4 \rightleftharpoons [Cu(NH_3)_4]^{2+} + SO_4^{2-}$

复盐　$Fe_2(SO_4)_3 \cdot (NH_4)_2SO_4 \cdot 24H_2O \rightleftharpoons 2Fe^{3+} + 4SO_4^{2-} + 2NH_4^+ + 24H_2O$

配离子在水溶液中存在配合和解离的平衡。如：

$$Ag^+ + 2NH_3 \rightleftharpoons [Ag(NH_3)_2]^+$$

$$K_f^\ominus = \frac{c[Ag(NH_3)_2^+]/c^\ominus}{\dfrac{c(Ag^+)}{c^\ominus} \times \left[\dfrac{c(NH_3)}{c^\ominus}\right]^2}$$

式中　$K_f^\ominus$——配合物的稳定常数，只与配合物的本性及温度有关，而与浓度无关。

对于同种类型的配离子，配合物的稳定常数越大，表示配离子越稳定。

根据化学平衡移动原理，改变平衡系统中心离子或配位体的浓度时（如改变溶液酸度、加入沉淀剂、氧化剂或还原剂等），都能使配合平衡发生移动，引起系统颜色、溶解度、电极电位以及 pH 的变化。

当同一配位体提供两个或两个以上的配原子与一个中心离子相配位时，可形成环状结构的配合物，称为螯合物。螯合物比一般的配合物更加稳定。由于大多数金属的螯合物具有特征的颜色，且难溶于水，所以螯合物常被用于分析化学中金属离子的鉴定。

【实验用品】

(1) 仪器：试管。

(2) 试剂：$FeSO_4$（$0.1mol \cdot L^{-1}$）；$FeCl_3$（$0.1mol \cdot L^{-1}$）；$NaOH$（$2.0mol \cdot L^{-1}$）；$K_4[Fe(CN)_6]$（$0.1mol \cdot L^{-1}$）；$K_3[Fe(CN)_6]$（$0.1mol \cdot L^{-1}$）；铁铵矾（$0.1mol \cdot L^{-1}$）；NH_4SCN（$0.1mol \cdot L^{-1}$、$0.5mol \cdot L^{-1}$）；$AgNO_3$（$0.1mol \cdot L^{-1}$）；$NaCl$（$0.1mol \cdot L^{-1}$）；$NH_3 \cdot H_2O$（$1.0mol \cdot L^{-1}$、$6.0mol \cdot L^{-1}$）；KBr（$0.1mol \cdot L^{-1}$）；$Na_2S_2O_3$（$1.0mol \cdot L^{-1}$）；KI（$0.1mol \cdot L^{-1}$）；$SnCl_2$（$0.1mol \cdot L^{-1}$）；H_2SO_4（$6.0mol \cdot L^{-1}$）；HNO_3（$6.0mol \cdot L^{-1}$）；$Co(NO_3)_2$（$0.5mol \cdot L^{-1}$）；饱和 NH_4SCN；$KSCN$（$1.0mol \cdot L^{-1}$）；NH_4F（10%）；NaF（s），饱和 NaF；$NiSO_4$（$0.1mol \cdot L^{-1}$）；丁二酮肟（1%）。

【实验步骤】

(1) 配离子和简单离子的区别

① 取两支试管，分别加入 10 滴 $0.1mol \cdot L^{-1}$ $FeSO_4$ 溶液和 10 滴 $0.1mol \cdot L^{-1}$ $K_4[Fe(CN)_6]$ 溶液，然后各加入 5～10 滴 $2.0mol \cdot L^{-1}$ $NaOH$，观察现象，说明原因，写出反应方程式。

② 取 3 支试管中，在第一支试管中加入 10 滴 $0.1mol \cdot L^{-1}$ $FeCl_3$ 溶液；第二支试管中 10 滴 $0.1mol \cdot L^{-1}$ $K_3[Fe(CN)_6]$ 溶液；第三支试管中加 10 滴铁铵矾溶液。然后各加入 2 滴 $0.5mol \cdot L^{-1}$ NH_4SCN 溶液，观察现象，说明原因，写出反应方程式。

$$Fe^{3+} + xSCN^- \rightleftharpoons [Fe(SCN)_x]^{3-x}（血红色）\quad (x = 1 \sim 6)$$

此为 Fe^{3+} 的特效反应，可用于鉴定 Fe^{3+} 的存在。

(2) 配离子稳定性的比较

根据 $AgCl$、$AgBr$、AgI 的溶度积常数 $K_{sp}^\ominus$ 的大小以及 $[Ag(NH_3)_2]^+$、$[Ag(S_2O_3)_2]^{3-}$ 配离子的稳定常数 $K_f^\ominus$ 大小估计在下列各步中应有什么现象。

① 取 10 滴 0.1mol·L^{-1} AgNO$_3$ 溶液于试管中，加入 10 滴 0.1mol·L^{-1} NaCl 溶液，静置、倾去上清液。

② 边摇边滴加 6.0mol·L^{-1} NH$_3$·H$_2$O 至沉淀刚好溶解。

③ 加入 5 滴 0.1mol·L^{-1} KBr。

④ 静置、倾去上清液，滴加 1.0mol·L^{-1} Na$_2$S$_2$O$_3$ 溶液至沉淀刚好溶解。

⑤ 滴加 0.1mol·L^{-1} KI 的溶液。

观察并记录各步结果，写出反应方程式。

（3）配位平衡的移动

① 配位平衡与酸碱平衡　在试管中加入 1mL 0.1mol·L^{-1} FeCl$_3$ 溶液，再滴加 10% NH$_4$F 至溶液呈无色，将此溶液分成两份，分别滴加 2mol·L^{-1} NaOH 和 6mol·L^{-1} H$_2$SO$_4$，观察现象，写出有关反应方程式，并加以解释。

② 配位平衡与沉淀溶解平衡　在试管中加入 1mL 0.1mol·L^{-1} AgNO$_3$ 溶液，逐滴加入 0.1mol·L^{-1} NaCl 溶液生成白色沉淀，分离沉淀并洗涤，然后加入 6mol·L^{-1} NH$_3$·H$_2$O 至沉淀刚好溶解后，将溶液分成两份，第一支试管中加入 5 滴 0.1mol·L^{-1} NaCl 溶液，第二支试管中加入 3 滴 0.1mol·L^{-1} KI 溶液，观察比较，加以说明。在第一支试管中，再加入数滴 6.0mol·L^{-1} HNO$_3$ 溶液，又有何现象发生，解释原因。

③ 配位平衡与氧化还原平衡　在一支试管中，加入 5 滴 0.1mol·L^{-1} FeCl$_3$ 溶液，再加入 1 滴 0.1mol·L^{-1} NH$_4$SCN 溶液，摇匀后加入 5 滴 0.1mol·L^{-1} SnCl$_2$ 溶液，边滴加边摇动，又有何现象发生，解释原因，写出反应方程式。

④ 配离子之间的相互转化　取一支试管加入 5 滴 0.1mol·L^{-1} FeCl$_3$ 溶液，加入 2 滴饱和 NH$_4$SCN 溶液，有血红色配合物生成。再逐滴加入饱和 NaF 溶液，观察溶液颜色的变化，写出反应方程式。

（4）螯合物的形成

在试管中加入 0.1mol·L^{-1} NiSO$_4$ 溶液 5 滴，再加入 1mol·L^{-1} NH$_3$·H$_2$O 1～2 滴和 1mL 丁二酮肟溶液，观察颜色变化，说明原因。此法是检验 Ni^{2+} 的灵敏反应。

（5）配位掩蔽

F$^-$ 对 Fe^{3+} 的掩蔽。在试管中加 10 滴 0.1mol·L^{-1} FeCl$_3$ 溶液，10 滴 1.0mol·L^{-1} KSCN 溶液，再加入固体 NaF，摇匀，记录颜色的变化，写出反应方程式。

在另一试管中，加 10 滴 0.5mol·L^{-1} Co(NO$_3$)$_2$ 溶液，10 滴 1.0mol·L^{-1} KSCN 溶液，再加入等体积的丙酮，出现 [Co(SCN)$_4$]$^{2-}$ 的蓝色，可用以检定 Co^{2+}，加入固体 NaF 少许，蓝色是否退去？

自行设计一种在 Fe^{3+} 存在下检验 Co^{2+} 的方法。

【数据记录与处理】

实验数据填于表 5-8。

表 5-8　配位化合物的性质

实验步骤		
（1）	现象：	
	解释：	

实验步骤		
(2)	现象：	
	解释：	
(3)	现象：	
	解释：	

【思考题】

① 配离子、简单离子的主要区别是什么？

② 同一金属离子的不同配离子可以互相转化的条件是什么？

③ 总结本实验中涉及几种溶液中的离子平衡，它们有什么共性？

④ 总结本实验中所观察到的现象，说明有哪些因素影响配位平衡？

⑤ 什么叫螯合物？有什么特征？

实验 13　氧化还原反应及电化学

一、氧化还原反应、电化学

【实验目的】

① 掌握电极电位与氧化还原反应的关系。

② 掌握反应物浓度、介质对氧化还原反应的影响。

③ 掌握原电池、电解池的工作原理。

【实验原理】

电极电位的大小反映了物质氧化还原能力的强弱，根据物质对应电极电位的相对大小，可以判断氧化还原反应进行的方向。

一般情况下，可以使用标准电极电位（$\varphi^{\ominus}$）来比较氧化剂或还原剂的强弱，进而推断氧化还原反应的方向。但是当两电对的标准电极电位差相差比较小（一般来说小于 0.2V）时，则应考虑反应物的浓度、介质的酸碱性等对电极电位的影响，此时电对的实际电极电位可用能斯特方程来进行计算。

$$\varphi = \varphi^{\ominus} + \frac{0.0592V}{n} \lg \frac{[Ox]^a}{[Re]^b}$$

原电池是通过氧化还原反应将化学能转化为电能的装置，其负极上发生氧化反应，给出电子；正极上发生还原和反应，得到电子。原电池的电动势 $E = \varphi_{(+)} - \varphi_{(-)}$。

电解是利用电能使非自发的氧化还原反应能够进行的过程。将电能转化为化学能的装置叫电解池，电解池中与电源正极相连的为阳极，发生氧化反应；与电源负极相连的为阴极，发生还原反应。

【实验用品】

(1) 仪器：试管；烧杯；表面皿；铜电极；锌电极；盐桥（含饱和 KCl 的琼脂）；水浴锅。

（2）试剂：NaOH（2.0mol·L⁻¹）；H₂SO₄（2.0mol·L⁻¹）；HAc（1.0mol·L⁻¹）；H₂C₂O₂（0.1mol·L⁻¹）；KMnO₄（0.01mol·L⁻¹）；KI（0.02mol·L⁻¹），KBr（0.10mol·L⁻¹）；Na₂SiO₃（0.50mol·L⁻¹）；Na₂SO₃（0.10mol·L⁻¹）；ZnSO₄（0.50mol·L⁻¹）；CuSO₄（0.50mol·L⁻¹）；FeCl₃（0.10mol·L⁻¹）；Pb（NO₃）₂（0.50mol·L⁻¹，1.0mol·L⁻¹）；NaCl（1mol·L⁻¹）；CCl₄；锌片；铅粒；铜片；酚酞指示剂；蓝色石蕊试纸。

【实验步骤】

（1）温度、浓度对氧化还原反应速率的影响

① 温度的影响 在 A、B 两支试管中各加入 0.01mol·L⁻¹ KMnO₄ 溶液，再各加入几滴 2.0mol·L⁻¹ H₂SO₄ 酸化；在 C、D 两支试管中各加入 0.1mol·L⁻¹ H₂C₂O₄ 溶液。将 A、C 两支试管放入水浴中，加热几分钟后取出，同时将 A 倒入 C 中，B 倒入 D 中。观察 C、D 试管中的溶液哪一个先退色，并加以解释。

② 浓度的影响 在分别盛有 3 滴 0.5mol·L⁻¹ Pb（NO₃）₂ 溶液和 3 滴 1.0mol·L⁻¹ Pb（NO₃）₂溶液的两支试管中，各加入 30 滴 1.0mol·L⁻¹ HAc 溶液，混合后，再逐滴加入 25～30 滴 0.50mol·L⁻¹ Na₂SiO₃ 溶液，摇匀，用蓝色石蕊试纸检验溶液仍呈酸性，在 90℃水浴中加热，当两支试管出现胶冻状物质时，从水浴中取出试管，冷却后，同时往两支试管中插入相同表面积的锌片，观察试管中树状物生长速度，并加以解释。

（2）电极电位与氧化还原反应的关系

① 在分别盛有 1mL 0.50mol·L⁻¹ Pb（NO₃）₄ 溶液和 1mL 0.5mol·L⁻¹ CuSO₄ 溶液的两支试管中，各放入一小块表面干净的锌片，放置一段时间后，观察锌片表面和溶液颜色有无变化。

② 在分别盛有 1mL 0.5mol·L⁻¹ ZnSO₄ 溶液和 1mL 0.5mol·L⁻¹ CuSO₄ 溶液的两支试管中，各放入几粒表面干净的铅粒。放置一段时间后，观察铅粒表面和溶液颜色的变化。

根据①、②的实验结果，确定锌、铅、铜在氧化还原电位序列中的相对位置。

③ 在试管中加入 10 滴 0.02mol·L⁻¹ KI 溶液和 2 滴 0.10mol·L⁻¹ FeCl₃ 溶液，摇匀后，再加入 1mL CCl₄，振荡，观察 CCl₄ 层颜色的变化。

④ 用 0.10mol·L⁻¹ KBr 溶液代替 KI 溶液进行上述实验，观察 CCl₄ 层颜色。

从电极电位角度解释③、④实验现象。

（3）介质对氧化还原反应的影响

在 3 支试管中各加入 5 滴 0.01mol·L⁻¹ KMnO₄ 溶液，在第一支试管中加入 5 滴 2.0mol·L⁻¹ H₂SO₄ 溶液，在第二支试管中加入 5 滴蒸馏水，在第三支试管中加入 5 滴 2.0mol·L⁻¹ NaOH 溶液，再分别向各试管中加入 0.10mol·L⁻¹ Na₂SO₃ 溶液。观察反应现象。

（4）原电池与电解过程

① 制作原电池 取 2 只 50mL 烧杯，向其中一只加入 30mL 0.5mol·L⁻¹ ZnSO₄ 溶液，插入连有铜丝的锌片；向另一只烧杯中加入 30mL 0.5mol·L⁻¹ CuSO₄ 溶液，插入连有铜丝的铜片。在两只烧杯间用充有琼脂和饱和 KCl 溶液的盐桥连接，即组成了原电池。如图 5-1 所示。

② 电解过程 取一片滤纸放在表面皿上，用 1mol·L⁻¹NaCl 溶液润湿，再加入 1 滴酚

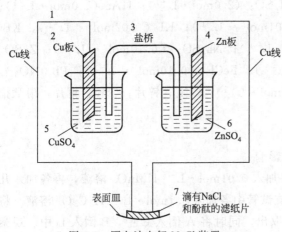

图 5-1　原电池电解 NaCl 装置
1—Cu 线；2—Cu 板；3—盐桥；4—Zn 板；
5—$CuSO_4$ 溶液；6—$ZnSO_4$ 溶液；7—表面皿

酞。用上步制得的原电池作为电源，将两极上的铜丝隔开一段距离并都与滤纸接触。几分钟后，观察滤纸上导线接触点附近颜色的变化。

指出原电池的正、负极，电解池的阴、阳极，并写出原电池和电解池的电极反应。

【思考题】

① 如何用电极电位比较氧化剂和还原剂的强弱及判断氧化还原反应进行的条件？

② $KMnO_4$ 与 Na_2SO_3 溶液进行氧化还原反应时，在酸性、中性和碱性介质中的产物各是什么？

二、　电极电位的测定

【实验目的】

① 掌握原电池、电极电位的概念。

② 了解标准氢电极、参比电极（饱和甘汞电极）。

③ 熟悉酸度计的使用方法。

【实验原理】

电极电位是指由某电对构成的电极以标准氢电极为基准测得的该电极的相对电极电位。将待测电极与标准氢电极（或其他参比电极）组成原电池，原电池的电动势

$$E = \varphi_{(+)} - \varphi_{(-)}$$

由于标准氢电极（或其他参比电极）的电极电位是已知的，因此如果测得了原电池的电动势，即可求出待测电极的电极电位。再根据 Nernst 方程式求出该待测电极的标准电极电位：

$$\varphi = \varphi^{\ominus} + \frac{RT}{nF} \ln \frac{a(\mathrm{Ox})}{a(\mathrm{Re})}$$

式中，$a(\mathrm{Ox})$ 和 $a(\mathrm{Re})$ 分别表示电极反应中氧化型物质和还原型物质的活度。活度 a 与实际浓度 C 之间的关系为：

$$a_i = \gamma_i c_i$$

式中，γ_i 为活度系数。

$ZnSO_4$、$CuSO_4$ 溶液的 γ 值（25℃）见表 5-9。

表 5-9　$ZnSO_4$、$CuSO_4$ 溶液的 γ 值表

活度/(mol·L^{-1})	0.10	0.20	0.40	0.50	0.80	1.00
$\gamma(CuSO_4)$	0.150	0.140	0.071	0.061	0.048	0.043
$\gamma(ZnSO_4)$	0.150	0.140	0.071	0.061	0.048	0.043

实际测定电极电位时，经常用饱和甘汞电极代替标准氢电极，其电极反应为：

$$Hg_2Cl_2(s) + 2e^- \Longrightarrow 2Hg(l) + 2Cl^-(aq)$$

$$\varphi(Hg_2Cl_2/Hg) = \varphi^{\ominus}(Hg_2Cl_2/Hg) + \frac{RT}{nF}\ln a(Cl^-)$$

当 KCl 为饱和溶液时，饱和甘汞电极电极电位可用下式求得：

$$\varphi(Hg_2Cl_2/Hg) = 0.2415 - 7.6 \times 10^{-4}(T - 298K)V$$

一般情况下不能直接用伏特计精确测量原电池的电动势，因为当伏特计与原电池接通时，原电池中就会发生氧化还原反应而产生电流，由于反应不断进行，原电池中溶液的浓度将会随之不断改变，原电池的电动势将会逐渐降低。另一方面，用伏特计测得的电压，只是原电池电动势的一部分（即外电路的电压降），而不是该电池的电动势。对于原电池电动势的精确测量可使用电位差计，即用一个方向相反的可调节的工作电池与待测原电池并联，以对抗待测原电池的电动势，调节工作电池，当外电路上 $I=0$ 时，工作电池测量出反向电压的数值，即为被测原电池的电动势。

酸度计实际上是高阻抗输入毫伏计，当实验要求精度不高时，可以用酸度计来测量原电池的电动势。

【实验用品】

(1) 仪器：酸度计；饱和甘汞电极；容量瓶（50mL）；吸量管（10mL）；洗耳球；盐桥（含饱和 KCl 的琼脂）。

(2) 试剂：$ZnSO_4$（$0.100mol \cdot L^{-1}$、$0.500mol \cdot L^{-1}$）；$CuSO_4$（$0.100mol \cdot L^{-1}$、$0.500mol \cdot L^{-1}$）；KCl 饱和溶液；铜片；锌片；砂纸。

【实验步骤】

(1) 配制溶液

用 $0.500mol \cdot L^{-1}$ $CuSO_4$ 溶液和 $0.500mol \cdot L^{-1}$ $ZnSO_4$ 溶液精确配制 $0.100mol \cdot L^{-1}$ $CuSO_4$ 及 $0.100mol \cdot L^{-1}$ $ZnSO_4$ 溶液各 $50.00mL$。

(2) 原电池的组合

在 100mL 烧杯中加入 50mL $0.100mol \cdot L^{-1}$ $CuSO_4$ 溶液，在另一只烧杯中加入 50mL 饱和 KCl 溶液，分别将铜片和饱和甘汞电极插入相应的 $CuSO_4$ 的溶液和饱和 KCl 溶液中，并用盐桥连接两电极构成原电池①。

① $(-)Pt,Hg(l),Hg_2Cl_2(s)|KCl(饱和)\|CuSO_4(0.100mol \cdot L^{-1})|Cu(+)$

以同样方法构成原电池②~④。

② $(-)Pt,Hg(l),Hg_2Cl_2(s)|KCl(饱和)\|CuSO_4(0.500mol \cdot L^{-1})|Cu(+)$

③ $(-)Zn|ZnSO_4(0.100mol \cdot L^{-1})\|KCl(饱和)|Hg_2Cl_2(s),Hg(l),Pt(+)$

④ $(-)Zn|ZnSO_4(0.500mol \cdot L^{-1})\|KCl(饱和)|Hg_2Cl_2(s),Hg(l),Pt(+)$

(3) 原电池电动势的测量

将组装好的原电池装置中参比电极与酸度计的参比接线柱相连，将待测电极与测量接线柱相连，按照酸度计测电动势的方法测原电池①~④的电动势。

【数据记录与处理】

实验数据填入表 5-10。

表 5-10 原电池电动势记录表

室温 $t=$ ___℃。

编号	E/mV	E/V	γ	$\varphi(\text{M}^{2+}/\text{M})/\text{V}$	$\varphi^{\ominus}(\text{M}^{2+}/\text{M})/\text{V}$
1					
2					
3					
4					

【思考题】

① 为什么用饱和甘汞电极代替标准氢电极？

② 盐桥的作用是什么？

③ 为什么直接用伏特计不能不能精确测量原电池的电动势？

④ 计算标准电极电位时，为什么不能将所测溶液的浓度直接代入 Nernst 方程进行计算？

定量化学分析

Chapter 06

第6章

6.1 滴定分析

实验14 氢氧化钠标准溶液的配制和标定

【实验目的】

① 熟练掌握间接法配制标准溶液的方法。

② 学习移液管、容量瓶、滴定管和分析天平的工作原理和使用方法

③ 理解并掌握酸碱滴定法测定溶液浓度的原理和操作。

【实验原理】

常用的碱标准溶液是 NaOH 溶液，由于 NaOH 易吸收空气中的 H_2O 和 CO_2，故不能用直接法配制标准溶液，只能用间接法配制成近似浓度，然后用基准物质或另一种标准溶液来标定其准确浓度。

(1) 基准物质法

标定 NaOH 所用的基准物质很多，常用的两种为邻苯二甲酸氢钾和草酸。邻苯二钾酸氢钾 ($KHC_8H_4O_4$) 在空气中不吸水，易得到纯品，易保存，且摩尔质量大 ($204.2g \cdot mol^{-1}$)，称量误差小，是标定 NaOH 溶液较为理想的基准物质。它们之间的反应：

$$\text{邻苯二甲酸氢钾} + NaOH \Longrightarrow \text{邻苯二甲酸钾钠} + H_2O$$

邻苯二钾酸氢钾是二元弱酸邻苯二钾酸的共轭碱，它的酸性较弱 ($K_{a1}^{\ominus} = 1.1 \times 10^{-3}$, $K_{a2}^{\ominus} = 3.9 \times 10^{-6}$)，故可用 NaOH 滴定。化学计量点时，溶液显弱碱性 (pH = 9.1)，可以用酚酞作为指示剂。标定结果的计算：

$$c(NaOH) = \frac{m(KHC_8H_4O_4) \times 1000}{M(KHC_8H_4O_4)V(NaOH)}$$

草酸为基准物质标定氢氧化钠溶液时，它们之间的反应为：

$$H_2C_2O_4 + 2NaOH \Longrightarrow Na_2C_2O_4 + 2H_2O$$

计量点时，溶液的 pH 为 8.4，可选用酚酞作指示剂，终点颜色变化明显。标定结果的计算

$$c(NaOH) = \frac{2m(H_2C_2O_4 \cdot 2H_2O) \times 1000}{M(H_2C_2O_4 \cdot 2H_2O)V(NaOH)}$$

（2）比较标定法

标定碱溶液的标准溶液多为 HCl，在滴定过程中发生如下反应：

$$HCl + NaOH \longrightarrow NaCl + H_2O$$

由反应式可知，两者反应的物质的量之比为 1：1，即

$$n(HCl) = n(NaOH)$$

$$c(HCl) \cdot V(HCl) = c(NaOH) \cdot V(NaOH) \quad 即 \quad \frac{c(HCl)}{c(NaOH)} = \frac{V(NaOH)}{V(HCl)}$$

因此，只要知道盐酸标准溶液的准确浓度，由比较滴定的结果（体积比）就可以得出氢氧化钠溶液的准确浓度，并通过做多次平行实验来检验滴定操作技术及终点判断的准确程度。

HCl 和 NaOH 反应到化学计量点时 pH＝7，滴定突跃范围较宽 4.30～9.70，凡变色范围落在该突跃范围的指示剂（如改良甲基橙、甲基红、酚酞等指示剂）都可以用来指示终点。

【实验用品】

（1）仪器：碱式滴定管（50mL）；酸式滴定管（50mL）；移液管（25mL）；锥形瓶（250mL）；洗瓶；分析天平；铁架台；滴定管夹；洗耳球；玻璃棒；量筒（50mL）；托盘天平；称量瓶；烧杯（500mL）；试剂瓶（500mL）。

（2）试剂：邻苯二钾酸氢钾（s，G.R. 在 100～120℃ 干燥后备用）；NaOH（s，A.R.）；酚酞指示剂；甲基红指示剂；HCl（0.1mol·L^{-1}）标准溶液。

【实验步骤】

（1）0.1mol·L^{-1} NaOH 溶液的配制

由托盘天平迅速称取 2g NaOH 于烧杯中，加约 30mL 蒸馏水，溶解，转入橡胶塞试剂瓶中，稀释至 500mL，盖好瓶塞，摇匀，贴好标签备用。

（2）标定

① 基准物质法　用差减法准确称取邻苯二钾酸氢钾 0.4～0.6g（精确至 0.0001g）3 份，各置于 250mL 锥形瓶中，每份加 30mL 蒸馏水溶解，加入 1～2 滴 0.2% 酚酞指示剂，用 NaOH 溶液滴定至溶液显微红色，30s 内不退色即为终点。平行测定 3 次。记录各次用去的 NaOH 的体积（准确至 0.01mL）。

② 比较标定法　用 25mL 移液管移取 25.00mL 氢氧化钠溶液于 250mL 锥形瓶中，再加入 2～3 滴甲基红指示剂，用盐酸标准溶液滴定至溶液由黄色变至橙色且 30s 内不退色，即为终点。记下所消耗的盐酸标准溶液的体积。重新把滴定管装满溶液，按上法再滴定两次（平行滴定，每次滴定应使用滴定管的同一段体积），计算氢氧化钠的浓度。

【数据记录与处理】

数据填入表 6-1 和表 6-2。

表 6-1　NaOH 标准溶液的标定（$KHC_8H_4O_4$ 法）

项　目	I	II	III
$m(KHC_8H_4O_4)/g$			
$M(KHC_8H_4O_4)/(g \cdot mol^{-1})$			
$V_{初}(NaOH)/mL$			
$V_{终}(NaOH)/mL$			

项　目	Ⅰ	Ⅱ	Ⅲ
$\Delta V(NaOH)/mL$			
$c(NaOH)/(mol \cdot L^{-1})$			
$\bar{c}(NaOH)/(mol \cdot L^{-1})$			
$\overline{d_r}$			

表 6-2　NaOH 标准溶液的标定（HCl）

项　目	Ⅰ	Ⅱ	Ⅲ
$V(NaOH)/mL$			
$V_初(HCl)/mL$			
$V_终(HCl)/mL$			
$\Delta V(HCl)/mL$			
$c(NaOH)/(mol \cdot L^{-1})$			
$\bar{c}(NaOH)/(mol \cdot L^{-1})$			
$\overline{d_r}$			

【注意事项】

① 在滴定过程中应注意半滴加入法的使用，因为在滴定时，有可能出现加一滴过量，颜色过深；不加则颜色过浅，肉眼看不明显的现象。

② 半滴加入法：打开滴定管的玻璃活塞（乳胶管），使管内的溶液在管尖处形成液滴，当这个液滴快滴下而又没滴下时，用锥形瓶瓶口内壁轻轻地碰下液滴，使液滴沿着锥形瓶内壁流入瓶内，并与瓶内溶液反应，然后用少许洗瓶中的蒸馏水冲洗液滴流过的痕迹，使滴定管里出来的溶液完全与锥形瓶中的溶液反应。

【思考题】

① 在滴定分析实验中，滴定管、移液管为什么要用操作溶液润洗几次？滴定中使用的锥形瓶或烧杯，是否也要操作溶液润洗。为什么？

② 能否在分析天平上准确称取固体氢氧化钠直接配制标准溶液？为什么？配制 $0.1mol \cdot L^{-1}$ NaOH 溶液时，固体氢氧化钠在何种天平上称取？

实验 15　盐酸标准溶液的配制和标定

【实验目的】

① 熟练掌握间接法配制 HCl 标准溶液的方法。

② 进一步学习移液管、滴定管、分析天平的使用方法。

③ 熟练掌握酸碱滴定法中指示剂的选择及滴定终点的判断。

【实验原理】

常用的酸标准溶液多为盐酸，但盐酸易挥发并且杂质含量较高，故常采用间接法配制成近似溶液，然后用基准物质或另一种标准溶液来标定其浓度。

（1）基准物质法

标定盐酸常采用硼砂或无水碳酸钠两种基准物质。

硼砂标定盐酸时，它们之间的反应为：

$$Na_2B_4O_7 \cdot 10H_2O + 2HCl \Longrightarrow 4H_3BO_3 + 2NaCl + 5H_2O$$

硼酸是一种弱酸，当滴定至终点时，溶液的 pH 等于 5，所以采用甲基红作指示剂，标定结果的计算为：

$$c(HCl) = \frac{2m(Na_2B_4O_7 \cdot 10H_2O) \times 1000}{M(Na_2B_4O_7 \cdot 10H_2O)V(HCl)}$$

无水碳酸钠标定盐酸时，它们之间的反应为：

$$Na_2CO_3 + 2HCl \Longrightarrow 2NaCl + H_2O + CO_2$$

当达到滴定终点时，溶液的 pH 不等于 7，而是形成饱和碳酸溶液，它的 pH 为 3.9，故用甲基橙作指示剂。标定结果的计算：

$$c(HCl) = \frac{2m(Na_2CO_3) \times 1000}{M(Na_2CO_3)V(HCl)}$$

（2）比较标定法

标定酸溶液的标准溶液多为 NaOH，在滴定过程中发生如下反应：

$$HCl + NaOH \Longrightarrow NaCl + H_2O$$

由反应式可知，两者反应的物质的量之比为 1:1，即

$$n(HCl) = n(NaOH)$$

$$c(HCl) \cdot V(HCl) = c(NaOH) \cdot V(NaOH) \quad 即 \quad \frac{c(HCl)}{c(NaOH)} = \frac{V(NaOH)}{V(HCl)}$$

因此，只要知道氢氧化钠标准溶液的准确浓度，由比较滴定的结果（体积比）就可以得出盐酸溶液的准确浓度，并通过做多次平行实验来检验滴定操作技术及终点判断的准确程度。

HCl 和 NaOH 的化学计量点时 pH＝7，滴定突跃范围较宽（4.30～9.70）故凡变色范围落在该突跃范围的指示剂（如改良甲基橙、甲基红、酚酞等指示剂）都可以用来指示终点。

【实验用品】

（1）仪器：碱式滴定管（50mL）；酸式滴定管（50mL）；试剂瓶（500mL）；移液管（25mL）；锥形瓶（250mL）；洗瓶；分析天平；称量瓶；烧杯（100mL）；铁架台；滴定管夹；洗耳球；玻璃棒；量筒（5mL）。

（2）试剂：硼砂（s，G.R.）；浓盐酸；甲基红指示剂；酚酞指示剂；NaOH（0.1mol·L^{-1}）标准溶液。

【实验步骤】

（1）0.1mol·L^{-1} HCl 溶液的配制

用洁净量筒取 4.3mL 浓 HCl，倒入 500mL 事先已加少量蒸馏水的试剂瓶中，用蒸馏水稀释到 500mL，盖瓶塞，充分摇匀，贴签备用。

（2）标定

① 基准物质法 用差减法准确称取硼砂（Na$_2$B$_4$O$_7$·10H$_2$O）3 份，每份重 0.4～0.5g

（准确至 0.0001g），各置于 3 个锥形瓶中。加入 30mL 蒸馏水，使之完全溶解（若溶解速度太慢，可稍微加热），滴入 2～3 滴甲基红指示剂。用 HCl 溶液滴定至溶液恰好由黄色变为橙色，30s 不退色，即为终点。平行测定 3 次，记录各次滴定终点时用去 HCl 的体积。

② 比较滴定法　用 25mL 移液管移取 25.00mL HCl 溶液于 250mL 锥形瓶中（准确记下体积数），再加入 2～3 滴酚酞指示剂，用氢氧化钠溶液滴定至溶液由无色呈现微红色且 30s 内不退色，即为终点。记下所消耗的氢氧化钠溶液的体积。重新把滴定管装满溶液，按上法再滴定两次（平行滴定，每次滴定应使用滴定管的同一段体积），计算盐酸的浓度。

【数据记录与处理】

数据填入表 6-3 和表 6-4。

表 6-3　HCl 标准溶液的标定（硼砂）

项　目	I	II	III
$m(Na_2B_4O_7 \cdot 10H_2O)/g$			
$M(Na_2B_4O_7 \cdot 10H_2O)/(g \cdot mol^{-1})$			
$V_{初}(HCl)/mL$			
$V_{终}(HCl)/mL$			
$\Delta V(HCl)/mL$			
$c(HCl)/(mol \cdot L^{-1})$			
$\bar{c}(HCl)/(mol \cdot L^{-1})$			
$\overline{d_r}$			

表 6-4　HCl 标准溶液的标定（NaOH）

项　目	I	II	III
$V(HCl)/mL$			
$V_{初}(NaOH)/mL$			
$V_{终}(NaOH)/mL$			
$\Delta V(NaOH)/mL$			
$c(HCl)/(mol \cdot L^{-1})$			
$\bar{c}(HCl)/(mol \cdot L^{-1})$			
$\overline{d_r}$			

【思考题】

① Na_2CO_3 作为基准物质使用前为何要在 270～300℃下进行干燥，温度过高或过低对结果有何影响？

② 称量基准物质时，若锥形瓶内有水，是否应把它烘干？溶解样品时加水应用量筒还是移液管？

实验 16　食醋溶液中 HAc 含量的测定

【实验目的】

① 掌握食醋总酸含量测定原理和方法。

② 学会用已标定的标准溶液来测定未知物的含量。

③ 熟悉移液管和容量瓶的使用，巩固滴定操作。

【实验原理】

食用醋的主要成分是醋酸（HAc），此外还有其他弱酸，当以 NaOH 为标准溶液滴定时，凡是 $K_a^{\ominus} > 10^{-7}$ 的弱酸均可以被滴定，醋酸的解离常数 $K_a^{\ominus} = 1.76 \times 10^{-5}$，故可以用 NaOH 作为标准溶液直接滴定。HAc 与 NaOH 的反应：

$$NaOH + HAc \Longrightarrow NaAc + H_2O$$

达到计量点时溶液的 pH 大约为 8.7，可以用酚酞作为指示剂。测定结果常以醋酸的密度 $\rho(HAc)$ 表示，其单位为 $g \cdot L^{-1}$。

【实验用品】

（1）仪器：碱式滴定管（50mL）；移液管（10mL、25mL）；锥形瓶（250mL）；容量瓶（100mL）。

（2）试剂：NaOH 标准溶液（0.1mol·L^{-1}）；已脱色的食用醋；酚酞指示剂。

【实验步骤】

（1）准确移取 10.00mL 已脱色的食用醋于 100mL 容量瓶中，然后加无 CO_2 的蒸馏水，定容，摇匀。

（2）准确移取 25.00mL 已稀释的食用醋酸于锥形瓶中，滴加 2～3 滴酚酞指示剂，用 0.1mol·L^{-1} NaOH 标准溶液进行标定，当溶液由无色变为微红色且 30s 内不退色说明滴定已达终点，记录消耗 NaOH 标准溶液的体积 $V(NaOH)$，平行测定 3 次，计算醋酸中醋酸含量。

【数据记录与处理】

$$\rho(HAc) = \frac{c(NaOH)V(NaOH)M(HAc)}{10.00 \times 10^{-3}} \times \frac{100.00}{25.00}$$

数据记录见表 6-5。

表 6-5 食醋溶液中 HAc 含量的测定

项　　目	Ⅰ	Ⅱ	Ⅲ
V(试样)/mL		25.00	
$c(NaOH)/(mol \cdot L^{-1})$			
$V_{初}(NaOH)/mL$			
$V_{终}(NaOH)/mL$			
$\Delta V(NaOH)/mL$			
$\rho(HAc)/(g \cdot L^{-1})$			
$\bar{\rho}(HAc)/(g \cdot L^{-1})$			
$\overline{d_r}$			

【注意事项】

① 食用醋往往有颜色会对测定产生一定的干扰，在测定前可以加入活性炭进行脱色。

② 食用醋中醋酸含量较高（3%～5%），应适当稀释再进行测定。

【思考题】

① 在滴定过程中，常用去离子水淋洗锥形瓶内壁，使得最后锥形瓶内溶液的体积达到 200mL 左右，这样做对滴定结果有什么影响？

② 本实验能否用甲基红或甲基橙作指示剂？

③ 测定醋酸含量时，所用的去离子水不能含有 CO_2，为什么？

 实验 17　双指示剂法测定混合碱的组分和含量

【实验目的】

① 了解多元弱碱在滴定过程中溶液 pH 变化和指示剂的选择。

② 掌握"双指示剂法"测定混合碱含量的原理和方法。

③ 巩固称量、滴定、移液操作。

【实验原理】

混合碱是指 Na_2CO_3 与 $NaHCO_3$ 或 Na_2CO_3 与 $NaOH$ 的混合物。例如，食碱（主要成分为 Na_2CO_3）在空气中吸收水分和 CO_2 会有少量生成 $NaHCO_3$；$NaOH$ 俗称烧碱，在生产储存过程中吸收空气中的 CO_2 而生成 Na_2CO_3。测定混碱中各组分含量常用两种方法：氯化钡法和双指示剂法，这里介绍双指示剂法测混碱的原理和方法。Na_2CO_3 的解离常数为：$K_{b1}^{\ominus}=2.1\times10^{-4}$ 和 $K_{b2}^{\ominus}=2.2\times10^{-8}$，符合多元碱直接滴定和分步滴定的条件，可以直接进行分步滴定，即：先后加入两种指示剂，用同一种标准酸溶液进行滴定，从而分别求出混合碱的组成成分及各组分含量的方法。常用的两种指示剂是酚酞和甲基橙。

例 1　测定混合碱中 Na_2CO_3 与 $NaOH$ 的含量，选用 HCl 标准溶液滴定。滴定反应过程为：

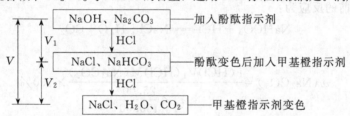

第一计量点前的反应为：

$$NaOH+HCl \Longrightarrow NaCl+H_2O$$

$$Na_2CO_3+HCl \Longrightarrow NaCl+NaHCO_3$$

此时溶液的 pH 为 8.3，可用酚酞做指示剂，溶液由红色到无色（或微红色）时，显示到第一个化学计量点的滴定终点，记录消耗 HCl 标准溶液的体积 V_1。然后向锥形瓶溶液中加入甲基橙指示剂，此时溶液呈黄色，继续用 HCl 标准溶液滴由第一步反应生成的 $NaHCO_3$，第二个计量点前的反应为：

$$NaHCO_3+HCl \Longrightarrow NaCl+H_2O+CO_2$$

$NaHCO_3$ 被滴定成 H_2CO_3，H_2CO_3 易分解生成 CO_2 和 H_2O，溶液相当于 H_2CO_3 的饱和溶液，其浓度大约是 $0.04mol \cdot L^{-1}$，溶液的 pH 为 3.9（选择甲基橙为指示剂的原因），滴定终点时溶液由黄色变为橙色，此步消耗的 HCl 标准溶液的体积记为 V_2。因第一步的反应中有 $NaOH$ 反应消耗了 HCl，所以会有 $V_1>V_2>0$。用 V_2 计算 Na_2CO_3 的质量分数，而用 V_1-V_2 计算 $NaOH$ 的质量分数。

公式为：

$$w(\text{NaOH}) = \frac{c(\text{HCl})(V_1 - V_2)(\text{HCl})M(\text{NaOH})}{m_s \times \dfrac{25.00}{100.00}} \times 100\%$$

$$w(\text{Na}_2\text{CO}_3) = \frac{c(\text{HCl})V_2(\text{HCl})M(\text{Na}_2\text{CO}_3)}{m_s \times \dfrac{25.00}{100.00}} \times 100\%$$

式中　m_s——混合碱质量，g。

例 2　测定混合碱中 Na_2CO_3 与 NaHCO_3 的含量，用 HCl 标准溶液滴定。滴定反应过程为：

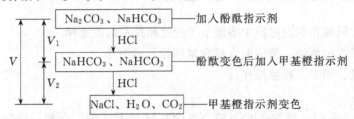

由于 Na_2CO_3 的碱性比 NaHCO_3 强，所以 HCl 先和 Na_2CO_3 反应，当所有的 Na_2CO_3 生成 NaHCO_3 时，HCl 才和 NaHCO_3 反应，第一计量点前的反应为：

$$\text{Na}_2\text{CO}_3 + \text{HCl} = \text{NaCl} + \text{NaHCO}_3$$

溶液的 pH 为 8.3，酚酞为指示剂，颜色由红色至无色（或微红色）时，显示第一个化学计量点的滴定终点到达，记录消耗标准溶液的体积 V_1。然后向溶液中加入甲基橙指示剂，继续用 HCl 标准溶液滴定至溶液由黄色变为橙色，表示达到第二个终点，记录消耗体积 V_2，会有 $V_2 > V_1 > 0$。

第二计量点前的反应为：

$$\text{NaHCO}_3 + \text{HCl} = \text{NaCl} + \text{H}_2\text{O} + \text{CO}_2$$

计算公式为：

$$w(\text{Na}_2\text{CO}_3) = \frac{c(\text{HCl})V_1(\text{HCl})M(\text{Na}_2\text{CO}_3)}{m_s \times \dfrac{25.00}{100.00}} \times 100\%$$

$$w(\text{NaHCO}_3) = \frac{c(\text{HCl})(V_2 - V_1)(\text{HCl})M(\text{NaHCO}_3)}{m_s \times \dfrac{25.00}{100.00}} \times 100\%$$

根据双指示剂法中所消耗的标准酸溶液的体积 V_1 和 V_2 的关系，可以判断混合碱的组成：

$V_1 > 0$，$V_2 = 0$ 时，混合碱只有 NaOH；

$V_1 > V_2 > 0$ 时，混合碱的组成为 NaOH 和 Na_2CO_3；

$V_1 = V_2 > 0$ 时，混合碱只含有 Na_2CO_3；

$V_2 > V_1 > 0$ 时，混合碱的组成为 Na_2CO_3 和 NaHCO_3；

$V_1 = 0$，$V_2 > 0$ 时，混合碱只含有 NaHCO_3。

【实验用品】

(1) 仪器：分析天平；锥形瓶（250mL）；酸式滴定管（50mL）；容量瓶（100mL）；移液管（25mL）；烧杯（100mL）；洗耳球。

(2) 试剂：Na_2CO_3 与 NaHCO_3 混合碱试样；HCl 标准溶液（0.1mol·L⁻¹）；酚酞指示剂；甲基橙指示剂。

【实验步骤】

(1) 准确称取 0.7g 左右（精确至 0.0001g）混合碱试样于小烧杯中，加入 20～30mL 去离子水溶解，定量转移到 100mL 容量瓶中，定容，摇匀。准确移取 25.00mL 溶液于锥形瓶中，加入 1～2 滴酚酞指示剂。

(2) 用 0.1mol·L⁻¹ HCl 标准溶液滴定溶液由红色变为无色（或微红色），且 30s 内不退色说明滴定已达终点，记录消耗 HCl 标准溶液体积 V_1。再加入 1～2 滴甲基橙指示剂，继续用 HCl 标准溶液滴定溶液由黄色变为橙色，且 30s 内不退色说明滴定已达终点，记录消耗 HCl 标准溶液体积 V_2，平行测定 3 次。结果处理时，首先判断溶液组成，再计算各组分的质量分数。

【数据记录与处理】

将数据记录在表 6-6 和表 6-7 中并进行处理。

表 6-6　双指示剂法测定混合碱（$NaOH$、Na_2CO_3）的组分和含量

事　项	Ⅰ	Ⅱ	Ⅲ
m_s（混合碱质量）/g			
V_1/mL			
V_2/mL			
V_1-V_2/mL			
$w(Na_2CO_3)$/%			
$\overline{w}(Na_2CO_3)$/%			
$\overline{d_r}$			
$w(NaOH)$/%			
$\overline{w}(NaOH)$/%			
$\overline{d_r}$			

表 6-7　双指示剂法测定混合碱（Na_2CO_3、$NaHCO_3$）的组分和含量

事　项	Ⅰ	Ⅱ	Ⅲ
m_s（混合碱质量）/g			
V_1/mL			
V_2/mL			
V_2-V_1/mL			
$w(Na_2CO_3)$/%			
$\overline{w}(Na_2CO_3)$/%			
$\overline{d_r}$			
$w(NaHCO_3)$/%			
$\overline{w}(NaHCO_3)$/%			
$\overline{d_r}$			

【注意事项】

① 甲基橙不要和酚酞同时加入，以免影响终点颜色的判断。

② 在滴定过程中要充分摇动锥形瓶，以免溶液局部浓度过大，Na_2CO_3 还没有生成 $NaHCO_3$ 就直接变成了 CO_2。

【思考题】

① 多元碱分步滴定的条件是什么？

② 用双指示剂法测定混合碱，若试样中带有一些惰性物质，是否能够根据滴定终点所消耗溶液的体积判断混合碱的组成？

实验 18　食品总酸度的测定

方法一　直接滴定法和电位滴定法测定食品总酸度

【实验目的】

① 学习用直接滴定法和电位滴定法测定食品总酸度的方法。

② 了解有色食品总酸度的测定方法。

【实验原理】

总酸度是指食品中所有酸性物质的总量，包括已解离和未解离的酸。通过测定酸度可判断果蔬的成熟程度。不同种类的水果和蔬菜，酸的含量因成熟度、生长条件而异，一般成熟度越高，酸的含量越低；食品的新鲜程度：新鲜牛奶中的乳酸含量过高，说明牛奶已腐败变质；酸度还反映了食品的质量指标：食品中有机酸含量的多少，直接影响食品的风味、色泽、稳定性和品质的高低，酸的测定尤其对微生物发酵过程的控制具有一定的指导意义。

食品中的有机酸（弱酸）用标准碱液滴定时，被中和生成盐类，通常有两种测定方法：一种是直接滴定法，用碱标准溶液滴定，用酚酞做指示剂，根据终点消耗标准溶液的体积计算食品的总酸度；另一种方法，电位滴定法，在待测溶液中插入玻璃电极和参比电极，两者构成一个工作电池，当用碱标准溶液滴定时，溶液的 pH 发生变化，电池的电动势也随之发生变化，达到终点时溶液 pH 发生突跃，即可确定滴定终点，根据终点消耗碱标准溶液的体积，计算食品的总酸度。

一般测定食品的总酸度，滴定终点 pH 为 8.2，啤酒为 9.0。

【实验用品】

(1) 仪器：分析天平；电磁搅拌器；玻璃电极；饱和甘汞电极（或复合电极）；锥形瓶 (250mL)；移液管（25mL、50mL）；烧杯（200mL）；水浴锅；碱式滴定管（50mL）；容量瓶（250mL）；洗耳球；研钵。

(2) 试剂：NaOH 标准溶液（0.1mol·L⁻¹）；80% 乙醇；酚酞指示剂；标准缓冲溶液（pH=4.00、pH=6.86）。

【实验步骤】

(1) 样品的预处理

① 固体样品（水果或蔬菜等）　将样品粉碎过筛，混合均匀，取适量的样品，加入少量无 CO_2 的蒸馏水，将样品溶解到烧杯中，在 75～80℃ 水浴上加热 30min（若是果脯类，则在沸水中加热 1h），冷却、转移到 250mL 容量瓶，定容，摇匀。用干燥滤纸过滤，弃去初

液 15mL，收集滤液备用。

② 含二氧化碳的饮料、酒类　将样品于 45℃ 水浴上加热 30min，除去 CO_2，冷却后备用。

③ 调味品及不含二氧化碳饮料、酒类　将样品混合均匀后直接取样，必要时也可加适量水稀释，若混浊则需过滤。

④ 咖啡样品　将样品粉碎经 40 目筛，取 10g 样品于锥形瓶，加 75mL 80％乙醇，加塞放置 16h，并不时摇动，过滤后，滤液备用。

⑤ 固体饮料　称取 5g 样品于研钵中，加入少量无 CO_2 蒸馏水，研磨成糊状，用无 CO_2 蒸馏水定量转移到 250mL 容量瓶中定容，摇匀后过滤。

（2）直接滴定法测定总酸度

① 样品测定　准确吸取制备的滤液 50.00mL 于锥形瓶中，加入 2～3 滴酚酞指示剂，用 0.1mol·L^{-1} NaOH 标准溶液滴定至微红色且 30s 内不退色，即达到滴定终点，记录消耗 NaOH 标准溶液体积，平行测定 3 次。

② 空白实验　取 100mL 不含 CO_2 蒸馏水置于锥形瓶中，按上述步骤，用 0.1mol·L^{-1} NaOH 标准溶液滴定，记录消耗 NaOH 标准溶液体积，平行测定 3 次。

（3）电位滴定法测定总酸度

① 样品测定　准确移取上述准备液 25.00mL 置于烧杯中，加 75mL 不含 CO_2 蒸馏水，将仪器预热好，放入磁转子，放置好电极，打开磁力搅拌器，用 0.1mol·L^{-1} NaOH 标准溶液滴定至终点，滴定完毕记录消耗 NaOH 标准溶液的体积，绘制 pH～V 曲线，确定终点消耗 NaOH 标准溶液体积，平行测定 3 次。

② 空白实验　取 100mL 不含 CO_2 蒸馏水置于烧杯中，按上述步骤，用 0.1mol·L^{-1} NaOH 标准溶液滴定，记录消耗 NaOH 标准溶液的体积，平行测定 3 次。

【注意事项】

① 样品浸泡、稀释用的蒸馏水中不含 CO_2，因为它溶于水生成酸性的 H_2CO_3，影响滴定终点时酚酞颜色的变化，一般的做法是分析前将蒸馏水煮沸并迅速冷却，除去水中的 CO_2。样品中若含有 CO_2 也对测定有影响，所以对含有 CO_2 的饮料样品，在测定前需除掉 CO_2。

② 样品在稀释时应根据样品中酸的含量来定，为了使误差在允许的范围内，一般要求滴定时消耗 0.1mol·L^{-1} NaOH 标准溶液不小于 5mL，最好在 10～15mL。

③ 由于食品中的酸为弱酸，在用强碱滴定时，其滴定终点偏碱性，一般 pH 在 8.2 左右，所以用酚酞做指示剂。

【思考题】

① 测定有色试样时，应如何消除颜色的干扰？

② 为什么在实验过程中要用不含 CO_2 的蒸馏水？

方法二　电位滴定法测定酸牛乳总酸度

【实验目的】

① 学习电位滴定法测定酸牛乳总酸度的原理和方法

② 掌握电位滴定的基本原理和操作

【实验原理】

酸牛乳是新鲜优质牛乳经消毒后加入乳酸链球菌发酵而成的，酸牛乳中的酸性成分是由多种有机弱酸组成的，在牛乳发酵的过程中测定其酸度可以用来判断发酵程度。酸牛乳是乳浊液，用NaOH标准溶液滴定时，用酚酞作为指示剂判断终点有干扰，用电位滴定法测定较为适宜。

【实验用品】

　　(1) 仪器：电磁搅拌器；玻璃电极；饱和甘汞电极（或复合电极）；碱式滴定管（50mL）；烧杯；分析天平；pH计。

　　(2) 试剂：NaOH标准溶液（0.1mol·L⁻¹）；酸牛乳；标准缓冲溶液（pH＝4.00、pH＝6.86）。

【实验步骤】

　　(1) pH计校准

　　用标准缓冲溶液（pH＝4.00、pH＝6.86）对酸度计进行校准。

　　(2) 酸牛乳总酸度的测定

　　取20g酸牛乳置于烧杯中，在充分搅拌下加入50mL 40℃的蒸馏水，插入电极，开启磁力搅拌器，用0.1mol·L⁻¹ NaOH标准溶液进行标定，记录消耗NaOH标准溶液体积，绘制pH～V曲线，确定终点消耗NaOH标准溶液体积，平行测定3次，计算酸牛乳的总酸度。

【注意事项】

　　① 滴定过程中尽量少用蒸馏水冲洗烧杯内壁，防止溶液过稀突跃不明显。

　　② 此类试样分析的准确度要求不高，试样称取量较大，一般称准至10mg，即分析天平显示20.00g左右即可。

　　③ 乳品生产中常以酸值即100g酸牛乳消耗的NaOH(g)表示酸牛乳的酸度。

【思考题】

　　① 比较指示剂法和电位滴定法确定终点的优缺点。

　　② 如果用指示剂法测定用哪种指示剂？

实验19　阿司匹林含量的测定

【实验目的】

　　① 学习阿司匹林药片中乙酰水杨酸含量的测定方法。

　　② 学习利用滴定法分析药品。

　　③ 了解该药的纯品（即原料药）与片剂分析方法的差异。

【实验原理】

　　乙酰水杨酸（Aspirin）俗名阿司匹林，又称醋柳酸。阿司匹林应用已有百余年，成为医药史上三大经典药物之一，至今它仍是世界上应用最广泛的解热、镇痛和抗炎药，也是作为比较和评价其他药物的标准制剂。乙酰水杨酸是有机弱酸（$pK_a^{\ominus}＝3.0$），结构式为：

，摩尔质量为180.16g·mol⁻¹，微溶于水，易溶于乙醇。在NaOH或

Na_2CO_3 等强碱性溶液中溶解并分解为水杨酸（即邻羟基苯甲酸）和乙酸盐：

$$\text{(邻-COOH, 邻-OCOCH}_3\text{苯环)} + 3OH^- \longrightarrow \text{(邻-COO}^-\text{, 邻-O}^-\text{苯环)} + CH_3COO^- + 2H_2O$$

由于它的酸性较强，可以作为一元酸以酚酞为指示剂用 NaOH 标准溶液直接滴定。为了防止乙酰基水解，应在 10℃ 以下的中性冷乙醇介质中进行滴定，反应式为：

$$\text{(邻-COOH, 邻-OCOCH}_3\text{苯环)} + OH^- \longrightarrow \text{(邻-COO}^-\text{, 邻-OCOCH}_3\text{苯环)} + H_2O$$

直接滴定法适用于乙酰水杨酸纯品的测定，而药片中一般都混有淀粉、糖粉、硬脂酸镁等赋形剂，在冷乙醇中不易溶解完全，不能直接滴定，可以利用上述水解反应，采用返滴定法进行测定。将药片研磨成粉状后加入过量的 NaOH 标准溶液，加热一定时间使乙酰基水解完全，再用 HCl 标准溶液回滴过量的 NaOH，以酚酞的红色刚刚消失为终点。在这一滴定过程中，1mol 乙酰水杨酸需要消耗 2mol NaOH。

【实验用品】

（1）仪器：分析天平；碱式滴定管（50mL）；酸式滴定管（50mL）；烧杯（100mL）；锥形瓶（250mL）；表面皿；水浴锅；研钵；移液管（20mL）；洗耳球。

（2）试剂：NaOH 标准溶液（0.1mol·L^{-1}）；HCl 标准溶液（0.1mol·L^{-1}）；酚酞指示剂；甲基红指示剂；邻苯二甲酸氢钾（s, G. R.）；硼砂（s, G. R.）；阿司匹林药片。

【实验步骤】

（1）0.1mol·L^{-1} NaOH 标准溶液的标定（见实验 14）

（2）0.1mol·L^{-1} HCl 标准溶液的标定（见实验 15）

（3）乙酰水杨酸药片含量的测定

准确称取 0.4g 左右（精确至 0.0001g）药粉置于锥形瓶中，加入 40.00mL 0.1mol·L^{-1} NaOH 标准溶液，盖上表面皿，轻轻摇动后放在水浴上用蒸汽加热 15min，取出后迅速用自来水冷却至室温，然后加入 3 滴酚酞指示剂，立即用 0.1mol·L^{-1} HCl 标准溶液滴定至红色刚刚消失，平行测定 3 次。根据所消耗的 HCl 标准溶液的体积计算药片中乙酰水杨酸的质量分数及每片药剂中乙酰水杨酸的质量（g·片$^{-1}$）。

（4）NaOH 标准溶液与 HCl 标准溶液体积比的测定

在锥形瓶中加入 20.00mL NaOH 标准溶液和 20mL 水，在与测定药粉相同的实验条件下进行加热，冷却后用 HCl 标准溶液滴定，平行测定两次，计算 $V(NaOH)/V(HCl)$ 值。

【数据处理】

$$m(C_9H_8O_4) = \frac{1}{2}c(NaOH)\left[40.00 - \frac{c(HCl)V(HCl)}{c(NaOH)}\right]M(C_9H_8O_4) \times \frac{m_{片}}{m_S}$$

式中　$M(C_9H_8O_4)$——乙酰水杨酸的摩尔质量，g·mol；

$m_{片}$——乙酰水杨酸药片的质量，g；

m_S——称取乙酰水杨酸药粉的质量，g。

实验数据填入表 6-8～表 6-11。

表 6-8　NaOH 标准溶液的标定

项　目	I	II	III
$m(KHC_8H_4O_4)/g$			
$V_{初}(NaOH)/mL$			
$V_{终}(NaOH)/mL$			
$\Delta V(NaOH)/mL$			
$c(NaOH)/(mol \cdot L^{-1})$			
$\bar{c}(NaOH)/(mol \cdot L^{-1})$			
$\overline{d_r}$			

表 6-9　HCl 标准溶液的标定

项　目	I	II	III
$m(Na_2B_4O_7 \cdot 10H_2O)/g$			
$V_{初}(HCl)/mL$			
$V_{终}(HCl)/mL$			
$\Delta V(HCl)/mL$			
$c(HCl)/(mol \cdot L^{-1})$			
$\bar{c}(HCl)/(mol \cdot L^{-1})$			
$\overline{d_r}$			

表 6-10　乙酰水杨酸药片含量的测定

项　目	I	II	III
$m(药剂)/g$			
$c(NaOH)/(mol \cdot L^{-1})$			
$V(NaOH)/mL$		40.00	
$c(HCl)/(mol \cdot L^{-1})$			
$V_{初}(HCl)/mL$			
$V_{终}(HCl)/mL$			
$\Delta V(HCl)/mL$			
$m(C_9H_8O_4)/(g \cdot 片^{-1})$			
$\bar{m}(C_9H_8O_4)/(g \cdot 片^{-1})$			
$\overline{d_r}$			

表 6-11　NaOH 标准溶液与 HCl 标准溶液体积比的测定

项　目	I	II
$V(NaOH)/mL$		20.00
$V_{初}(HCl)/mL$		
$V_{终}(HCl)/mL$		
$\Delta V(HCl)/mL$		
$V(NaOH)/V(HCl)$		

【注意事项】

① 为了保证试样的均匀性，最好将片剂先磨细，然后再称取药粉进行分析。

② 如果测定是纯品，则可采用直接滴定法：准确称取试样约 0.4g（精确至 0.0001g）置于干燥的锥形瓶中，加入 20mL 中性冷乙醇，溶解后加入酚酞指示剂，立即用 NaOH 标准溶液滴定至微红色为终点。

【思考题】

① 在测定药片的实验中，为什么 1mol 乙酰水杨酸消耗 2mol NaOH，而不是 1mol NaOH？回滴后的溶液中，水解产物的存在形式是什么？

② 称取纯品试样时，所用锥形瓶为什么要干燥？

实验 20　电位滴定法测定 NaOH 的浓度

【实验目的】

① 掌握自动电位滴定计的使用技术。

② 熟悉和掌握电位滴法的原理。

③ 学会使用离子选择电极的测量方法和数据处理的方法。

【实验原理】

电位滴定法是以一对适当的电极监测滴定过程中溶液的电位变化，从而确定终点的一种滴定分析方法。并根据标准溶液的浓度和用量计算待测组分的含量。滴定时，在被测溶液中插入一支指示电极和一支参比电极，组成工作电池。随着滴定剂的加入，溶液中被测离子浓度不断发生变化，因而指示电极的电位也相应发生变化。在化学计量点附近，被测离子浓度发生突跃变化，指示电极电位也产生了突跃，因此只要测量出工作电池电动势的变化，就可以确定滴定终点。电位滴定法优于用指示剂的容量分析法，如可用于有色或浑浊的溶液滴定，这在没有指示剂或指示剂缺乏的情况下非常有用；还可用于浓度较稀的试液或反应进行不够完全的滴定；灵敏度和准确度高，并可实现自动化和连续测定。

电位滴定分为自动和手动两种方式。

（1）自动滴定方式

采用预先测得滴定终点（即化学计量点）时的电位值或查资料计算已知滴定终点的电位值的情况下，在仪器上预设好滴定终点、滴定方式、流速等，连接好仪器（包括搅拌器）、电极，准备好标准溶液和待测样，按下滴定开始，自动电位滴定仪自动开始工作，到滴定终点自动停止。根据化学反应的定量关系和标准溶液的浓度、体积，来计算待测样的含量。

（2）手动滴定方式

在无法预先获得滴定终点的电位值（或电磁阀不工作）无法进行全自动滴定时，可用手动滴定方式进行测量。即：指示电极和参比电极与被测离子溶液构成工作原电池，测量每加一定体积的标准溶液时的电动势，直到超过化学计量点为止。记录得到一系列的电动势和标准溶液的用量，然后通过绘制 $E \sim V$ 曲线、$\Delta E / \Delta V$ 曲线或者二级微商法，确定滴定终点时消耗的标准溶液的体积。

① $E \sim V$ 曲线　普通电位滴定曲线，拐点 e 即为计量点如图 6-1（a）。

拐点的确定：作两条与滴定曲线相切的 45°倾斜的直线，等分线与曲线的交点即为拐点。E_e 是计量点电位；V_e 为计量点时所需滴加的标准溶液的体积。电位突跃范围和低利率越大，分析误差就越小。

② $\Delta E/\Delta V \sim \overline{V}$ 曲线　一阶导数曲线如图 6-1(b)。曲线峰顶 e 点即为计量点（作图时需先求出 ΔE、ΔV、$\overline{V}$ 值）。$\Delta E = E_2 - E_1$、$\Delta V = V_2 - V_1$、$\overline{V} = (V_2 + V_1)/2$

③ 作 $\Delta^2 E/\Delta V^2 \sim V$ 曲线　即二阶导数曲线如图 6-1(c)。$\Delta^2 E/\Delta V^2 = 0$ 时为计量点。

$$\frac{\Delta^2 E}{\Delta V^2} = \frac{\left(\dfrac{\Delta E}{\Delta V}\right)_2 - \left(\dfrac{\Delta E}{\Delta V}\right)_1}{\overline{V}_2 - \overline{V}_1}$$

利用二阶导数法时，也可采用内插法计算得到化学计量点时滴定剂的体积。

本实验的化学反应：

$$NaOH + HCl = NaCl + H_2O$$

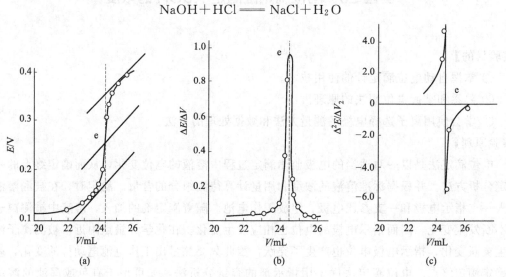

图 6-1　电位滴定曲线

【实验用品】

（1）仪器：ZD-2 型自动电位滴定计；pH 复合电极（或 pH 电极和饱和甘汞电极）电磁搅拌器；酸式滴定管（25mL）；碱式滴定管（25mL）；移液管（20mL）；烧杯（100mL）；吸水纸；洗耳球。

（2）试剂：0.1mol·L^{-1} HCl 标准溶液；pH 为 6.86(25℃) 和 4.00(25℃) 的标准缓冲溶液；未知浓度的溶液 NaOH；酚酞指示剂。

【实验步骤】

（1）仪器的准备

① 按操作说明连接好 ZD-2 型自动电位滴定计。

② 将 25mL 酸式滴定管洗净，润洗好装入 0.1mol·L^{-1} HCl 标准溶液。

③ 将滴定管与自动电位滴定计的电磁阀胶管连接好，打开滴定管活塞，用手动方式打开电磁阀，使管内气泡完全排出，并调节液面在滴定管的 0.00mL 刻度下方靠近该刻度，读出准确数值，记录。

④ pH＝6.86 和 pH＝4.00 （或 9.18）的标准缓冲溶液校准仪器。

⑤ 设定滴定终点的 pH＝7.00，调节滴定速率。

（2）自动滴定

① 准确量取 20.00mL 待测 NaOH 溶液，装入 100mL 烧杯中，加蒸馏水到约 30mL，放入搅拌子，置于电磁搅拌器上。

② 将淋洗干净并用吸水纸吸干的电极插入待测溶液中，调节电极到合适的高度（即要插到液面下，又不能碰到磁悬子），开动电磁搅拌器，磁悬子搅拌由慢到快。

按下开始滴定按钮，启动自动电位滴定计。滴定完毕后，记录滴定管读数。平行测定两次，要求两次测量值的相对相差不超过 0.3%。

③ 实验完毕，以手动方式打开电磁阀，排出标准溶液，并用蒸馏水洗涤滴定管。

（3）手动滴定

准确量取 $0.1mol \cdot L^{-1}$ HCl 标准溶液 20.00mL，置 100mL 烧杯中，滴入 1～2 滴酚酞，插入甘汞电极与玻璃电极或复合电极，连接好仪器，放入磁悬子；25mL 碱式滴定管洗净，润洗好装入待测 NaOH 溶液。开启搅拌器，用 NaOH 溶液滴定，开始每加 5mL 记录一个 pH 读数；过 10mL 后，每加 2mL 记录一个 pH，在接近化学计量点时，每加入 0.1mL 记录一个 pH，继续滴定至化学计量点（pH＝7.00）为止。

【数据记录与处理】

（1）自动滴定数据记录

数据记录填入表 6-12。

表 6-12　自动滴定数据记录表

项　目	Ⅰ	Ⅱ
$c(HCl)/(mol \cdot L^{-1})$		
$V(NaOH)/mL$	20.00	20.00
$V(HCl)/mL$		
$c(NaOH)/(mol \cdot mL^{-1})$		
$\bar{c}(NaOH)/(mol \cdot mL^{-1})$		
$\bar{d_r}$		

（2）手动滴定数据记录

数据记录填入表 6-13。

表 6-13　手动滴定数据记录表

V/mL	pH	ΔpH	$\Delta V/mL$	$\Delta pH/\Delta V$	$\bar{V}/mL$	$\Delta(\Delta pH/\Delta V)$	$\Delta \bar{V}/mL$	$\Delta^2 pH/\Delta V^2$

按 pH～V 曲线、$\Delta pH/\Delta V$～$\bar{V}$ 曲线或 $\Delta^2 pH/\Delta V^2$～V 曲线作图以及按 $\Delta^2 pH/\Delta V^2$～V 法计算，确定化学计量点，并计算 NaOH 的准确浓度。

【注意事项】

① 安装仪器，滴定操作、搅拌溶液时，要防止碰破玻璃电极。

② 注意溶液中指示剂颜色变化和 pH 数值变化是否一致。

【思考题】
① pH 不是电位值，为什么可以用电位法进行酸碱滴定？
② 电位滴定法的理论依据是什么？
③ 作图找滴定终点时是否必须准确地按化学计量加入标准溶液？
④ 如何利用内插法计算化学计量点时滴定剂的体积？

 实验 21　铵盐中含氮量的测定（甲醛法）

【实验目的】
① 掌握测定铵盐含氮量的原理和方法。
② 复习巩固定容、滴定等基本操作技术。
【实验原理】
　　土壤、化肥以及某些有机化合物常常需要测定含氮量，通常是将试样加以处理使其中含氮化合物转化为氨态氮，然后再进行测定，常用有两种方法。
　　（1）蒸馏法
　　样品用浓 H_2SO_4 消化分解，使各种形式含氮化合物转化为 NH_4^+，加浓 NaOH 将 NH_4^+ 以 NH_3 的形式蒸馏出来，用 H_3BO_3 溶液吸收 NH_3，再用 H_2SO_4 标准溶液进行标定；也可以用 HCl 标准溶液吸收，过量的酸用 NaOH 标准溶液返滴。蒸馏法比较麻烦，近年来通常用甲醛法。
　　（2）甲醛法
　　铵盐与甲醛作用，生成质子化的六亚甲基四胺和游离的 H^+，用 NaOH 标准溶液进行标定，生成弱碱六次甲基四胺和 H_2O，由于 NH_4^+ 和甲醛反应是可逆的，在酸性条件下不能反应完全，只有在微碱性条件下才能保证反应进行完全，所以滴定时用酚酞作为指示剂。

$$4NH_4^+ + 6HCHO \Longrightarrow (CH_2)_6N_4H^+ + 3H^+ + 6H_2O$$
$$(CH_2)_6N_4H^+ + 3H^+ + 4OH^- \Longrightarrow (CH_2)_6N_4 + 4H_2O$$

【实验条件】
　　（1）硫酸铵试样中常含有微量的游离酸，所以在和甲醛反应前应先以甲基红做指示剂用 NaOH 溶液加以中和。
　　（2）甲醛接触空气容易被氧化成甲酸，微量甲酸应预先除去，否则会对结果产生误差。取甲醛上清液用水稀释一倍，以酚酞做指示剂，用 NaOH 溶液滴定溶液呈微红色即可。
　　（3）NH_4^+ 和甲醛在室温下反应较慢，加入甲醛溶液后为了使反应完全充分，需放置数分钟；也可加热到 40℃ 左右加快反应速率，但不能超过 60℃ 以防止生成的六亚甲基四胺分解。
【实验用品】
　　（1）仪器：分析天平；碱式滴定管（50mL）；锥形瓶（250mL）；容量瓶（250mL）；移液管（25mL）；烧杯（100mL）；洗耳球。
　　（2）试剂：$(NH_4)_2SO_4$（s, A. R.）；NaOH 标准溶液（0.1mol·L^{-1}）；1:1 甲醛溶液（一份 40% 甲醛和一份水）；酚酞指示剂；甲基红指示剂。
【实验步骤】

（1）甲醛溶液的处理

取 1:1 甲醛上清液于烧杯中，加酚酞指示剂 2～3 滴，用 $0.1mol \cdot L^{-1}$ NaOH 标准溶液滴定至溶液呈现微红色。

（2）试样处理

准确称取 0.75g 左右（精确至 0.0001g）$(NH_4)_2SO_4$ 于烧杯中，加入适量的水加以溶解，定量转移到 250mL 容量瓶中，定容，摇匀。

准确移取 25.00mL $(NH_4)_2SO_4$ 试液于锥形瓶中，加入 2～3 滴甲基红指示剂，用 $0.1mol \cdot L^{-1}$ NaOH 标准溶液滴定至溶液由红色变为黄色。

（3）试样含氮量测定

在上述中和好的锥形瓶溶液中加入 8mL 已处理的甲醛溶液，摇匀静止数分钟，加入酚酞指示剂 2～3 滴，用 $0.1mol \cdot L^{-1}$ NaOH 标准溶液滴定至溶液呈现微红色且 30s 内不退色即为滴定终点。记录消耗 NaOH 标准溶液读数，平行测定 3 次，计算试样含氮量。

【数据记录与处理】

$$w(N) = \frac{c(NaOH)V(NaOH)M(N)}{m_s} \times \frac{250.00}{25.00} \times 100\%$$

式中　$M(N)$——氮原子的摩尔质量，$g \cdot mol^{-1}$；

$\quad\quad m_s$——$(NH_4)_2SO_4$ 的质量，g。

数据记录填入表 6-14。

表 6-14　铵盐中含氮量的测定（甲醛法）

项　目	I	II	III
$m[(NH_4)_2SO_4]/g$			
$c(NaOH)/(mol \cdot L^{-1})$			
$V[(NH_4)_2SO_4]/mL$	25.00	25.00	25.00
$V_初(NaOH)/mL$			
$V_终(NaOH)/mL$			
$\Delta V(NaOH)/mL$			
$w(N)/\%$			
$\bar{w}(N)/\%$			
$\bar{d_r}$			

【思考题】

① 除 $(NH_4)_2SO_4$ 样品中有机酸时，能否用酚酞做指示剂？

② NH_4NO_3、NH_4HCO_3 和 $(NH_4)_2CO_3$ 中含氮量能否用甲醛法测定？

③ 有机物中含氮量能否用甲醛法测定？

实验 22　莫尔（Mohr）法测定生理盐水中氯化钠的含量

【实验目的】

① 掌握沉淀滴定法的基本操作技能。

② 熟练掌握标准溶液的配制和标定方法。

③ 掌握莫尔法中指示剂的用量和终点判断方法。

【实验原理】

生理盐水就是 0.9% 的氯化钠水溶液，因为它的渗透压值和正常人的血浆、组织液的渗透压大致一样的，所以可以用作补液以及其他医疗用途。我们从市场买回的生理盐水中氯化钠的含量是否符合要求？如何测量？下面我们通过测量 Cl^- 含量的方法进行研究。可溶性氯化物中 Cl^- 含量的测定常采用莫尔法。此法是在中性或弱碱性溶液中，以 K_2CrO_4 为指示剂，用 $AgNO_3$ 标准溶液滴定进行的。由于 $AgCl$ 溶解度比 Ag_2CrO_4 小，溶液中首先析出白色 $AgCl$ 沉淀。当 $AgCl$ 完全沉淀后，微过量的 $AgNO_3$ 溶液即与 CrO_4^{2-} 生成砖红色的 Ag_2CrO_4 沉淀，指示终点到达。主要反应式如下：

$$Ag^+ + Cl^- =\!\!=\!\!= AgCl\downarrow （白色） \qquad K_{sp}^{\ominus} = 1.77 \times 10^{-10}$$

$$2Ag^+ + CrO_4^{2-} =\!\!=\!\!= Ag_2CrO_4\downarrow （砖红色） \qquad K_{sp}^{\ominus} = 1.12 \times 10^{-12}$$

【实验条件】

（1）本实验最适宜酸度范围为 pH 在 6.5～10.5 之间。如果溶液的酸度过高，CrO_4^{2-} 将受酸效应影响浓度降低，导致 Ag_2CrO_4 沉淀溶解；

$$Ag_2CrO_4 + H^+ =\!\!=\!\!= 2Ag^+ + HCrO_4^-$$

反之，如果是碱性太强，会有 Ag_2O 沉淀。

$$2Ag^+ + 2OH^- =\!\!=\!\!= 2AgOH\downarrow$$
$$\downarrow\!\!\!\!\rightarrow Ag_2O\downarrow + H_2O$$

因此，当溶液为酸性时，可用 $NaHCO_3$、$CaCO_3$ 或硼砂中和；当溶液的碱性太强时，则用稀 HNO_3 中和。

当溶液中有铵盐存在时，NH_4^+ 与 NH_3 存在着如下平衡：

$$NH_4^+ + OH^- \rightleftharpoons NH_3 + H_2O$$

在 NH_4^+ 的浓度越大、碱性越强的情况下，NH_3 的浓度就越大，越易形成 $[Ag(NH_3)]^+$，进而形成 $[Ag(NH_3)_2]^+$ 配离子，而使分析结果的准确度降低。实验证明，当 NH_4^+ 的浓度小 $0.05 mol \cdot L^{-1}$ 时，控制溶液的 pH 在 6.5～7.2 的酸度范围进行滴定，可以得到满意的结果；若 $c(NH_4^+) \geqslant 0.15 mol \cdot L^{-1}$，则在滴定前需除去铵盐。

（2）指示剂的用量。K_2CrO_4 的用量对滴定终点有较大的影响，其浓度过高，将使终点提前，如果浓度过低，则终点滞后，终点时 CrO_4^{2-} 的浓度以 $5.3 \times 10^{-3} mol \cdot L^{-1}$ 左右为宜。

（3）干扰离子。凡是能与 CrO_4^{2-} 生成沉淀的阳离子（如 Ba^{2+}、Pb^{2+} 等）和凡能与 Ag^+ 生成难溶化合物或稳定配合物的阴离子（如 PO_4^{3-}、AsO_4^{3-}、SO_3^{2-}、S^{2-}、CO_3^{2-}、$C_2O_4^{2-}$ 等）对测定有干扰。大量 Cu^{2+}、Ni^{2+}、Co^{2+} 等有色离子将影响终点的观察。Al^{3+}、Fe^{3+}、Bi^{3+}、Sn^{4+} 等高价金属离子，在中性或弱碱性溶液中易水解产生沉淀，也会干扰滴定。

（4）先产生的 $AgCl$ 沉淀容易吸附溶液中的 Cl^-，使终点提前，因此，滴定时必须剧烈摇动。

【实验用品】

（1）仪器：容量瓶（250mL）；棕色试剂瓶（500mL）；称量瓶；分析天平；锥形瓶（250mL）；烧杯（250mL）；移液管（25.00mL）；洗耳球。

（2）试剂：NaCl（s，A.R.）；$AgNO_3$（s，A.R.）；5% K_2CrO_4 水溶液；生理盐水；去 Cl^- 的蒸馏水。

【实验步骤】

（1）0.1mol·L^{-1} $AgNO_3$ 溶液的配制

准确称取 4.2g（准确至 0.0001g）$AgNO_3$，用 20～30mL 去 Cl^- 的蒸馏水溶解，定量转入 250mL 容量瓶中，用水冲洗烧杯 3 次，一并转入容量瓶中，稀释至刻度，摇匀。将配好的 $AgNO_3$ 标准溶液装入棕色瓶中，贴上标签备用。为了保证 $AgNO_3$ 标准溶液浓度的准确性，一般每次最好用基准物质 NaCl 进行标定。

（2）试样分析

将生理盐水稀释一倍，准确移取 25.00mL 稀释好的生理盐水于锥形瓶中，加 25mL 水和 1mL K_2CrO_4 溶液，在不断摇动下用 $AgNO_3$ 标准溶液滴定到溶液由白色转呈微砖红色，即为终点，平行测定 3 次，计算生理盐水中 NaCl 的含量。

【数据记录与处理】

$$w(NaCl) = \frac{2c(AgNO_3)V(AgNO_3)M(NaCl)}{25.00} \times 100$$

式中 $M(NaCl)$——NaCl 的摩尔质量，g·mol^{-1}。

数据记录填入表 6-15。

表 6-15 生理盐水中 NaCl 含量的测定

项 目	Ⅰ	Ⅱ	Ⅲ
$m(AgNO_3)/g$			
$c(AgNO_3)/(mol·L^{-1})$			
V(生理盐水)/mL	25.00	25.00	25.00
$V(AgNO_3)/mL$			
$w(NaCl)/[g·(100mL)^{-1}]$			
$\overline{w}(NaCl)/[g·(100mL)^{-1}]$			
$\overline{d}_r$			

【注意事项】

① 莫尔法只适用于以 $AgNO_3$ 标准溶液直接滴定 Cl^-、Br^- 和 CN^-。由于 AgI 和 AgSCN 沉淀对 I^- 和 SCN^- 有强烈的吸附作用，故不适宜直接滴定测 I^- 和 SCN^-。

② K_2CrO_4 指示剂用量对测定结果有影响，所以加 1mL K_2CrO_4 溶液的量要准确，可用吸量管量取，如果准确度要求非常高时，可做空白实验来扣除指示剂对 $AgNO_3$ 的消耗。

③ 滴定时应剧烈振荡，以减少沉淀吸附的影响。

④ 本实验所用的水均是去 Cl^- 的蒸馏水，包括最后洗涤滴定管的水。

【思考题】

① 莫尔法测定 Cl^- 时，为什么溶液的 pH 需要控制在 6.5～10.5 之间？

② K_2CrO_4 指示剂用量的多少对 Cl^- 测定结果有何影响？

③ 用 K_2CrO_4 为指示剂时，可否用 NaCl 标准溶液直接滴定 Ag^+？为什么？

实验 23 硫代硫酸钠标准溶液的配制与标定

【实验目的】

① 掌握碘量法的基本原理。

② 了解硫代硫酸钠的配制、标定的原理及方法。

③ 学会控制碘量法实验进行的基本条件。

【实验原理】

硫代硫酸钠是使用碘量法进行分析测定时常常用到的标准溶液，一般市售的硫代硫酸钠（$Na_2S_2O_3 \cdot 5H_2O$）中常含有 S，Na_2SO_3，Na_2SO_4 等杂质，且易风化、潮解，因此不能用直接法来配制标准溶液，而且配好的标准溶液也不稳定，日光、水中的 CO_2、微生物、溶解氧、酸度等因素均会导致其浓度发生变化或分解：

$$Na_2S_2O_3 \xrightarrow{\text{细菌}} Na_2SO_3 + S \downarrow$$

$$2Na_2S_2O_3 + O_2 \xrightarrow{} 2Na_2SO_4 + 2S \downarrow$$

$$Na_2S_2O_3 + CO_2 + H_2O \xrightarrow{} NaHCO_3 + NaHSO_3 + S \downarrow$$

因此，配制硫代硫酸钠溶液时，应先将蒸馏水煮沸并冷却，以除去 CO_2、O_2 和杀死细菌，并加入少量 Na_2CO_3 或 $NaHCO_3$ 使溶液呈弱碱性以抑制细菌生长，另外，配好的溶液应储存于棕色瓶中，置于暗处 8～14d，待其浓度稳定后，再进行标定。但不宜长期保存，若放置时间过长，使用前应重新标定，若发现溶液变浑浊有 S 析出，应弃去重配。

标定硫代硫酸钠的物质有重铬酸钾、碘酸钾、溴酸钾等，无论用哪一种物质作基准物质标定均采用间接碘量法。

（1）以 $K_2Cr_2O_7$ 标定 $Na_2S_2O_3$ 标准溶液为例

在酸性介质中，以 $K_2Cr_2O_7$ 为基准物质与过量的 KI 作用，析出等物质量的 I_2，再以淀粉为指示剂，用 $Na_2S_2O_3$ 溶液来滴定析出的 I_2，当溶液的颜色由蓝色变为透明绿色时即为终点，根据已知的 $K_2Cr_2O_7$ 标准溶液的浓度推出未知的 $Na_2S_2O_3$ 标准溶液的浓度。

$$Cr_2O_7^{2-} + 6I^- + 14H^+ \xrightarrow{} 2Cr^{3+} + 3I_2 + 7H_2O$$

$$I_2 + 2S_2O_3^{2-} \xrightarrow{} 2I^- + S_4O_6^{2-}$$

（2）以 KIO_3 标定 $Na_2S_2O_3$ 标准溶液为例

在酸性介质中，以 KIO_3 为基准物质与过量的 KI 反应，析出等物质量的 I_2，再以淀粉为指示剂，用配制好的 $Na_2S_2O_3$ 溶液滴定析出的 I_2，当溶液的颜色由蓝色消失时即为终点，用已知的 KIO_3 标准溶液的浓度推出未知的 $Na_2S_2O_3$ 标准溶液的浓度。

$$IO_3^- + 5I^- + 6H^+ \xrightarrow{} 3I_2 + 3H_2O$$

$$I_2 + 2S_2O_3^{2-} \xrightarrow{} 2I^- + S_4O_6^{2-}$$

【实验条件】

在使用间接法标定 $Na_2S_2O_3$ 溶液时，为了获得准确的分析结果，必须严格控制反应的条件。

（1）控制溶液的酸度

间接碘量法一般在弱酸性或中性条件下进行。因为在强酸性溶液中，$Na_2S_2O_3$ 会分解，而且 I^- 易被空气中的 O_2 所氧化；而在碱性条件下，$Na_2S_2O_3$ 与 I_2 会发生副反应而生成 SO_4^{2-}。

$$S_2O_3^{2-} + 2H^+ \Longrightarrow SO_2\uparrow + S\downarrow + H_2O$$
$$S_2O_3^{2-} + 4I_2 + 10OH^- \Longrightarrow 2SO_4^{2-} + 8I^- + 5H_2O$$

（2）注意 I_2 的挥发和 I^- 的氧化

为了防止 I_2 的挥发，应加入过量 KI（比理论量多 2～3 倍）并在室温下进行滴定。滴定时速度要适当，不要剧烈晃动。

（3）指示剂加入的时间

在间接碘量法中，淀粉指示剂只能在临近终点时加入，否则会有较多的 I_2 被淀粉包合，而导致终点滞后。

【实验用品】

（1）仪器：酸式滴定管（50mL）；托盘天平；棕色试剂瓶（500mL）；电子天平；称量瓶；容量瓶（250mL、100mL）；烧杯（100mL）；移液管（25mL）；碘量瓶（250mL）；量筒（50mL）；玻璃棒；电烘箱。

（2）试剂：$Na_2S_2O_3 \cdot 5H_2O$（s，A.R.）；$K_2Cr_2O_7$（s，A.R.）；KIO_3（s，G.R.）；KI（s，A.R.）；H_2SO_4（3.0mol·L^{-1}）；KI（10%）；HCl（0.1mol·L^{-1}）；淀粉指示剂（0.5%）。

【实验步骤】

（1）0.1mol·L^{-1} $Na_2S_2O_3$ 溶液的配制

用托盘天平称取 12.5g $Na_2S_2O_3 \cdot 5H_2O$ 晶体溶于刚煮沸放凉的蒸馏水中，加入 0.05g Na_2CO_3，放入 500mL 棕色试剂瓶中定容、摇匀，放置一周后标定。

（2）0.02mol·L^{-1} $K_2Cr_2O_7$ 标准溶液的配制

用差减法准确称取 1.47g（0.0001g）分析纯 $K_2Cr_2O_7$ 于 100mL 烧杯中，加少量蒸馏水溶解，定量转入 250mL 的容量瓶中，定容，摇匀。计算其准确浓度。

（3）0.02mol·L^{-1} KIO_3 标准溶液的配制

准确称取已在 180℃ 的电烘箱中干燥至恒重的基准试剂 KIO_3 0.428g（0.0001g）溶于蒸馏水，移入 100mL 的容量瓶中，定容，摇匀。计算其准确浓度。

（4）0.1mol·L^{-1} $Na_2S_2O_3$ 溶液的标定

① $K_2Cr_2O_7$ 法　用移液管移取 25.00mL $K_2Cr_2O_7$ 标准溶液于 250mL 碘量瓶中，加 10mL 3.0mol·L^{-1} 的 H_2SO_4 及 20mL 10%KI 溶液，盖上塞子后摇匀，水封，避光保存 5min 左右，加水稀释至 100mL，立即用 $Na_2S_2O_3$ 滴定，当溶液由红棕色变为浅黄色时，加 5mL 淀粉指示剂，继续滴定至溶液的蓝色消失变为透明绿色，即为终点。平行测定 3 份，计算 $Na_2S_2O_3$ 的准确浓度。同时做空白实验。

② KIO_3 法　用移液管移取 25.00mL KIO_3 标准溶液于 250mL 碘量瓶中，加入 75mL 新煮沸后冷却的蒸馏水，加 3g KI 及 10mL 0.1mol·L^{-1} HCl 溶液，盖上塞子后摇匀，放入暗处静置 5min。立即用 $Na_2S_2O_3$ 滴定析出的碘至淡黄色，加入 1mL 新配制的淀粉溶液呈蓝色。再继续滴定至蓝色刚刚退去（如淀粉质量不好颜色为浅紫色），即为终点。平行测定 3 份，计算 $Na_2S_2O_3$ 的准确浓度。同时做空白实验。

【数据记录与处理】

$K_2Cr_2O_7$ 标准溶液的浓度： $c(K_2Cr_2O_7) = \dfrac{m(K_2Cr_2O_7) \times 1000}{M(K_2Cr_2O_7) \times 250.00}$

KIO_3 标准溶液的浓度： $c(KIO_3) = \dfrac{m(KIO_3) \times 1000}{M(KIO_3) \times 100.00}$

$Na_2S_2O_3$ 准确浓度： $c(Na_2S_2O_3) = \dfrac{6c(K_2Cr_2O_7)V(K_2Cr_2O_7)}{V(Na_2S_2O_3)}$

$$c(Na_2S_2O_3) = \dfrac{6c(KIO_3)V(KIO_3)}{V(Na_2S_2O_3)}$$

数据填入表 6-16 和表 6-17。

表 6-16　$Na_2S_2O_3$ 的标定（$K_2Cr_2O_7$ 法）

项　　目	I	II	III
$c(K_2Cr_2O_7)/(mol \cdot L^{-1})$			
$V(K_2Cr_2O_7)/mL$			
$V_{初}(Na_2S_2O_3)/mL$			
$V_{终}(Na_2S_2O_3)/mL$			
$\Delta V(Na_2S_2O_3)/mL$			
$c(Na_2S_2O_3)/(mol \cdot L^{-1})$			
$\bar{c}(Na_2S_2O_3)/(mol \cdot L^{-1})$			
$\overline{d_r}$			

表 6-17　$Na_2S_2O_3$ 的标定（KIO_3 法）

项　　目	I	II	III
$c(KIO_3)/(mol \cdot L^{-1})$			
$V(KIO_3)/mL$			
$V_{初}(Na_2S_2O_3)/mL$			
$V_{终}(Na_2S_2O_3)/mL$			
$\Delta V(Na_2S_2O_3)/mL$			
$c(Na_2S_2O_3)/(mol \cdot L^{-1})$			
$\bar{c}(Na_2S_2O_3)/(mol \cdot L^{-1})$			
$\overline{d_r}$			

【注意事项】

① 配制 $Na_2S_2O_3$ 溶液时所使用的蒸馏水必须是新煮沸并冷却的，配好的 $Na_2S_2O_3$ 溶液应置于暗处保存，以免 $Na_2S_2O_3$ 氧化或分解。

② 当 I_2 析出时，应注意碘量瓶的盖子盖好，以免 I_2 挥发。

【思考题】

① 碘量法的滴定方式有几种？原理是什么？

② 碘量法的主要误差来源有几个？

③ 滴定 $Na_2S_2O_3$ 时为什么要在酸性条件下进行？

【实验目的】

① 了解直接碘量法测定维生素 C 含量的原理和方法。

② 了解 I_2 标准溶液配制、标定的基本原理和方法。

③ 掌握碘量法分析的条件和操作技术。

【实验原理】

（1）维生素 C 的测定

维生素 C 又称抗坏血酸，为白色略带淡黄色的结晶或粉末，无臭，味酸，分子式为 $C_6H_8O_6$，分子中的烯二醇基具有很强的还原性。I_2/I^- 电对的标准电极电位为 0.535V，因此 I_2 是一较弱的氧化剂，它能定量地将维生素 C 分子中的烯二醇基氧化为二酮基，其反应为：

$$C_6H_8O_6 + I_2 \rightleftharpoons C_6H_6O_6 + 2HI$$

维生素 C 的还原性很强，很容易被空气及水中的溶解氧所氧化，尤其是在碱性介质中。所以，测定时加入 HAc，使溶液呈弱酸性，可减少维生素 C 的副反应，使滴定反应能顺利地进行完全，减少实验误差。

（2）I_2 溶液浓度的配制与标定

用升华法制得的纯 I_2，可作为基准物质，用直接法配制成标准溶液。但由于 I_2 的挥发性强，准确称量较为困难，所以，常用标定的方法配制 I_2 标准溶液。固体 I_2 在水中的溶解度很小（$1.33 \times 10^{-3}\,mol \cdot L^{-1}$），但易溶于 KI 溶液，$I_2$ 与 I^- 形成了 I_3^-，从而增加了 I_2 的溶解度，减少了 I_2 的挥发，且不影响其电极电位。I_2 在稀的 KI 溶液中溶解很慢，所以配制 I_2 溶液时，要将 I_2 溶解在较浓的 KI 溶液中，然后再加水稀释。

另外，空气中的 O_2 能氧化 I^-，导致 I_2 的浓度增加。即：

$$4I^- + O_2 + 4H^+ \rightleftharpoons 2I_2 + 2H_2O$$

该反应较为缓慢，但遇光、热及酸时速率加快，因此 I_2 溶液应储存于密封的棕色瓶并置冷暗处保存。另外，要避免 I_2 与橡胶接触，试剂瓶不能用橡胶塞。

标定 I_2 标准溶液的物质通常使用 $Na_2S_2O_3$，但 $Na_2S_2O_3$ 一般带有 5 个结晶水，并含有少量的杂质，且容易风化和潮解，而且 $Na_2S_2O_3$ 溶液不稳定，日光、水中的 CO_2、微生物、溶解氧、酸度等因素均会导致其浓度发生变化，所以，$Na_2S_2O_3$ 溶液要先配制一个近似的浓度，然后用 $K_2Cr_2O_7$、KIO_3 标准溶液进行标定。$Na_2S_2O_3$ 与 I_2 的反应，宜在中性或弱酸性溶液中进行。因此，在用 $Na_2S_2O_3$ 溶液滴定之前，需将溶液加蒸馏水稀释约一倍，降低溶液的酸度，并可使 Cr^{3+} 的绿色变浅，利于终点的观察。具体方法见实验 23。

【实验条件】

本实验是利用 I_2 的氧化性，以 I_2 溶液为滴定剂进行分析的方法，也称为直接碘量法。它只能测定一些具有较强还原性的物质，如 S^{2-}，Sn^{2+}，$S_2O_3^{2-}$，维生素 C 等。这种方法不能在碱性条件下使用，因为此时 I_2 会发生歧化反应：

$$3I_2 + 6OH^- \longrightarrow IO_3^- + 5I^- + 3H_2O$$

也不宜在强酸行条件下进行，因为 I^- 易被溶解氧所氧化：

$$4I^- + O_2 + 4H^+ \longrightarrow 2I_2 + 2H_2O$$

本实验测定时加入 HAc，使酸度控制在 $0.2 \sim 0.4 mol \cdot L^{-1}$，并加入过量的 KI，以保证 $K_2Cr_2O_7$ 完全反应。

【实验用品】

(1) 仪器：分析天平；托盘天平；称量瓶；酸式滴定管（50mL）；棕色试剂瓶（250mL、500mL）；量筒（5mL、25mL）；烧杯（250mL）；锥形瓶（250mL）；移液管（25mL）；玻璃棒；洗耳球。

(2) 试剂：I_2（s，A.R.）；KI（s，A.R.）；$Na_2S_2O_3 \cdot 5H_2O$（s，A.R.）；HAc（$2.0 mol \cdot L^{-1}$）；淀粉指示剂（0.5%）；维生素 C（s，A.R.）。

【实验步骤】

(1) $0.05 mol \cdot L^{-1}$ I_2 溶液的配制

在托盘天平上称取 $3.1 \sim 3.3g$ I_2 和 5g KI 于 250mL 洁净的烧杯中，加少量蒸馏水，搅拌，待 I_2 全部溶解后稀释至 250mL，混合均匀，储于棕色试剂瓶，放置暗处。

(2) $0.1 mol \cdot L^{-1}$ $Na_2S_2O_3$ 标准溶液的配制与标定

见实验 26。

(3) $0.05 mol \cdot L^{-1}$ I_2 标准溶液的标定

准确移取 25.00mL $Na_2S_2O_3$ 标准溶液于 250mL 锥形瓶中，加 50mL 蒸馏水及 2mL 淀粉指示剂，立即用 I_2 溶液滴定至溶液呈稳定的蓝色，30s 内不退色即为终点。平行滴定 3份，计算 I_2 的浓度。

(4) 维生素 C 含量的测定

准确称取维生素 C 试样 0.2g 左右（0.0001g）置于洁净的 250mL 锥形瓶中，加入新煮沸并冷却至室温的蒸馏水 100mL、$2.0 mol \cdot L^{-1}$ 的 HAc 10mL，摇动溶解以后，加入淀粉指示剂 2mL，摇匀，立即用 I_2 标准溶液滴定溶液呈稳定的蓝色且 30s 内不退色，即为终点。平行滴定 3份，计算样品中维生素 C 的含量。

【数据记录与处理】

I_2 溶液浓度的计算：

$$c(I_2) = \frac{c(Na_2S_2O_3)V(Na_2S_2O_3)}{2V(I_2)}$$

维生素 C 含量的计算：

$$w(维生素\ C) = \frac{c(I_2)V(I_2)\dfrac{M(C_6H_8O_6)}{1000}}{m_s} \times 100\%$$

式中　M（$C_6H_8O_6$）——维生素 C 的摩尔质量，$g \cdot mol^{-1}$；

$\qquad m_s$——维生素 C 的质量，g。

数据填于表 6-18 及表 6-19。

表 6-18 I₂ 标准溶液的标定

表 6-18 I_2 标准溶液的标定

项　目	I	II	III
$c(Na_2S_2O_3)/(mol \cdot L^{-1})$			
$V(Na_2S_2O_3)/mL$			
$V_{初}(I_2)/mL$			
$V_{终}(I_2)/mL$			
$\Delta V(I_2)/mL$			
$c(I_2)/(mol \cdot L^{-1})$			
$\bar{c}(I_2)/(mol \cdot L^{-1})$			
$\overline{d}_r$			

表 6-19 维生素 C 含量的测定

项　目	I	II	III
维生素 C 试样的质量 m/g			
$c(I_2)/(mol \cdot L^{-1})$			
$V_{初}(I_2)/mL$			
$V_{终}(I_2)/mL$			
$\Delta V(I_2)/mL$			
$w(维生素 C)$			
$\bar{w}(维生素 C)$			
$\overline{d}_r$			

【注意事项】

① 本实验所用的蒸馏水必须是新煮沸并冷却的,否则维生素 C 极易被水中的 O_2 氧化,使测定结果偏低。

② I_2 的挥发性极强,并且凡能被 I_2 直接氧化的物质对测定结果均有干扰,此试样平行测定的精密度不高,相对平均偏差不大于 0.5% 即可。

【思考题】

① 配制 I_2 溶液时为什么要加入 KI?

② 溶解维生素 C 样品时,为什么要用新煮沸过并放冷的蒸馏水?

③ 测定维生素 C 的溶液中为什么要加入 HAc?

实验 25　高锰酸钾标准溶液的配制与标定

【实验目的】

① 掌握高锰酸钾法的原理。

② 掌握 $KMnO_4$ 标准溶液的配制和标定方法。

③ 掌握影响氧化还原反应速率的主要因素

【实验原理】

市售的高锰酸钾常含有少量杂质，如硫酸盐、氯化物、硝酸盐及 MnO_2 等，$KMnO_4$ 是一种强氧化剂，易与水中的有机物、空气中的尘埃及氨等还原性物质作用，同时 $KMnO_4$ 还能自行分解，因此，$KMnO_4$ 标准溶液不能用直接法配制，而是先配制成近似所需浓度的溶液，储存在棕色试剂瓶中，置于暗处 7～10d，待溶液浓度趋于稳定后，再用微孔玻璃漏斗过滤，滤去 MnO_2 沉淀，即可用基准物质进行标定。已经标定好的 $KMnO_4$ 溶液，隔一段时间后要从新过滤从新标定。

标定 $KMnO_4$ 溶液的基准物质很多，如 $H_2C_2O_4 \cdot 2H_2O$、$Na_2C_2O_4$、$(NH_4)_2Fe(SO_4)_2 \cdot 6H_2O$ 等。最常用的是 $Na_2C_2O_4$，因为它不含结晶水，性质稳定，易提纯。

在酸性介质中，$KMnO_4$ 和 $Na_2C_2O_4$ 的反应为：

$$2MnO_4^- + 5C_2O_4^{2-} + 16H^+ = 2Mn^{2+} + 10CO_2\uparrow + 8H_2O$$

据此可以确定 $KMnO_4$ 标准溶液的浓度，本实验采用 $KMnO_4$ 作自身指示剂。

【实验用品】

(1) 仪器：酸式滴定管（50mL）；托盘天平；分析天平；表面皿；烧杯（500mL、1000mL）；锥形瓶（250mL）；棕色试剂瓶（1000mL）；量筒（10mL、100mL）；微孔玻璃漏斗；电炉；烘箱。

(2) 试剂：$KMnO_4$（s，A.R.）；$Na_2C_2O_4$（s，A.R.）；H_2SO_4（$3mol \cdot L^{-1}$）。

【实验步骤】

(1) $0.02mol \cdot L^{-1}$ $KMnO_4$ 溶液的配制

在托盘天平上取约（　　）g $KMnO_4$（学生自己计算）置于大烧杯中，加入 500mL 去离子水，盖上表面皿，在电炉上加热至沸，并保持微沸 1h，加热时应随时补充因蒸发而损失的水分。冷却后静置过夜，微孔玻璃漏斗过滤，滤液储存在棕色试剂瓶中备用。如不煮沸，可将溶液放置于暗处 7～10d 后过滤备用。

(2) $0.02mol \cdot L^{-1}$ $KMnO_4$ 溶液的标定

分析天平上准确称取 0.15～0.20g $Na_2C_2O_4$ 3 份，于 110℃烘干且放凉，分别置于三个 250mL 锥形瓶中。加入 30mL 去离子水使之溶解，再加入 10mL $3mol \cdot L^{-1}$ H_2SO_4，加热至 75～85℃（即加热到锥形瓶口有蒸气冒出，切不可煮沸!），趁热立即用 $KMnO_4$ 溶液滴定。加入第一滴 $KMnO_4$ 溶液时退色很慢，在没有完全退色之前不要滴入第二滴，随着反应的进行，产生 Mn^{2+}，Mn^{2+} 对此反应有自身催化作用，此时可加快滴定速度，接近终点时还需减慢滴定速度，至溶液出现稳定的浅粉红色且 30s 内不退色，即为终点。滴定结束时，被滴溶液的温度不应低于 60℃。记下所消耗 $KMnO_4$ 溶液的体积（读数时应以液面的最高处为准）。重复平行测定 3 次。计算 $KMnO_4$ 标准溶液的浓度。

【数据记录与处理】

计算高锰酸钾溶液浓度的公式如下：

$$c(KMnO_4) = \frac{2}{5} \times \frac{m(Na_2C_2O_4)/M(Na_2C_2O_4)}{V(KMnO_4)} \times 1000$$

$Na_2C_2O_4$ 的相对分子质量为：134.0。

数据填入表 6-20。

表 6-20　KMnO₄ 标准溶液的标定

项　　目	Ⅰ	Ⅱ	Ⅲ
$m(Na_2C_2O_4)/g$			
$V_初(KMnO_4)/mL$			
$V_终(KMnO_4)/mL$			
所耗 $V(KMnO_4)/mL$			
$c(KMnO_4)/(mol \cdot L^{-1})$			
平均值 $\bar{c}(KMnO_4)/(mol \cdot L^{-1})$			
$\bar{d}_r$			

【注意事项】

为了使反应定量进行，必须注意以下滴定条件。

① 温度：为了加快反应速率，需加热到 75～85℃。但若温度太高容易引起 $H_2C_2O_4$ 部分分解，导致标定结果偏高，滴定结束时，被滴溶液的温度不应低于 60℃，否则反应速率太慢，容易导致滴定终点提前到达的假象。

② 酸度：反应必须保持一定的酸度，酸度过低，$KMnO_4$ 会部分被还原成 $MnO(OH)_2$；酸度过高，会使 $H_2C_2O_4$ 分解。一般滴定开始的最宜酸度为 $c(H^+)=1mol \cdot L^{-1}$。$KMnO_4$ 作为氧化剂，其的强氧化性是在强酸性介质中体现出来的。若在滴定过程中发现有棕色浑浊现象产生，说明溶液酸度不够引起的，应停止滴定立即用 $1mol \cdot L^{-1}$ H_2SO_4 补救，如果在滴定终点时出现浑浊现象，此时加酸已经没有意义，实验必须重做。

③ 滴定速度：第一滴 $KMnO_4$ 溶液没退色之前，不要加入第二滴，否则可能会出现棕色浑浊现象，随着反应的进行，产生的 Mn^{2+} 有自身催化作用，滴定速度可以稍快，但不宜太快，否则滴入的 $KMnO_4$ 来不及和 $Na_2C_2O_4$ 发生反应，就在热的酸性溶液中分解了。从而导致标定结果偏低。

$$4MnO_4^- + 12H^+ \Longrightarrow 4Mn^{2+} + 5O_2\uparrow + 6H_2O$$

④ $KMnO_4$ 法滴定时终点不太稳定，较长时间放置后，由于空气中某些还原性物质及尘埃等杂质，会使溶液中的 $KMnO_4$ 缓慢分解，而使终点时的粉红色消失，所以当粉红色经过 30s 后不退色，即可认为到达滴定终点。

【思考题】

① $KMnO_4$ 标准溶液能否直接配制？应该怎样正确配制？

② 粗配的 $KMnO_4$ 溶液在暗处放置几天后，能否用滤纸过滤？正确的过滤方法是什么？

③ 标定 $KMnO_4$ 溶液时，可否用 HCl 溶液或 HNO_3 溶液代替 H_2SO_4 作酸性介质？

④ 用 $Na_2C_2O_4$ 作为基准物质标定 $KMnO_4$ 溶液时，应注意哪些滴定条件？

⑤ 若被滴定溶液出现的浅粉色在 30s 后又退色了，是否还要补充滴入 $KMnO_4$ 溶液？

⑥ 装有 $KMnO_4$ 溶液的器皿放置过久，器壁上常有棕色沉淀物不易洗净，这棕色沉淀是什么？应怎样洗涤？

实验 26　高锰酸钾法测定双氧水中 H_2O_2 的含量

【实验目的】

学会用高锰酸钾法测定双氧水中 H_2O_2 含量的原理和方法。

【实验原理】

双氧水在工业、生物、医药等方面应用很广泛，利用其氧化性可以漂白毛、丝织物；医药上常用于消毒和杀菌等，由于双氧水的广泛应用，常需对其含量进行测定。

市售的双氧水含 H_2O_2 约 $330g \cdot L^{-1}$，医用双氧水含 H_2O_2 $25 \sim 35g \cdot L^{-1}$。它在稀 H_2SO_4 溶液中能定量地被 $KMnO_4$ 氧化，其反应式为：

$$2MnO_4^- + 5H_2O_2 + 6H^+ \rightleftharpoons 2Mn^{2+} + 5O_2 \uparrow + 8H_2O$$

因为 H_2O_2 受热易分解，所以上述反应在室温下进行，其滴定过程与用 $Na_2C_2O_4$ 标定 $KMnO_4$ 相似。

【实验用品】

(1) 仪器：酸式滴定管（50mL）；容量瓶（250mL）；锥形瓶（250mL）；移液管（25mL）；吸量管（2mL）；量筒（10mL）。

(2) 试剂：$KMnO_4$ 标准溶液（$0.02mol \cdot L^{-1}$）；双氧水样品（含 30% 的 H_2O_2）；H_2SO_4（$3mol \cdot L^{-1}$）。

【实验步骤】

用吸量管吸取 1.00mL 双氧水样品置于 250mL 容量瓶中，加去离子水稀释至刻度，摇匀备用。然后用 25mL 移液管准确移取上述稀释液于 250mL 锥形瓶中，加入 $20 \sim 30$mL 去离子水和 10mL $3mol \cdot L^{-1}$ H_2SO_4。用 $0.02mol \cdot L^{-1}$ $KMnO_4$ 标准溶液滴定至溶液呈微红色且 30s 内不退色，即为终点。记下滴定时所用 $KMnO_4$ 标准溶液的体积。平行测定 3 次，计算 H_2O_2 的质量浓度 $\rho(H_2O_2)/(g \cdot L^{-1})$。

【数据记录与处理】

$$\rho(H_2O_2) = \frac{5}{2} \times \frac{c(KMnO_4)V(KMnO_4)M(H_2O_2)}{V(H_2O_2)} \times \frac{250.00}{25.00}$$

式中　$M(H_2O_2)$ ——H_2O_2 的摩尔质量，$g \cdot mol^{-1}$。

数据填入表 6-21。

表 6-21　H_2O_2 含量的测定

项　目	Ⅰ	Ⅱ	Ⅲ
$V(H_2O_2)$/mL			
$c(KMnO_4)/(mol \cdot L^{-1})$			
$V_初(KMnO_4)$/mL			
$V_终(KMnO_4)$/mL			
所耗 $V(KMnO_4)$/mL			
$\rho(H_2O_2)/(g \cdot L^{-1})$			
平均值 $\bar{\rho}(H_2O_2)/(g \cdot L^{-1})$			
$\overline{d_r}$			

【注意事项】

① H_2O_2 通常作氧化剂,其半反应为:

$$H_2O_2 + 2H^+ + 2e^- \Longrightarrow 2H_2O \qquad \varphi^\ominus = 1.766V$$

但与强氧化剂 $KMnO_4$ 作用时,它则成为还原剂,其半反应为:

$$H_2O_2 - 2e^- \Longrightarrow O_2 + 2H^+ \qquad \varphi^\ominus = 0.695V$$

② 如果双氧水中使用乙酰苯胺或其他有机物作稳定剂,这些有机物与 $KMnO_4$ 作用,干扰 H_2O_2 的测定,此时用 $KMnO_4$ 法测定双氧水中 H_2O_2 含量势必导致结果不准确,这时应采用碘量法或铈量法测定。

③ H_2O_2 与 $KMnO_4$ 溶液反应速率较慢,但不能用加热的方法加快反应速率,因为加热会使 H_2O_2 分解,产生滴定误差,此时可加入 $2 \sim 3$ 滴 $1mol \cdot L^{-1} MnSO_4$ 溶液作催化剂,以加快反应速率。

【思考题】

① 用高锰酸钾法测定 H_2O_2 时,应注意哪些因素?

② 用高锰酸钾法测定 H_2O_2 时,为什么不能用加热的方法来加快反应速率?

③ 用高锰酸钾法测定 H_2O_2 时,可否用 HCl 溶液或 HNO_3 溶液代替 H_2SO_4 作酸性介质?

实验 27　高锰酸钾法测钙

【实验目的】

① 学会间接法测定钙的含量。

② 掌握定量分析中沉淀、过滤及洗涤等基本操作。

【实验原理】

有些物质虽然不具有氧化还原性,但由于能与另一还原剂或氧化剂定量反应,也可以用 $KMnO_4$ 标准溶液间接测定。凡是能与 $C_2O_4^{2-}$ 定量沉淀为草酸盐的金属离子,如 Ca^{2+}、Ba^{2+}、Cu^{2+}、Zn^{2+} 等,均可采用 $KMnO_4$ 法间接测定。目前测定钙的方法很多,本实验介绍如何采用 $KMnO_4$ 法间接测定试样中钙的含量。

高锰酸钾法测钙,是首先将试样中的 Ca^{2+} 全部转化为 CaC_2O_4 沉淀,将所得沉淀过滤、洗净后,用 H_2SO_4 溶解。然后用 $KMnO_4$ 标准溶液间接滴定与 Ca^{2+} 等量的 $C_2O_4^{2-}$。其主要反应如下:

$$Ca^{2+} + C_2O_4^{2-} \Longrightarrow CaC_2O_4 \downarrow$$

$$CaC_2O_4 + 2H^+ \Longrightarrow Ca^{2+} + H_2C_2O_4$$

$$2MnO_4^- + 5H_2C_2O_4 + 6H^+ \Longrightarrow 2Mn^{2+} + 10CO_2 \uparrow + 8H_2O$$

根据所消耗的 $KMnO_4$ 溶液的体积,即可求算出试样中钙的质量分数。

【实验用品】

(1) 仪器:酸式滴定管 (50mL);烧杯 (400mL);量筒 (10mL、50mL);表面皿;玻璃棒;定性滤纸;洗瓶;温度计 (100℃);分析天平;恒温水浴;玻璃漏斗;电炉。

(2) 试剂：$KMnO_4$ 标准溶液（$0.1mol \cdot L^{-1}$）；HCl（$6mol \cdot L^{-1}$）；$NH_3 \cdot H_2O$（$6mol \cdot L^{-1}$）；$(NH_4)_2C_2O_4$（$0.25mol \cdot L^{-1}$）；$(NH_4)_2C_2O_4$（0.1%）；$CaCl_2$（$0.1mol \cdot L^{-1}$）；$CaCO_3$(s)；H_2SO_4（$1mol \cdot L^{-1}$）；甲基橙指示剂（0.1%）。

【实验步骤】

(1) 准确称取 $CaCO_3$ 样品 3 份，每份约 $0.15 \sim 0.2g$，分别放入 $400mL$ 烧杯中。

加入少量水润湿试样，盖上表面皿，从烧杯嘴处缓慢加入 $10mL$ $6mol \cdot L^{-1}$ HCl，同时轻轻摇动烧杯，加热，至试样停止发泡全部溶解后，用洗瓶吹洗表面皿及烧杯杯壁，使飞溅部分进入溶液。加水稀释至 $200mL$。

加入 $35mL$ $0.25mol \cdot L^{-1}$ $(NH_4)_2C_2O_4$ 溶液，2 滴甲基橙指示剂，加热至 $70 \sim 80℃$。在不断搅拌下，缓慢滴加 $6mol \cdot L^{-1}$ $NH_3 \cdot H_2O$ 至溶液恰好变成黄色。在不断搅拌的情况下继续在水浴上加热 $30min$，停止加热，令其静止 $15min$ 也可使沉淀静置过夜陈化。

(2) 沉淀用倾析法进行过滤（在漏斗内放上定性滤纸）。过滤时，沉淀应尽可能留在烧杯中以方便沉淀的洗涤。过滤完毕后，先用 0.1% $(NH_4)_2C_2O_4$ 洗涤 $3 \sim 4$ 次，每次用量约 $20mL$，再用蒸馏水洗涤，直至滤液不含 $C_2O_4^{2-}$ 为止（用 $CaCl_2$ 检验。也可以用 $1:10$ $NH_3 \cdot H_2O$ 冷溶液洗涤沉淀 $3 \sim 4$ 次，洗涤液每次用量 $20mL$。再用蒸馏水洗涤，直至滤液不含 $C_2O_4^{2-}$ 为止）。

(3) 沉淀洗涤达到上述要求后，将带有沉淀的滤纸小心转移至原沉淀烧杯中，加入 $50mL$ $1mol \cdot L^{-1}$ H_2SO_4 溶液，用玻璃棒把滤纸展开，轻轻搅拌使滤纸上的沉淀全部溶解。从溶液中捞起滤纸将其贴在烧杯内壁，然后用去离子水稀释至 $100mL$，将溶液加热至 $70 \sim 80℃$。用 $0.1mol \cdot L^{-1}$ $KMnO_4$ 标准溶液滴定至溶液呈微红色，然后将烧杯壁上的滤纸取下浸入溶液中搅拌，继续用 $KMnO_4$ 标准溶液滴定，至溶液稳定的粉红色 $30s$ 内不退色，即为滴定终点。平行测定 3 次。

【数据记录与处理】

计算钙盐试样中 Ca 的质量分数 $w(Ca)$

$$w(Ca) = \frac{5c(KMnO_4)V(KMnO_4)M(Ca) \times 10^{-3}}{2m(CaCO_3)} \times 100\%$$

式中　$M(Ca)$——钙原子的摩尔质量，$g \cdot mol^{-1}$；

$m(CaCO_3)$——称取的 $CaCO_3$ 质量，g。

数据记录填于表 6-22。

表 6-22　Ca 含量的测定

项　目	Ⅰ	Ⅱ	Ⅲ
试样 $m(CaCO_3)$/g			
$c(KMnO_4)$/(mol·L^{-1})			
$V_初(KMnO_4)$/mL			
$V_终(KMnO_4)$/mL			
所耗 $V(KMnO_4)$/mL			
$w(Ca)$			
$\overline{w}(Ca)$			
$\overline{d}_r$			

【注意事项】

① 加入 $(NH_4)_2C_2O_4$ 后，继续在水浴上加热 30min 使沉淀陈化。这样做的目的是既保证 CaC_2O_4 沉淀完全，又可避免 $Ca_2(OH)_2C_2O_4$ 或 $Ca(OH)_2$ 沉淀，从而获得组成一定、颗粒大而纯净、便于过滤和洗涤的 CaC_2O_4 沉淀。如果采取将溶液连同沉淀放置过夜这种方式陈化，则不必保温。但对镁含量较高的试样不宜采用过夜的方式进行陈化，以免产生后沉淀现象。

② 如果试样溶解困难，可适当加热。

③ 调节溶液 pH＝3.5～4.5 时，可使 CaC_2O_4 沉淀完全，而此时不产生 MgC_2O_4 沉淀。

【思考题】

① 为什么溶解钙样品时用 HCl，而滴定时必须用 H_2SO_4 控制溶液的酸度？

② 为什么要把烧杯和滤纸上的 CaC_2O_4 沉淀进行洗涤？为什么要洗涤到滤液中不含 $C_2O_4^{2-}$ 离子为止？如何检验？

实验 28　污水中化学耗氧量（COD）的测定

【实验目的】

① 了解环境分析的意义及水样的采集和保存方法。

② 掌握测定水中化学耗氧量（COD）的意义。

③ 掌握测定水中化学耗氧量的原理和方法。

【实验原理】

水中化学耗氧量的大小是水质污染程度的重要综合指标之一。是环境保护和水质控制中经常要测定的项目。它是指在特定条件下，1L 水中的还原性物质被氧化时所消耗氧的毫克数，单位 $mg \cdot L^{-1}$。

水中化学耗氧量的测定多采用酸性高锰酸钾法。此方法简便、快速，但由于 Cl^- 对此法有干扰，因而此法仅适合于地表水、地下水、饮用水、生活用水等污染不十分严重的水质。工业污水及生活污水中含有较多成分复杂的污染物质，宜用重铬酸钾法测定。

本实验采用高锰酸钾法。在酸性条件下，向水样中加入一定量的 $KMnO_4$ 溶液，加热煮沸，使水中有机物被 $KMnO_4$ 充分氧化，再加入一定量的 $Na_2C_2O_4$ 标准溶液，使之与过量的 $KMnO_4$ 充分作用，然后用标准 $KMnO_4$ 溶液回滴过量的 $Na_2C_2O_4$，滴至溶液呈微红色且 30s 内不退色，即为终点。据此计算水样的（COD）。其反应式如下：

$$C+O_2 \Longrightarrow CO_2$$
$$4MnO_4^- +5C+12H^+ \Longrightarrow 4Mn^{2+} +5CO_2 \uparrow +6H_2O$$
$$2MnO_4^- +5C_2O_4^{2-} +16H^+ \Longrightarrow 2Mn^{2+} +10CO_2 \uparrow +8H_2O$$

水样中所含 Cl^- 大于 $300mg \cdot L^{-1}$ 时，将影响测定。可将水样稀释以降低 Cl^- 浓度，如仍不能消除干扰，则加入 $AgNO_3$ 溶液以消除的干扰。

【实验用品】

(1) 仪器：酸式滴定管（50mL）；锥形瓶（250mL）；量筒（10mL）；移液管（25mL、10mL、20mL）；吸量管（5mL）；烧杯（100mL）；容量瓶（100mL）；电炉；洗耳球。

（2）试剂：$KMnO_4$ 标准溶液（$0.002mol \cdot L^{-1}$）；$Na_2C_2O_4$（$0.005000mol \cdot L^{-1}$）；H_2SO_4（$3mol \cdot L^{-1}$）；$AgNO_3$ 溶液（$100g \cdot L^{-1}$）。

【实验步骤】

准确移取适量水样 20.0mL（清洁透明的水样可取 50～100mL，浑浊水样可取 10～30mL）于锥形瓶中，用去离子水稀释至 100mL，加入 10mL $3mol \cdot L^{-1}$ H_2SO_4，并准确加入 $0.002mol \cdot L^{-1}$ $KMnO_4$ 标准溶液 20.00mL（V_1）。在电炉上立即加热至沸，从冒第一个大气泡开始计时，准确煮沸 10min，此时溶液仍为 $KMnO_4$ 的红色，取下锥形瓶，冷却 1min 后，准确加入 20.00mL $0.005000mol \cdot L^{-1}$ $Na_2C_2O_4$ 标准溶液，摇匀，此时溶液应由红色转为无色。趁热用 $KMnO_4$ 标准溶液滴定至微红色且 30s 之内不退色即为终点。记下所消耗 $KMnO_4$ 溶液的体积（V_2）。平行测定 3 次。

另取 100.0mL 去离子水代替水样，加入 10mL $3mol \cdot L^{-1}$ H_2SO_4，在 70～80℃下，用 $0.002mol \cdot L^{-1}$ $KMnO_4$ 标准溶液滴定至溶液呈微粉色，30s 内不退即为终点，记下所用 $KMnO_4$ 溶液的体积（V_3）做为空白值。扣除空白值，计算水样中 COD 值（$mg \cdot L^{-1}$）。

【数据记录与处理】

$$COD(O_2) = \frac{\frac{1}{4}[5c(V_1+V_2-V_3)(KMnO_4) - 2cV(Na_2C_2O_4)]M(O_2) \times 1000}{V(H_2O)}$$

式中　$M(O_2)$——O_2 的摩尔质量，$g \cdot mol^{-1}$；

　　　$V(H_2O)$——水样体积，mL。

数据填入表 6-23。

表 6-23　水体中化学耗氧量（COD）的测定

项　目	I	II	III
$V(H_2O)/mL$			
$c(Na_2C_2O_4)/(mol \cdot L^{-1})$			
$V(Na_2C_2O_4)/mL$			
$c(KMnO_4)/(mol \cdot L^{-1})$			
所耗 $(V_1+V_2-V_3)(KMnO_4)/mL$			
$COD(O_2)/(mg \cdot L^{-1})$			
平均值 $COD(O_2)/(mg \cdot L^{-1})$			
$\overline{d_r}$			

【注意事项】

① 表层水样的采集：用桶、瓶等容器直接采集。一般将容器沉入水下 0.3～0.5m 处采集；自来水或井水的采集：先排放 2～3min，然后再用桶、瓶等容器采集；深层水的采集：用带有重锤的具塞采样器沉入水中采集。

② 水样采集后，应在 0～5℃下保存，并及时加入 H_2SO_4，控制 pH＜2，从而抑制微生物繁殖。48h 内必须进行测定。

【思考题】

　　① 水中化学耗氧量的测定属于何种滴定方式？为什么要用这种滴定方式进行测定？

　　② 水样中 Cl^- 含量高时，为什么对测定有干扰？应采取什么方法加以消除？

　　③ 水样中加入一定量的 $KMnO_4$ 标准溶液加热至沸 10min 后，该水样应该是什么颜色？若溶液无色说明什么？应该如何处理？

　　④ 测定水样（COD）时要不要测定空白值？

 ## 实验 29　EDTA 标准溶液的配制和标定

【实验目的】

　　① 学习 EDTA 标准溶液的配制和标定方法。

　　② 掌握配位滴定的原理，方法及特点。

　　③ 了解铬黑 T、钙指示剂等指示剂的应用条件和终点颜色的正确判断。

【实验原理】

　　乙二胺四乙酸（EDTA，也可用 H_4Y 表示）在水中的溶解度很小（22℃时每 100mL 水中约溶解 0.02g），浓度太稀不适于作滴定剂，故通常使用其二钠盐（$Na_2H_2Y \cdot 2H_2O$，也简称 EDTA）间接配制标准溶液。乙二胺四乙酸二钠在水中的溶解度较大，为 22℃时每 100mL 水中溶解 10.8g。可以配成浓度约 $0.3mol \cdot L^{-1}$ 的溶液，其水溶液的 $pH \approx 4.4$。

　　标定 EDTA 溶液的基准试剂很多，如 Zn、Cu、Ni、ZnO、$CaCO_3$、$MgSO_4 \cdot 7H_2O$ 等。通常选用与被测物质相同或相近的物质作基准物质，如此，标定与测定条件较为一致，可尽量减小误差。提高分析的准确度。

　　EDTA 标准溶液比较稳定，若要长期储存 EDTA 标准溶液，应该用聚乙烯之类的塑料容器，使用一段时间后，再从新标定一次。

【实验用品】

　　(1) 仪器：碱式滴定管（50mL）；烧杯（50mL、250mL）；容量瓶（250mL）；移液管（25mL）；量筒（10mL）；锥形瓶（250mL）；玻璃棒；表面皿；托盘天平；洗耳球。

　　(2) 试剂：乙二胺四乙酸二钠（$Na_2H_2Y \cdot 2H_2O$）(s)；Zn 粉；$CaCO_3$(s)；$NH_3 \cdot H_2O$（$6mol \cdot L^{-1}$）；NaOH 溶液（10%）；HCl 溶液（$6mol \cdot L^{-1}$）；NH_3-NH_4Cl 缓冲溶液（pH＝10.0）；甲基红指示剂；铬黑指示剂（称取 1g 铬黑 T 与 100g NaCl 混合，研细备用）；钙指示剂（称取 1g 钙指示剂与 100g NaCl 混合，研细备用）。

【实验步骤】

　　(1) $0.01mol \cdot L^{-1}$ EDTA 溶液的配制

　　称取（　　）g（学生自己计算）$Na_2H_2Y \cdot 2H_2O$（摩尔质量为 $372.2g \cdot mol^{-1}$）置于 250mL 烧杯中，加入适量的去离子水，加热使其完全溶解，冷却后转入试剂瓶中，稀释至 1000mL，摇匀备用。

　　(2) EDTA 标准溶液的标定

① 以 Zn 为基准物质标定 EDTA 溶液

a. $0.01mol \cdot L^{-1} Zn^{2+}$ 标准溶液的配制：准确称取 $0.16 \sim 0.18g$ Zn 粉置于 50mL 干燥的小烧杯中，逐滴加入 6mL $6mol \cdot L^{-1}$ HCl 溶液，边加边搅拌至 Zn 粉刚好溶解，转移到 250mL 容量瓶中，定容，摇匀。计算 Zn^{2+} 标准溶液的准确浓度。

b. 用铬黑 T 作指示剂标定 EDTA 溶液：准确移取 25.00mL $0.01mol \cdot L^{-1} Zn^{2+}$ 标准溶液置于锥形瓶中，加 1 滴甲基红指示剂，用 $6mol \cdot L^{-1}$ 氨水中和 Zn^{2+} 标准溶液中的 HCl，至溶液由红变黄即可，加入 25mL 去离子水和 10mL NH_3-NH_4Cl 缓冲溶液，加入少量铬黑 T 指示剂（固体），此时溶液呈酒红色，用待标定的 $0.01mol \cdot L^{-1}$ EDTA 溶液滴定之，至溶液由酒红色变为纯蓝色为终点，记下消耗的 EDTA 溶液的体积和 Zn^{2+} 标准溶液的浓度计算 EDTA 溶液浓度。平行标定 3 次。

② 以 $CaCO_3$ 为基准物质标定 EDTA 溶液

a. $0.01mol \cdot L^{-1} Ca^{2+}$ 标准溶液的配制：准确称取 $0.25 \sim 0.30g$ 基准 $CaCO_3$ 置于 250mL 烧杯中，用少量去离子水湿润，盖上表面皿，再从杯嘴逐滴加数滴 $6mol \cdot L^{-1}$ HCl 至完全溶解，加热煮沸，用去离子水将表面皿上进溅的溶液冲入烧杯中，冷却后转移到 250mL 容量瓶中，定容，摇匀。计算 Ca^{2+} 标准溶液的准确浓度。

b. EDTA 标准溶液的标定：准确移取 25.00mL Ca^{2+} 标准溶液置于锥形瓶中，加去离子水 25mL，加 10mL 10% NaOH 溶液（调 pH＝12.0），然后加入少量固体钙指示剂，此时，溶液呈酒红色，用待标定的 $0.01mol \cdot L^{-1}$ EDTA 溶液滴定之，至溶液由酒红色变为纯蓝色为终点，记下消耗的 EDTA 溶液的体积和 Ca^{2+} 标准溶液的浓度计算 EDTA 溶液浓度。平行标定 3 次。

【数据记录与处理】

（1）计算基准试剂溶液的浓度

$$c(Zn^{2+}) = \frac{m(Zn)}{M(Zn)V} \times 1000$$

式中　$m(Zn)$——Zn 的质量，g；

　　　$M(Zn)$——Zn 的摩尔质量，$g \cdot mol^{-1}$。

$$c(Ca^{2+}) = \frac{m(CaCO_3)}{M(CaCO_3)V} \times 1000$$

式中　$m(CaCO_3)$——$CaCO_3$ 的质量，g；

　　　$M(CaCO_3)$——$CaCO_3$ 的摩尔质量，$g \cdot mol^{-1}$。

（2）计算 EDTA 溶液的浓度

由于 M^{2+} 与 EDTA 反应的物质量比是 1：1，所以滴定至终点时，待测 M^{2+} 的物质的量等于消耗 EDTA 的物质的量，即：

$$c(EDTA) = \frac{c(Zn^{2+})V(Zn^{2+})}{V(EDTA)} \quad 或 \quad c(EDTA) = \frac{c(Ca^{2+})V(Ca^{2+})}{V(EDTA)}$$

数据填入表 6-24 和表 6-25。

表 6-24　以 Zn 为基准物质标定 EDTA 溶液

项　目	I	II	III
$m(Zn)/g$			
$c(Zn^{2+})/(mol \cdot L^{-1})$			
$V_{初}(EDTA)/mL$			
$V_{终}(EDTA)/mL$			
所耗 $V(EDTA)/mL$			
$c(EDTA)/(mol \cdot L^{-1})$			
平均值 $\bar{c}(EDTA)/(mol \cdot L^{-1})$			
$\overline{d_r}$			

表 6-25　以 CaCO₃ 为基准物质标定 EDTA 溶液

项　目	I	II	III
$m(CaCO_3)/g$			
$c(Ca^{2+})/(mol \cdot L^{-1})$			
$V_{初}(EDTA)/mL$			
$V_{终}(EDTA)/mL$			
所耗 $V(EDTA)/mL$			
$c(EDTA)/(mol \cdot L^{-1})$			
平均值 $\bar{c}(EDTA)/(mol \cdot L^{-1})$			
$\overline{d_r}$			

【注意事项】

　　① 配位反应进行的速率较慢，所以滴加 EDTA 溶液时滴速不能太快，尤其是接近终点时，应逐滴加入，并充分振荡。

　　② 平行 3 次测定时，指示剂用量要尽量相同，这样对终点观察有利。

【思考题】

　　① 配位滴定中为什么需要加入缓冲溶液？

　　② 用 HCl 溶液溶解金属 Zn 或 CaCO₃ 时，在操作上应注意哪些问题？

　　③ EDTA 二钠盐（Na₂H₂Y·2H₂O）的水溶液呈酸性还是碱性？

实验 30　自来水硬度的测定

【实验目的】

　　① 了解测定水的硬度的意义。

　　② 掌握水硬度的测定原理及方法。

　　③ 了解金属指示剂的特点，掌握铬黑 T 及钙指示剂的应用。

【实验原理】

水中主要的杂质是 Ca^{2+}、Mg^{2+}，水的总硬度是指水中 Ca^{2+}、Mg^{2+} 的总量。水中钙、镁含量越高，水的硬度就越大。水的总硬度是水质的一项重要指标，根据我国《生活饮用水卫生标准》规定，水的总硬度是以 $CaCO_3$ 的质量浓度（单位 $mg \cdot L^{-1}$）来表示的。生活饮用水总硬度以 $CaCO_3$ 计不得超过 $450mg \cdot L^{-1}$。水的硬度的另一种表示方法是采用德国表示水硬度的方法，称为德国度，是把 Ca^{2+}、Mg^{2+} 总量折合成 CaO 来表示水的硬度，以度（°d）表示。且规定 1 度为每升水中含 $10mgCaO$。水的硬度用德国度（°d）为标准划分如表 6-26。生活用水总硬度不得超过 $25°d$。

表 6-26 水的硬度表

很软水	软水	中等硬水	硬水	很硬水
4°d	4~8°d	8~16°d	16~32°d	32°d 以上

（1）水的总硬度测定

用 EDTA 配位滴定法测定水的总硬度，是在 $pH = 10.0$ 的 NH_3-NH_4Cl 缓冲溶液中，以铬黑 T（简写成 EBT）作指示剂，用 EDTA 标准溶液直接滴定水中的 Ca^{2+}、Mg^{2+}。铬黑 T 和 EDTA 都能和 Ca^{2+}、Mg^{2+} 形成配合物，其配合物稳定性由大到小的顺序为：$[CaY]^{2-} > [MgY]^{2-} > [MgIn]^- > [CaIn]^-$。

加入铬黑 T 后，部分 Mg^{2+} 与铬黑 T 形成配合物使溶液呈酒红色。用 EDTA 滴定时，EDTA 先与 Ca^{2+} 和游离 Mg^{2+} 反应形成无色的配合物。化学计量点时，EDTA 夺取指示剂配合物中的 Mg^{2+}，使指示剂游离出来，溶液由酒红色变成纯蓝色即为终点。

滴定前：
$$Mg^{2+} + HIn^{2-} = [MgIn]^- + H^+$$
$$\qquad\qquad 纯蓝色 \qquad 酒红色$$

化学计量点前：
$$Ca^{2+} + H_2Y^{2-} = [CaY]^{2-} + 2H^+$$
$$Mg^{2+} + H_2Y^{2-} = [MgY]^{2-} + 2H^+$$

化学计量点时：
$$[MgIn]^- + H_2Y^{2-} = [MgY]^{2-} + HIn^{2-} + H^+$$
$$酒红色 \qquad\qquad\qquad 纯蓝色$$

根据消耗的 EDTA 标准溶液的体积 V_1 计算水的总硬度，然后换算为相应的硬度单位。

若水中存在 Fe^{3+}、Al^{3+} 等离子干扰，可用三乙醇胺掩蔽；Cu^{2+}、Zn^{2+} 等干扰离子可用 Na_2S 掩蔽。

（2）钙、镁含量的测定

取与测定总硬度时相同体积的水样，加入 10% NaOH 调节 $pH = 12$，Mg^{2+} 即形成 $Mg(OH)_2$ 沉淀。然后加入钙指示剂，Ca^{2+} 与钙指示剂（NN）形成红色配合物（CaNN）。用 EDTA 滴定时，EDTA 先与游离 Ca^{2+} 形成配合物，再夺取已与指示剂配位的 Ca^{2+}，使钙指示剂游离出来，溶液由红色变为纯蓝色。由消耗 EDTA 标准溶液的体积 V_2 计算钙的含量。再由测总硬度时消耗的 EDTA 体积 V_1 和 V_2 的差值计算出镁的含量。

滴定前：
$$Mg^{2+} + 2OH^- = Mg(OH)_2 \downarrow$$
$$Ca^{2+} + NN = [CaNN]$$
$$\qquad\quad 纯蓝色 \qquad 红色$$

化学计量点前：
$$Ca^{2+} + H_2Y^{2-} = [CaY]^{2-} + 2H^+$$

化学计量点时：
$$[CaNN] + H_2Y^{2-} = [CaY]^{2-} + NN$$
$$红色 \qquad\qquad\qquad\qquad 纯蓝色$$

【实验用品】

(1) 仪器：碱式滴定管（50mL）；烧杯（250mL）；容量瓶（100mL）；移液管（25mL）；量筒（10mL、100mL）；锥形瓶（250mL）。

(2) 试剂：EDTA 标准溶液（0.01mol·L^{-1}）；pH＝10.0 的 NH_3-NH_4Cl 缓冲溶液；NaOH 溶液（2mol·L^{-1}或10%）；铬黑 T（s）；钙指示剂（s）；水样。

【实验步骤】

(1) 水样中钙镁总量的测定

用 100mL 容量瓶量取水样 100.0mL 或准确移取 25.00mL 模拟水样置于 250mL 锥形瓶中，加入 5mL pH＝10.0 的氨性缓冲溶液及少许（约0.1g）铬黑 T 指示剂，用 EDTA 标准溶液滴定至溶液由酒红色变为纯蓝色即为终点。记录所消耗 EDTA 的体积 V_1，并平行测定 3 次。

(2) 水样中钙含量的测定

用 100mL 容量瓶量取水样 100.0mL 或准确移取 25.00mL 模拟水样置于 250mL 锥形瓶中，加入 10% NaOH 溶液 5mL。加钙指示剂约 0.1g，用 EDTA 标准溶液滴定至溶液由红色变为纯蓝色，即为终点。记录所消耗 EDTA 的体积 V_2，并平行测定 3 次。

【数据记录与处理】

(1) 计算水的硬度

由测定水样中钙镁总量消耗的 EDTA 体积 V_1，计算水的硬度。

以德国度表示的计算公式：

$$水的硬度 = \frac{c(EDTA)V_1M(CaO)}{V(H_2O)} \times \frac{1000}{10}$$

(2) 分别计算水样中 Ca^{2+} 和 Mg^{2+} 含量

$$\rho(Ca) = \frac{c(EDTA)V_2M(Ca)}{V(H_2O)} \times 1000$$

$$\rho(Mg) = \frac{c(EDTA)(V_1-V_2)M(Mg)}{V(H_2O)} \times 1000$$

式中 $\rho(Ca)$ ——Ca^{2+} 的含量，mg·L^{-1}；

$\rho(Mg)$ ——Mg^{2+} 的含量，mg·L^{-1}；

$M(Ca)$ ——Ca^{2+} 的摩尔质量，g·mol^{-1}；

$M(Mg)$ ——Mg^{2+} 的摩尔质量，g·mol^{-1}。

数据填入表 6-27。

表 6-27 水的总硬度的测定

事　项	I	II	III
$c(EDTA)/(mol·L^{-1})$			
所耗 $V_1(EDTA)/mL$			
水的总硬度/(德国度)			
水的总硬度平均值/(德国度)			
$\overline{d_r}$			
$V_2(EDTA)/mL$			
$\rho(Ca)/(mg·L^{-1})$			
$\overline{\rho}(Ca)/(mg·L^{-1})$			
$(V_1-V_2)(EDTA)/mL$			
$\rho(Mg)/(mg·L^{-1})$			
$\overline{\rho}(Mg)/(mg·L^{-1})$			

【注意事项】

① 如果水样不清，必须过滤，过滤所用的器皿和滤纸必须是干燥的，最初的滤液要弃去。

② 测定水的总硬度时，根据具体情况将 EDTA 的体积控制在 20~30mL。这就要求合理调节 EDTA 溶液的浓度。

【思考题】

① 用 EDTA 配位滴定法测定水的总硬度时，应选择什么指示剂？

② 测定水中钙镁的总量时，试液的 pH 应控制在什么范围内？

【备注】

(1) 铬黑 T

化学名称是 1-(1-羟基-2-萘偶氮基)-6-硝基-2-萘酚-4-磺酸钠。铬黑 T 溶于水时，磺酸基上的 Na^+ 全都解离，形成 H_2In^-，它在溶液中有下列酸碱平衡：

$$H_2In^- \xrightarrow{pK_{a2}^{\ominus}=6.3} HIn^{2-} \xrightarrow{pK_{a2}^{\ominus}=11.55} In^{3-}$$

紫红色　　　　　　　蓝色　　　　　　　橙色

根据酸碱指示剂的变色原理，可近似估计出铬黑 T 在不同 pH 下的颜色如下：pH=$pK_{a2}^{\ominus}$=6.3 时，$[H_2In^-]=[HIn^{2-}]$，呈现蓝色与紫红色的混合色；pH<6.3 时，$[H_2In^-]>[HIn^{2-}]$，呈紫红色；pH=6.3~11.55 时，呈蓝色；pH>11.55 时，呈橙色。铬黑 T 与金属离子形成的配合物显红色。故在 pH<6.3 和 pH>11.55 的溶液中，由于指示剂本身接近红色，故不能使用。根据实验结果，使用铬黑 T 的最适宜酸度是 pH=9~10.5。在 pH=10 的缓冲溶液中，用 EDTA 直接滴定 Mg^{2+}、Zn^{2+}、Cd^{2+}、Pb^{2+} 和 Hg^{2+} 等离子时，铬黑 T 是良好的指示剂，但 Al^{3+}、Fe^{3+}、Co^{2+}、Ni^{2+}、Cu^{2+}、Ti^{4+} 等对指示剂有封闭作用。

固体铬黑 T 性质稳定，但其水溶液只能保存几天，所以需要配成固体溶液。

(2) 钙指示剂 (NN)

在 pH=12~13，钙指示剂与 Ca^{2+} 形成酒红色配合物 [CaNN]，而自身呈纯蓝色。

滴定分析实验的操作技能考核

以 $0.1mol \cdot L^{-1}$ HCl 溶液的标定为例。

_____专业，学号_____，姓名_____

项目	考 核 要 点	分比
容量瓶 20 分	(1)清洁(内壁不挂水珠)	0.1
	(2)溶解基准物质(全溶;若加热溶解,溶解后应冷却至室温)	0.1
	(3)定量转移入 100mL 容量瓶(转移溶液操作,冲洗烧杯、玻璃棒 3 次,不溅失)	0.4
	(4)稀释至标线(距刻线 1cm 改用滴管滴加)	0.2
	(5)摇匀(在第三步之后初步摇匀一次,最后混匀 10 次左右)	0.2
移液管 20 分	(1)清洁(内壁和下部外壁不挂水珠,吸干尖端内外水分)	0.1
	(2)25mL 移液管用待液润洗 3 次(每次适量)	0.2
	(3)吸液(手法规范,吸空不给分)	0.2
	(4)调节液面至标线(管垂直,容量瓶倾斜,管尖靠容量瓶内壁),调节自如,不能超过 2 次(超 1 次扣 1 分)	0.3
	(5)放液(管垂直,锥形瓶倾斜,管尖靠锥形瓶内壁,最后停留 15s)	0.1
	(6)用毕,置于移液管架上	0.1

项目	考 核 要 点	分比
滴定 30 分	(1)选择滴定管类型,检查灵活度和试漏 (2)清洁仪器(内壁不挂水珠),台面整洁,仪器摆放有序 (3)先将试液摇匀,用操作液润洗滴定管 3 次 (4)装液,赶气泡,调初读数,用洁净烧杯内壁轻轻靠掉尖嘴处悬挂的液滴,再读取初读数 (5)滴定(确保平行滴定 3 份) ① 每次滴定从零刻度开始 ② 滴定管操作技术:手法规范,连续滴加,加 1 滴,加半滴,不漏水 ③ 手持锥形瓶位置适中,手法规范,溶液呈圆周运动 ④ 终点判断(近终点加 1 滴,半滴,颜色适中) (6)读数:手不捏盛液部分,管垂直,眼与液面平,读弯月面下缘实线最低点,读至 0.01mL,及时记录	0.05 0.05 0.1 0.1 0.05 0.2 0.1 0.2 0.15
结果 15 分	$\bar{c}(\mathrm{HCl}) =$ _____ mol·L^{-1},相对平均偏差 = _____ %	
其他 15 分	(1)数据记录,结果计算(列出计算式),报告格式 (2)清洁整齐	0.7 0.3
总 分		
说明	(1)容量仪器的洗涤、查漏应在考查开始前做好 (2)考查时,此表交给监考教师;学生用实验报告记录,考查完毕交实验报告 (3)整个实验应在 60min 内完成(从调好天平零点至滴定完毕),超时 2.5min 扣总分 1 分	

监考老师
年　月　日

6.2　吸光光度法

实验 31　磺基水杨酸法测定铁的含量

【实验目的】

① 掌握吸光光度法的基本理论,巩固吸收曲线及标准曲线的绘制及应用。

② 学习 722 型分光光度计的工作原理及使用方法。

【实验原理】

根据朗伯-比尔定律 $A = \varepsilon bc$ 当入射光波长 λ 及光程 b 一定时,在一定的浓度范围内,有色物质的吸光度 A 与其浓度 c 成正比。只要绘出 $A \sim c$ 标准曲线,测出试液的吸光度,就可以由标准曲线查得试液的浓度值,求得试样的含量。

由于 Fe^{3+} 在浓度极稀时颜色极淡,几乎不易察觉,因此不宜直接测定,需要先加以显色,使之转变成吸光度较大的有色物质。本实验选用磺基水杨酸(SSal)作显色剂,这是一种无色晶体,易溶于水,在不同 pH 的溶液中与 Fe^{3+} 能形成组成和颜色都不同的配合物。在 pH<4 时,形成 1:1 型紫红色色螯合物;在 pH 为 4～10 时生成 1:2 型红色螯合物;在 pH 为 10 左右时形成 1:3 型黄色螯合物。在 pH=8～11 的碱性溶液中,形成黄色的 $[\mathrm{Fe}(\mathrm{SSal})_3]^{3-}$。本实验是选择 $\mathrm{NH}_3 \cdot \mathrm{H}_2\mathrm{O}$ 调节溶液 pH 且控制在 10 左右。

【实验条件】

(1) 测定时控制溶液 pH 在 10 左右较为适宜

(2) 黄色配合物的最大吸收峰在 420nm 波长处

【实验用品】

(1) 仪器：722 型分光光度计；吸量管（5mL）；比色皿（1cm）；50mL 容量瓶；洗耳球。

(2) 试剂：Fe^{3+} 标准溶液（$10\mu g \cdot mL^{-1}$）；$NH_3 \cdot H_2O(1:1)$；磺基水杨酸（$200g \cdot L^{-1}$）。

【实验步骤】

(1) 空白溶液和系列标准溶液的配制

取 6 个 50mL 容量瓶，依次进行编号。然后用吸量管分别移取 Fe^{3+} 标准溶液 0.00mL、0.50mL、1.00mL、1.50mL、2.00mL、2.50mL 于 6 个容量瓶中，再分别往每个容量瓶中加入 2.5mL $200g \cdot L^{-1}$ 磺基水杨酸，然后分别滴加 1:1 $NH_3 \cdot H_2O$，使溶液由红色转变为稳定的黄色后再加入 1mL $NH_3 \cdot H_2O$ 至过量，定容，摇匀。

(2) 吸收曲线的绘制

用 1cm 比色皿，以 1 号空白溶液作参比，以 4 号标准溶液作待测液，在波长 400～500nm 的范围内，每隔 10nm 测定一次吸光度。绘制 $A \sim \lambda$ 吸收曲线，并找出最大吸收波长 λ_{max}。

(3) 标准曲线的绘制

在分光光度计上，用 1cm 比色皿，以 1 号空白溶液作参比，在最大吸收波长 λ_{max}（大约 420nm）下，测定 2～6 号标准溶液的吸光度。绘制 $A \sim c$ 标准曲线。

(4) 待测液中铁含量的测定

取待测液一份于 50mL 容量瓶中，按上述方法显色并测定其吸光度，然后在标准曲线上查出相应的浓度，求得待测液的铁含量。

【数据记录与处理】

将数据填入表 6-28 及表 6-29。

表 6-28　数据表

λ/nm	400	410	415	420	425	430	440	450	460	470
A										
λ/nm	480	490	500	510	520	530				
A										

表 6-29　数据表

编号溶液体积	标　准　溶　液						
	1	2	3	4	5	6	7
$10\mu g \cdot mL^{-1}$铁样/mL	0.00	0.50	1.00	1.50	2.00	2.50	1.25（待测）
λ_{max}							
A							

【注意事项】

① 试剂的加入必须按顺序进行。

② 定容后必须充分摇匀后进行测量。

③ 分光光度计必须预热 30min，稳定后才能进行测量。

④ 比色皿必须配套，装上待测液后透光面必须擦拭干净；切勿用手接触透光面。

【思考题】

① 溶液酸度对磺基水杨酸-铁配合物的吸光度有何影响？

② 本实验哪些试剂应准确加入？为什么？

实验 32　邻二氮菲分光光度法测定铁的含量

【实验目的】

① 掌握分光光度法测定铁的原理和方法。

② 熟悉 722 型分光光度计的操作方法。

③ 学习如何选择吸光度分析的实验条件。

④ 学会吸收曲线和工作曲线的制作以及样品的测定。

【实验原理】

邻二氮菲（phen）和 Fe^{2+} 在 pH 为 3～9 的溶液中，生成一种稳定的橙红色配合物。其 $\lg K_f^{\ominus} = 21.3$，$\varepsilon_{508} = 1.1 \times 10^4 L \cdot mol^{-1} \cdot cm^{-1}$，铁含量在 $0.1～6\mu g \cdot mL^{-1}$ 范围内遵守朗伯-比尔定律。其吸收曲线如下图所示。显色前需用盐酸羟胺或抗坏血酸将 Fe^{3+} 全部还原为 Fe^{2+}，然后再加入邻二氮菲显色剂，并调节溶液酸度至适宜的显色酸度范围。有关反应如下：

$$2Fe^{3+} + 2NH_2OH \cdot HCl \Longrightarrow 2Fe^{2+} + N_2 \uparrow + 2H_2O + 4H^+ + 2Cl^-$$

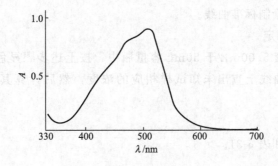

用分光光度法测定物质的含量，一般采用标准曲线法，即配制一系列浓度的标准溶液，在实验条件下依次测量各标准溶液的吸光度（A），以溶液的浓度为横坐标，相应的吸光度为纵坐标，绘制标准曲线。在同样实验条件下，测定待测溶液的吸光度，根据测得吸光度值从标准曲线上查出相应的浓度值，即可计算试样中被测物质的质量浓度。

【实验条件】

（1）测定时控制溶液酸度在 pH 为 3～9 较为适宜。如酸度过高（pH<3），显色缓慢而色浅；酸度太低，则 Fe^{2+} 水解，影响显色。

（2）红色配合物的最大吸收峰在 510nm 波长处。本实验方法的选择性很高，相当于 Fe^{2+} 含量 40 倍的 Sn^{2+}，Al^{3+}，Mg^{2+}，Zn^{2+}，SiO_3^{2-}；20 倍的 Cr^{3+}，Mn^{2+}，PO_4^{3-}；5 倍的 Co^{2+}，Cu^{2+} 等均不干扰测定。

【实验用品】

（1）仪器：722 型分光光度计；吸量管（2mL、5mL、10mL）；比色皿（1cm），容量瓶（50mL）；分析天平；容量瓶（50mL）；洗耳球。

（2）试剂：标准铁溶液（$100\mu g \cdot mL^{-1}$）；标准铁溶液（$10\mu g \cdot mL^{-1}$）；邻二氮菲（0.15%，新鲜配制）；盐酸羟胺水溶液（10%，新鲜配制）；HCl 溶液（$6mol \cdot L^{-1}$）；HAc-NaAc 缓冲溶液（pH=4.7）。

【实验步骤】

（1）吸收曲线的制作

用吸量管准确吸取 0.00mL、10.00mL $10\mu g \cdot mL^{-1}$ 铁标准溶液，分别注入两个 50mL 容量瓶中，然后向两个容量瓶中各加入 1mL 盐酸羟胺溶液，摇匀，放置 2min 后，再加入 2mL 邻二氮菲，5mL HAc-NaAc 缓冲溶液，用蒸馏水稀释至刻度，摇匀。用 1cm 比色皿，以试剂空白（即 0.00mL 铁标准溶液）为参比溶液，在 420～600nm 之间，每隔 10nm 测一次吸光度。在最大吸收峰附近，每隔 5nm 测定一次吸光度。在坐标纸上，以波长 λ 为横坐标，吸光度 A 为纵坐标，绘制邻二氮菲亚铁的吸收曲线。从吸收曲线上选择测定 Fe 的适宜波长，一般选用最大吸收波长 λ_{max}。

（2）工作（标准）曲线的制作

在 6 个 50mL 容量瓶中，用吸量管分别加入 0.00mL、2.00mL、4.00mL、6.00mL、8.00mL、10.00mL $10\mu g \cdot mL^{-1}$ 铁标准溶液，然后向 6 个容量瓶中分别加入 1mL 盐酸羟胺，摇匀，放置 2min 后，再各加入 2mL 邻二氮菲，5mL HAc-NaAc 缓冲溶液，每加一种试剂后都要摇匀。再用蒸馏水稀释至刻度，摇匀。用 1cm 比色皿，以试剂空白（即 0.00mL 铁标准溶液）为参比，在所选择的最大波长下，测量各溶液的吸光度。以含铁量为横坐标，吸光度 A 为纵坐标，绘制标准曲线。

（3）试样中铁的测定

准确移取未知试液 5.00mL 于 50mL 容量瓶中，按上述步骤显色后，在其相同条件下测定吸光度，由标准曲线上查出未知试样相应的浓度，然后计算其试样中微量铁的含量（以 $g \cdot L^{-1}$ 表示）。

【数据记录与处理】

数据填入表 6-30 和表 6-31。

表 6-30　数据记录表

λ/nm	420	430	440	450	460	470	480	490	500	505
A										
λ/nm	510	515	520	530	540	550	560	570	580	590
A										

表 6-31 数据记录表

编号溶液体积	标准溶液						待测
	1	2	3	4	5	6	7
$10\mu g \cdot mL^{-1}$ 铁样/mL	0.00	2.00	4.00	6.00	8.00	10.00	5.00 (待测)
10%$NH_2OH \cdot HCl$/mL				1.00			
0.15%邻二氮菲/mL				2.00			
HAc-NaAc/mL				5.00			
加蒸馏水至/mL				50.00			
$c_{Fe^{2+}}(\times 10^{-3})/(g \cdot L^{-1})$	0.00						
A							

【注意事项】

① 试剂的加入必须按顺序进行。

② 定容后必须充分摇匀后进行测量。

③ 分光度计必须预热 30min，稳定后才能进行测量。

④ 比色皿必须配套，装上待测液后透光面必须擦拭干净；切勿用手接触透光面。

⑤ 在进行条件实验时，每改变一次试液浓度，比色皿都要洗干净。

⑥ 标准曲线的质量是测定准确与否的关键，因此标准系列溶液配制时，必须严格按规范进行操作。

⑦ 待测溶液一定要在工作曲线线形范围内，如果浓度超出直线的线形范围，则有可能偏离朗伯-比耳定律，就不能使用吸光光度法测定。

⑧ $100\mu g \cdot mL^{-1}$ 和 $10\mu g \cdot mL^{-1}$ 标准铁溶液的配制：准确称取 $0.2159g(NH_4)_2Fe(SO_4)_2 \cdot 12H_2O$，置于烧杯中，加入 5mL 6mol $\cdot L^{-1}$ HCl 和少量水，溶解后，定量转移置 250mL 容量瓶中，以水稀释至刻度，摇匀得 $100\mu g \cdot mL^{-1}$ 标准铁溶液，备用。取此溶液 10mL 于 100mL 容量瓶中，定容得 $10\mu g \cdot mL^{-1}$。

【思考题】

① 实验测出的吸光度求铁的含量的根据是什么？

② 邻二氮菲分光光度法测定铁的适应条件是什么？

③ 用邻二氮菲测定铁时，为什么要加入盐酸羟胺？其作用是什么？

④ 根据有关实验数据，计算邻二氮菲 Fe(Ⅱ) 配合物在选定波长下的摩尔吸光系数？

⑤ 在有关条件实验中，均以水为参比，为什么在测绘标准曲线和测定试液时。要以试剂空白溶液为参比？

实验 33 混合物中铬、锰含量的同时测定

【实验目的】

① 掌握分光光度法测定多组分试样含量的原理和方法。

② 学习摩尔吸光系数的测定方法。

③ 进一步掌握分光光度计的使用。

【实验原理】

应用分光光度法还可以不经过预先分离，直接对同一溶液中的不同组分进行测定，这样可以大大减少分析操作过程，避免在分离过程中造成误差。对含量较低的组分进行分析时，此方法的效果更好一些。如果混合溶液中含有多种吸光物质，而它们的吸收曲线彼此重叠，则总的吸光度应等于各个组分的吸光度的总和。

在铬、锰两组份体系中，它们二者之间不相互作用，这时体系的总吸光度等于两者的吸光度之和，即吸光度具有加合性的特点。根据吸光度的加合性原理可以通过求解方程组来分别求出各未知组分的含量。

$$A_{\lambda_1}^{Cr+Mn} = A_{\lambda_1}^{Cr} + A_{\lambda_1}^{Mn} = \varepsilon_{\lambda_1}^{Cr} c_{Cr} + \varepsilon_{\lambda_1}^{Mn} c_{Mn} \tag{6-1}$$

$$A_{\lambda_2}^{Cr+Mn} = A_{\lambda_2}^{Cr} + A_{\lambda_2}^{Mn} = \varepsilon_{\lambda_2}^{Cr} c_{Cr} + \varepsilon_{\lambda_2}^{Mn} c_{Mn} \tag{6-2}$$

解此联立方程得：

$$c_{Cr} = \frac{A_{\lambda_1}^{Cr+Mn} \varepsilon_{\lambda_2}^{Mn} - A_{\lambda_2}^{Cr+Mn} \cdot \varepsilon_{\lambda_1}^{Mn}}{A_{\lambda_1}^{Cr} \cdot \varepsilon_{\lambda_2}^{Mn} - A_{\lambda_2}^{Cr} \cdot \varepsilon_{\lambda_1}^{Mn}}$$

$$c_{Mn} = \frac{A_{\lambda_1}^{Cr+Mn} - A_{\lambda_1}^{Cr} \cdot c_{Cr}}{\varepsilon_{\lambda_1}^{Mn}}$$

本实验以 $AgNO_3$ 为催化剂，在 H_2SO_4 介质中，加入过量的 $(NH_4)_2S_2O_8$ 氧化剂，将混合液中的 Cr^{3+} 和 Mn^{2+} 氧化成 $Cr_2O_7^{2-}$ 和 MnO_4^-，在波长 440nm 和 545nm 处测定其吸光度 A_{440}^{Cr+Mn} 和 A_{545}^{Cr+Mn}，计算 ε_{440}^{Mn}，ε_{440}^{Cr}，ε_{545}^{Mn}，ε_{545}^{Cr}。代入式(6-1)和式(6-2)就可以通过联立方程求出 c_{Cr} 和 c_{Mn}。

【实验用品】

(1) 仪器：分光光度计；容量瓶（1L、50mL）；滴定管；锥形瓶；分析天平。

(2) 试剂：

① $0.001000mol \cdot L^{-1}$ 铬标准溶液 准确称取 0.2942g 分析纯 $K_2Cr_2O_7$（预先在 105～110℃烘烧 1h），溶于适量去离子水中，定量转移至 1L 容量瓶中，用去离子水稀释至刻度，摇匀。

② $0.001000mol \cdot L^{-1}$ 锰标准溶液 准确称取 0.2000g 固体 $KMnO_4$，溶于 1L 去离子水中，煮沸 1～2h，放置几天后过滤。其准确浓度用 $Na_2C_2O_4$ 基准物质标定。

③ 其他试剂 H_2SO_4（$3mol \cdot L^{-1}$）；$Na_2C_2O_4$（A.R.）；混合离子试液。

【实验步骤】

(1) 标准溶液的吸收曲线的绘制

用 2cm 比色皿，分别装入 $KMnO_4$、$K_2Cr_2O_7$ 标准溶液，在波长 400～600nm，每隔 10nm 测一次吸光度 A。以吸光度为纵坐标，波长为横坐标，绘制两条吸收曲线，并从图中找出 λ_1 和 λ_2。根据朗伯-比尔公式分别求出 λ_1 和 λ_2 处两种标准溶液的摩尔吸光系数 ε。

(2) 混合试样的测定

取混合试液于 1 只 50mL 容量瓶中，定容，摇匀。用 2cm 比色皿，在 λ_1 为 440nm 和 λ_2 为 545nm 处分别测定吸光度 A_1 和 A_2，代入联立方程中，即可求得 MnO_4^-、$Cr_2O_7^{2-}$ 的物质的量浓度。

【数据处理】

将数据填入表 6-32。

表 6-32　数据表

项　目	A_{440}^{Cr}	A_{545}^{Cr}	A_{440}^{Mn}	A_{545}^{Mn}	A_{440}^{Cr+Mn}	A_{545}^{Cr+Mn}
吸光度						
项　目	ε_{440}^{Mn}	ε_{440}^{Cr}	ε_{545}^{Mn}	ε_{545}^{Cr}	c_{Cr}	c_{Mn}
计算值						

【注意事项】

　　① 正确选择测定波长。

　　② 实验结束后，检查仪器是否正常，关闭是否正确。

【思考题】

　　① 为什么可用分光光度法同时测定混合物中铬和锰？

　　② 根据吸收曲线，本实验可以选择测定波长为 420nm 和 500nm 吗？为什么？

　　③ 如果吸收曲线重叠，而又不遵从朗伯-比尔定律时，该法是否还可以应用？

第 7 章 物理常数的测定

Chapter 07

实验 34　二氧化碳相对分子质量的测定

【实验目的】

① 学习相对密度法测定气态物质相对分子质量的原理和方法。

② 熟练理想气体状态方程的应用。

【实验原理】

由理想气体状态方程容易推得：

$$\frac{m}{M}=\frac{pV}{RT}$$

即在同温同压下，同体积不同气体的质量与其摩尔质量之比（m/M）相等。若已知某一气体的相对分子质量，在相同条件下测定其某一体积的质量和相同体积另一气体的质量，即可求出另一气体的摩尔质量。本实验即是通过此原理进行计算，由于空气平均相对分子质量为 28.96，则 CO_2 的相对分子质量计算式为：

$$M(CO_2)=\frac{28.96m(CO_2)}{m_1}$$

式中，$m(CO_2)$、m_1 分别为同体积 CO_2 和空气的质量，$m(CO_2)/m_1$ 可视为 $[m(CO_2)/V]/[m_1/V]$，即 CO_2 密度与空气密度之比，通常称为 CO_2 对空气的相对密度。用此法测定气体相对分子质量的方法就称为相对密度法。CO_2 的质量可通过天平称量，空气的质量可用 $m(空气)=pVM(空气)/RT$ 计算得到，涉及的大气压 p、热力学温度 T 和盛装 CO_2 气体的容器体积 V 可通过相应仪器和方法测得。

【实验用品】

（1）仪器：启普发生器；分析天平；气压计；洗气瓶；锥形瓶；量筒（5mL、25mL）；大烧杯。

（2）试剂：大理石；浓盐酸；浓硫酸；饱和 $NaHCO_3$ 溶液。

【实验步骤】

（1）安装实验装置。如图 7-1 装置连接好启普发生器及 CO_2 净化干燥装置，产生干燥纯净的 CO_2 气体。

（2）取一个带橡胶塞的干燥、洁净的锥形瓶，塞上塞子，在分析天平上称出质量 m_2

（准确到 0.0001g）。

（3）把经过净化的 CO_2 气体通过导管导入锥形瓶内，通气 4～5min 后，慢慢取出导管、塞上塞子，然后在分析天平上称出质量 m_3。

（4）在锥形瓶内装满水，塞上塞子（注意塞子的位置与装气体时相同），称出其质量 m_4。

【数据记录与处理】

数据记录与处理填入表 7-1。

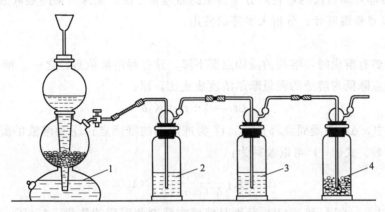

图 7-1　二氧化碳气体的发生和净化装置
1—启普发生器；2—洗气瓶（$NaHCO_3$ 溶液）；3—洗气瓶（H_2SO_4）；
4—洗气瓶（玻璃丝）

表 7-1　二氧化碳相对分子质量测定记录表

项　　目	数据记录及处理
实验时的室温（T）/K	
实验时的大气压（p）/Pa	
充满空气的锥形瓶和塞子的质量（m_2）/g	
充满 CO_2(g)的锥形瓶和塞子的质量（m_3）/g	
充满水的锥形瓶和塞子的质量（m_4）/g	
锥形瓶的容积 $V = \dfrac{(m_4 - m_2)}{1.0\text{g} \cdot \text{mL}^{-1}}$	
锥形瓶内空气的质量/g　$m_1 = \dfrac{pVM_1}{RT}$	
锥形瓶内 CO_2(g)的质量/g　$m(CO_2) = [(m_3 - m_2) + m_1]$	
CO_2 相对摩尔质量/(g·mol^{-1})　$M(CO_2) = \dfrac{m(CO_2)}{m_1} \times 28.96(\text{g} \cdot \text{mol}^{-1})$	
相对误差　［文献值 $M(CO_2) = 44.01\text{g} \cdot \text{mol}^{-1}$］	

【思考题】

① 导入 CO_2 气体的管子，应插入锥形瓶的哪个部位，才能把瓶内的空气赶干净？

② 怎样判断瓶内已充满 CO_2 气体？

③ 为什么启普发生器产生的气体要经过净化？净化 CO_2 气体用的 $NaHCO_3$ 溶液、浓 H_2SO_4 等各起什么作用？

④ 本实验产生误差的主要原因在哪里？

 实验 35　凝固点降低法测葡萄糖相对分子质量

【实验目的】

　　① 掌握凝固点降低法测定相对分子质量的原理和方法，加深对稀溶液依数性的理解。

　　② 学习贝克曼温度计、分析天平等的使用。

【实验原理】

　　溶剂中溶解有溶质时，溶剂的凝固点要下降，这是稀溶液依数性之一。难挥发非电解质稀溶液的凝固点降低与溶液的质量摩尔浓度成正比，即：

$$\Delta t_f = t_f^0 - t_f = K_f b \tag{7-1}$$

　　式（7-1）中，Δt_f 为凝固点降低值；t_f^0 为纯溶剂的凝固点；t_f 为溶液的凝固点；K_f 为凝固点降低常数。式（7-1）可以改写为：

$$\Delta t_f = K_f \frac{m(B)}{M(B)m(A)} \times 1000 \tag{7-2}$$

　　式（7-2）中，$m(A)$ 和 $m(B)$ 分别是溶液中溶剂和溶质的质量；$M(B)$ 是溶质的摩尔质量。

$$M(B) = K_f \frac{m(B)}{\Delta t_f m(A)} \times 1000 \tag{7-3}$$

　　根据已知的凝固点降低系数（如水 $K_f = 1.86\text{K} \cdot \text{kg} \cdot \text{mol}^{-1}$），及实验用的溶质、溶剂质量，只需要再测得 Δt_f（即纯溶质凝固点-溶液凝固点），即可得到溶质相对分子质量 $M(B)$。

　　凝固点的测定可采用过冷法。将纯溶剂逐渐降温至过冷，然后促其结晶。当晶体生成时，放出一定热量，使体系温度保持相对恒定，直到全部液体凝成固体后才会继续下降。相对恒定的温度即为该纯溶剂的凝固点，见图 7-2。

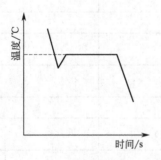

图 7-2　纯溶剂的凝固点曲线

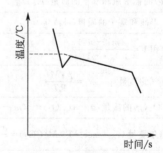

图 7-3　溶液的冷却曲线

　　用同样的方法可得到溶液的冷却曲线（如图 7-3）。由图 7-2 和图 7-3 可见，溶液和纯溶剂的冷却曲线不完全相同。这是因为在溶液中，当达到凝固点时，随着溶剂成为晶体从溶液中析出，溶液的浓度不断增大，所以水平段向下倾斜。如果将斜线线段延长线与过冷以前的冷却曲线线段相交，此交点的温度即为溶液的凝固点。

【实验用品】

(1) 仪器：贝克曼温度计；分析天平；大试管；大烧杯；移液管（10.00mL）；洗耳球；金属丝搅拌器；单孔软木塞；铁架台。

(2) 试剂：葡萄糖（s）；食盐（s）；冰。

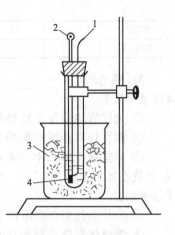

图 7-4　测凝固点的装置
1—搅拌器；2—精密温度计；
3—冷却剂；4—测冰点物质

【实验步骤】

(1) 纯水凝固点的测定

按照图 7-4 安装实验装置。用移液管吸取 10.00mL 蒸馏水（质量近似作为 10.00g）于干燥的大试管中，把插有温度计和搅拌器的软木塞塞好。调节温度计的高度，使其底部距离大试管 1cm 左右，记下蒸馏水的温度。然后将试管插入装有冰块、水和粗盐混合物的大烧杯中（试管液面必须低于冰盐混合物的液面），用夹子固定住大试管。

开始记录时间并上下移动试管中的金属丝搅拌器，搅拌器不要碰击温度计及管壁，每隔 30s 记录一次温度。当冷至比水的凝固点高出 1～2℃时，停止搅拌，待蒸馏水过冷到凝固点以下约 0.5℃左右再继续进行搅拌（当开始有结晶出现时，由于有热量放出，蒸馏水温度将略有上升），直到温度不再随时间变化为止。温度回升后所达到的最高温度（冷却曲线中的水平部位对应的温度）即为蒸馏水的凝固点。

取出大试管，用手温热试管下部，使冰完全熔化，再放入冰盐浴中，重复上述操作，再次测定蒸馏水的凝固点（两次凝固点之差应不超过 0.1℃）。取其平均值。

(2) 葡萄糖-水凝固点的测定

在分析天平上称取 0.2～0.5g 的葡萄糖，倒入到装有 10.00mL 蒸馏水的大试管中，使其全部溶解。装上插有温度计和搅拌器的软木塞，按照上述实验方法和要求，测定葡萄糖-水溶液的凝固点。回升后的温度并不如纯水那样保持恒定，而是缓缓下降，一直记录到温度明显下降为止。

按照前面操作再次测定溶液的凝固点，取其平均值。

(3) 冷却曲线的绘制

以温度为为纵坐标，时间为横坐标，在坐标纸上作出冷却曲线图。纯水冷却曲线中相对恒定的温度即为凝固点。葡萄糖水溶液的冷却曲线中，将曲线凝固点斜线反向延长使之与过冷前的曲线相交，交点温度即为此葡萄糖水溶液的凝固点。

【数据记录与处理】

(1) 纯水

数据记录填入表 7-2。

表 7-2　纯水凝固点记录表

时间/s	30	60	90	120	150	180	210	⋯
温度/℃								

(2) 葡萄糖-水溶液

数据记录填入表 7-3。

表 7-3　葡萄糖-水溶液凝固点记录表

时间/s	30	60	90	120	150	180	210	⋯
温度/℃								

M(葡萄糖) = _____

【注意事项】

① 大试管均应预先洗涤并干燥。

② 温度计和金属丝搅拌器预先和软木塞配好。

③ 冰盐冷冻体系中，水不要放太多，冰块大小适中，使大试管适于插入冰中，盐粒应尽量放在冰的上面。

【思考题】

① 为什么纯溶剂和溶液的冷却曲线不同？如何根据冷却曲线确定凝固点？

② 当液体温度在凝固点附近时为什么不能搅拌？

③ 实验中所配的溶液浓度太大或太小会给实验结果带来什么影响？

④ 冷却用的冰水混合物中加入粗盐的目的是什么？

实验 36　有机酸摩尔质量的测定

【实验目的】

① 了解强酸滴定弱酸过程中 pH 变化、化学计量点及终点指示剂的选择。

② 掌握滴定管、移液管、容量瓶等的使用方法和滴定操作技术。

【实验原理】

大多数有机酸为弱酸。它们和 NaOH 溶液的反应式为：

$$n\text{NaOH} + \text{H}_n\text{A}(\text{有机酸}) \Longrightarrow \text{Na}_n\text{A} + n\text{H}_2\text{O}$$

当有机酸中 n 个氢都能被准确滴定时，用酸碱滴定法可以测定有机酸的摩尔质量。

滴定产物是强碱弱酸盐，滴定突跃在碱性范围内，可选用酚酞等指示剂。

【实验用品】

(1) 仪器：分析天平；碱式滴定管；烧杯；容量瓶（100mL）；锥形瓶（250mL）；移液管（25mL）；量筒；称量瓶。

(2) 试剂：NaOH(0.1mol·L⁻¹)；邻苯二甲酸氢钾；草酸试样；酚酞指示剂。

【实验步骤】

(1) 0.1mol·L⁻¹ NaOH 溶液的标定（见实验 14）

(2) 有机酸摩尔质量的测定

准确称取 0.4～0.6g 草酸试样，放入烧杯中，加入少量蒸馏水溶解，定量转入到 100mL 容量瓶中，用水稀释至刻度，摇匀。用移液管移取 25.00mL 草酸溶液，放入 250mL 锥形瓶中，加酚酞 2 滴，用 NaOH 标准溶液滴定至微红色，30s 内不退色，即为终点。重复测定 3 次，计算有机酸摩尔质量。

【数据记录与处理】

(1) NaOH 溶液标定

数据填入表 7-4。

表 7-4　标定 NaOH 溶液记录表

项　目	1	2	3
m(邻苯二甲酸氢钾)/g			
V_{NaOH}/mL			
c_{NaOH}/(mol·L^{-1})			
c_{NaOH}(平均值)/(mol·L^{-1})			

（2）有机酸摩尔质量的测定

数据填入表 7-5。

表 7-5　有机酸摩尔质量测定表

项　目	1	2	3
m(有机酸)/g			
V(有机酸)/mL			
V_{NaOH}/mL			
V_{NaOH}(平均值)/mL			
M(有机酸)/(g·mol^{-1})			

【思考题】

① 柠檬酸、酒石酸等多元酸能否用 NaOH 溶液分步滴定？

② 如果柠檬酸、酒石酸能用 NaOH 滴定，则称取多少克试样配成 100mL 溶液才能够尽量减少误差？

③ 称取 0.4g 邻苯二甲酸氢钾溶于 50mL 水中，计算此时溶液的 pH 值。

 实验 37　弱酸解离常数的测定

方法一　用酸度计测定醋酸的解离常数

【实验目的】

① 掌握用酸度计测定弱酸解离平衡常数的原理和方法。

② 熟悉酸度计的使用方法。

③ 学习移液管、容量瓶的使用方法。

【实验原理】

HAc 是弱电解质，在醋酸溶液中存在如下的解离平衡：

$$HAc \Longrightarrow H^+ + Ac^-$$

其解离平衡常数（$K_a^\ominus$）表达式为：

$$K_a^\ominus = \frac{[c_{eq}(Ac^-)/c^\ominus][c_{eq}(H^+)/c^\ominus]}{[c_{eq}(HAc)/c^\ominus]}$$

设醋酸的起始浓度为 c，HAc 的解离度为 α，则 $c_{eq}(Ac^-) = c_{eq}(H^+)$，$c_{eq}(HAc) = c -$

$c_{eq}(H^+)$，代入上式整理得：

$$K_a^\ominus = \frac{[c_{eq}(H^+)c^\ominus]^2}{[c - c_{eq}(H^+)/c^\ominus]}$$

在一定温度下，用酸度计测定一系列已知浓度的 HAc 溶液的 pH，将 pH 换成溶液的 $c_{eq}(H^+)$ 浓度，利用上式求得一系列对应的 $K_a^\ominus$，取 $K_a^\ominus$ 的平均值，即得该温度下醋酸的解离常数 $K_a^\ominus$。

【实验用品】

（1）仪器：pHs-25 型酸度计或其他类型的酸度计；移液管（25mL）；吸量管（10mL）；烧杯（50mL），容量瓶（50mL）；温度计；吸水纸。

（2）试剂：标准缓冲溶液（pH＝6.86，pH＝4.01，25℃）；0.1mol·L^{-1} HAc 标准溶液（需标定后给出准确浓度）。

【实验步骤】

（1）用标准缓冲溶液校准酸度计

（2）配制不同浓度的醋酸溶液

分别吸取 2.50mL、5.00mL、10.00mL、25.00mL 已标定的 HAc 溶液，把它们分别加入到 4 个洁净的 50mL 容量瓶中，用蒸馏水稀释至刻度，摇匀，即得所配制的溶液。由稀到浓依次编号为 1、2、3、4。

（3）醋酸溶液 pH 的测定

取 5 只洁净的 50mL 烧杯，分别用上述 4 种浓度的醋酸溶液及一份未稀释的标准溶液淋洗 2～3 遍，然后各加入 30mL 左右相应的醋酸溶液。按由稀到浓的顺序用酸度计分别测定溶液的 pH，记录每份溶液的 pH 及实验时的温度。计算各溶液中醋酸的解离常数。

【数据处理】

将实验中测得的有关数据填入表 7-6，并计算出醋酸 $K_a^\ominus$ 和实验时的温度。

表 7-6　数据记录表

室温：＿＿＿＿＿℃

编号	HAc 体积/mL	配制 HAc 浓度/(mol·L^{-1})	pH	$c(H^+)$/(mol·L^{-1})	$K_a^\ominus$	$\overline{K_a^\ominus}$
1	2.50					
2	5.00					
3	10.00					
4	25.00					
5						

【注意事项】

① 已知准确浓度醋酸溶液的配制与标定：先配成浓度约 0.1mol·L^{-1} 的醋酸溶液，再用 NaOH 标准溶液、以酚酞作指示剂进行标定。

② 标准 NaOH 溶液的配制与标定：先配成近似浓度约 0.1mol·L^{-1} 的 NaOH 溶液，而后用基准物质进行标定（草酸或邻苯二甲酸氢钾）。

③ 按由稀到浓的顺序在 pH 计上分别测定它们的 pH，减小测量误差。

④ 测定 pH 时要注意每次用蒸馏水清洗电极并用吸水纸吸干。

⑤ 将所配制的醋酸溶液分别倒入烧杯中，若烧杯未干燥，要用待装的溶液淋洗 2～3 遍，以免醋酸溶液的浓度发生变化。

【思考题】

① 使用酸度计的主要步骤有哪些？

② 改变所测 HAc 溶液的浓度和温度，其解离度和解离常数有无变化？若有变化，会发生怎样的变化？

③ "解离度越大，酸度就越大"。这种说法是否正确？为什么？

方法二 电导率法测定醋酸的解离常数

【实验目的】

① 掌握用电导率仪测定弱酸解离平衡常数的原理和方法。

② 学习电导率仪的使用方法。

【实验原理】

HAc 溶液中存在解离平衡：

$$\text{HAc} \quad \Longleftrightarrow \quad \text{H}^+ \quad + \quad \text{Ac}^-$$

起始浓度/(mol·L^{-1})　$c(\text{HAc})$　　0　　0

平衡浓度/(mol·L^{-1})　$c(\text{HAc})(1-\alpha)$　$c(\text{HAc})\alpha$　$c(\text{HAc})\alpha$

$$
\begin{aligned}
K_a^{\ominus}(\text{HAc}) &= \frac{[c_{eq}(\text{Ac}^-)/c^{\ominus}][c_{eq}(\text{H}^+)/c^{\ominus}]}{[c_{eq}(\text{HAc})/c^{\ominus}]} \\
&= \frac{[c(\text{HAc})\alpha/c^{\ominus}]^2}{[c(\text{HAc})/c^{\ominus}](1-\alpha)} \\
&= \frac{c(\text{HAc})\alpha^2}{(1-\alpha)c^{\ominus}}
\end{aligned}
\tag{7-4}
$$

解离度（α）可通过溶液的电导求得，从而求得 HAc 的解离平衡常数（$K_a^{\ominus}$）。

导体导电能力大小，通常以电阻（R）或电导（G）表示。电导为电阻的倒数。即 $G=\dfrac{1}{R}$（电阻的单位为 Ω，电导的单位为 S）。

电解质溶液具有导电作用，其电阻符合欧姆定律。为了测量它的导电能力，可用两个平行板电极插入溶液中，在温度一定时，溶液的电阻（R）与两极间的距离（l）成正比，与电极面积（A）成反比，比例系数即电阻率（ρ）。则：

$$R=\rho\frac{l}{A}$$

电导率用 κ 表示，是电阻率（ρ）的倒数，κ 单位为 S·cm^{-1}。即：

$$\kappa=\frac{1}{\rho}$$

将 $R=\rho\dfrac{l}{A}$、$\kappa=\dfrac{1}{\rho}$ 代入 $G=\dfrac{1}{R}$ 中，则：

$$G=\kappa\frac{A}{l} \text{或} \kappa=\frac{l}{A}G \tag{7-5}$$

电导率（κ）表示放在相距为 1cm、面积为 1cm^2 两个电极之间溶液的电导。

$\dfrac{l}{A}$ 称为电极常数或电导池常数，因为在电导池中，所用的电极距离和面积是一定的，所以对某以电极来说，$\dfrac{l}{A}$ 为定值，由电极标出。

在温度一定下，同一电解质不同浓度的溶液的电导与两个变量有关，即溶液的电解质总量和溶液的解离度。如果把含 1mol 的电解质溶液放在相距 1cm 的两平行电极之间，这时无论怎样稀释溶液，溶液的电导只与电解质的解离度有关，在此条件下测得的电导称为该电解质的摩尔电导。若用 λ 表示摩尔电导，V 表示 1mol 的电解质溶液的体积（mL），溶液的浓度为 $c(\text{mol} \cdot \text{L}^{-1})$，$\kappa$ 表示溶液的电导率，于是溶液的摩尔电导为：

$$\lambda = \kappa V = \kappa \frac{1000}{c} \tag{7-6}$$

λ 的单位为 $\text{S} \cdot \text{cm}^2 \cdot \text{mol}^{-1}$。

弱电解质在无限稀释时可看作完全解离，这时溶液的摩尔电导称为极限摩尔电导 (λ_∞)。在一定温度下，弱电解质的极限摩尔电导是一定的，表 7-7 列出了不同温度下无限稀释时 HAc 溶液的极限摩尔电导 λ_∞。

表 7-7　T—λ_∞ 表

温度/℃	273	291	298	303
$\lambda_\infty / (\text{S} \cdot \text{cm}^2 \cdot \text{mol}^{-1})$	245	349	391	422

从而可知，一定温度下，某浓度 c 的摩尔电导 λ 与极限摩尔电导 λ_∞ 之比，即为该弱电解质的解离度。即：

$$\alpha = \frac{\lambda}{\lambda_\infty} \tag{7-7}$$

将式(7-7) 代入式(7-4)，得

$$K_a^\ominus(\text{HAc}) = \frac{c(\text{HAc})\alpha^2}{(1-\alpha)c^\ominus} = \frac{c(\text{HAc})\lambda^2}{\lambda_\infty(\lambda_\infty - \lambda)c^\ominus} \tag{7-8}$$

用电导率仪测定一系列已知起始浓度为 c 的 HAc 溶液的 κ 值，代入式(7-6)，算出 λ，将 λ 值代入式(7-8)，即可求得 HAc 的解离常数 $K_a^\ominus$。

【实验用品】

(1) 仪器：电导率仪；滴定管（50mL，酸式、碱式）；烧杯（100mL）；容量瓶（50mL）。

(2) 试剂：$0.1\text{mol} \cdot \text{L}^{-1}$ HAc 标准溶液（需标定后给出准确浓度）。

【实验步骤】

(1) 配制不同浓度的醋酸溶液

将 5 只烘干的 100mL 烧杯编成 1～5 号，然后按下表的烧杯号数，用两只滴定管准确放入已标定的 $0.1\text{mol} \cdot \text{L}^{-1}$ HAc 溶液和蒸馏水。

(2) 醋酸溶液电导率的测定

由稀到浓的顺序用电导率仪测定 1～5 号醋酸溶液的电导率。计算各溶液中醋酸的解离常数。

【数据处理】

将实验中测得的有关数据填入下表，并计算出醋酸的 $K_a^\ominus$ 和实验时的温度。

室温：_____℃；

电导池常数_____；

在室温下 HAc 的 λ_∞（查表）_____。

将数据填入表 7-8。

表 7-8 数据记录表

编号	HAc 体积/mL	H₂O 体积/mL	配制 HAc 浓度/(mol·L⁻¹)	电导率/(S·cm⁻¹)	$K_a^\ominus$	$\overline{K_a^\ominus}$
1	3.00	45.00				
2	6.00	42.00				
3	12.00	36.00				
4	24.00	24.00				
5	48.00	0.00				

【注意事项】

① 按由稀到浓的顺序在电导率仪上分别测定它们的电导率，减小测量误差。

② 将所配制的醋酸溶液倒入烘干烧杯中。

【思考题】

① 什么叫电导、电导率、摩尔电导和极限摩尔电导？

② 弱电解质的解离度与哪些因素有关？

实验 38 醋酸含量和解离常数的测定（电位滴定法）

【实验目的】

① 掌握电位滴定法测定醋酸解离常数的原理和方法。

② 了解 pH 计的原理，正确使用 pH 计。

③ 进一步巩固滴定管的操作。

【实验原理】

醋酸在水溶液中解离平衡如下：

$$HAc \rightleftharpoons H^+ + Ac^-$$

其解离平衡常数表达式为：

$$K_a^\ominus = \frac{[c_{eq}(Ac^-)/c^\ominus][c_{eq}(H^+)/c^\ominus]}{[c_{eq}(HAc)/c^\ominus]}$$

当 HAc 溶液用 NaOH 溶液滴定滴定时，醋酸被中和了一半时，溶液中 $c_{eq}(Ac^-) = c_{eq}(HAc)$，根据以上平衡式，此时 $K_a^\ominus = c_{eq}(H^+)/c^\ominus$，即 $pK_a^\ominus = pH$。如果测得此时溶液的 pH，即可求出醋酸的酸常数 $K_a^\ominus$。

电位滴定法是在滴定过程中根据指示电极和参比电极的电位差或溶液的 pH 突跃来确定终点的一种方法。在酸碱电位滴定过程中，随着滴定剂的不断加入，被测物与滴定剂发生反应，溶液 pH 不断变化，在化学计量点附近发生 pH 突跃。因此，测量溶液 pH 的变化，就能确定滴定终点。滴定过程中，每加一次滴定剂，测一次 pH，在接近化学计量点时，每次滴定剂加入量要小到 0.10mL，滴定到超过化学计量点为止。这样就得到一系列滴定剂用量 V 和相应的 pH 数据。

常用的确定滴定终点的方法有以下几种。

（1）绘制 pH～V 曲线法

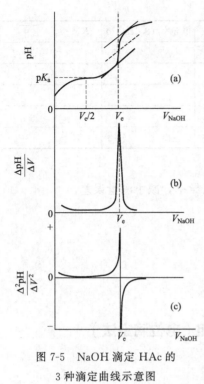

图 7-5　NaOH 滴定 HAc 的
3 种滴定曲线示意图

以滴定剂用量 V 为横坐标，以 pH 为纵坐标，绘制 pH~V 曲线。作两条与滴定曲线相切的 45°倾斜的直线，等分线与曲线的交点为终点 [图 7-5(a)]。

（2）绘制 ΔpH/ΔV~V 曲线法

ΔpH/ΔV 代表 pH 的变化值一次微商与对应的加入滴定剂体积的增量（ΔV）的比。绘制 ΔpH/ΔV~V 曲线，曲线的最高点即为滴定终点 [图 7-5(b)]。

（3）绘制（Δ^2pH/ΔV^2）~V 曲线（二级微商法）

（ΔpH/ΔV）~V 曲线上一个最高点，这个最高点下即是 Δ^2pH/ΔV^2 等于零的时候，这就是滴定终点。该法也可不经绘图而直接由内插法确定滴定终点 [图 7-5(c)]。

本实验利用 pH 计测得用 NaOH 中和一定量 HAc 溶液时的 pH 变化。以 NaOH 的体积 V 为横坐标，pH 为纵坐标，绘制 pH~V 曲线 [图 7-5(a)]。确定滴定终点体积 V_e 以后，求出醋酸含量，再从曲线上查出 HAc 被中和一半时 $\left(\dfrac{1}{2}V_e\right)$ 的 pH。此时，pH＝p$K_a^{\ominus}$，从而计算出 $K_a^{\ominus}$。

【实验用品】

（1）仪器：pHs-25 型 pH 计或其他类型的 pH 计；电磁搅拌器；滴定管（50mL，酸式、碱式）；烧杯（100mL）。

（2）试剂：标准缓冲溶液（pH＝6.86，pH＝4.01，25℃）；0.1mol·L^{-1} HAc 溶液；0.1mol·L^{-1} NaOH 标准溶液（需标定后给出准确浓度）；酚酞指示剂。

【实验步骤】

（1）用标准缓冲溶液校准酸度计。

（2）从酸式滴定管准确放出 30.00mL 0.1mol·L^{-1} HAc 溶液于 100mL 烧杯中，滴加 1~2 滴酚酞指示剂，用碱式滴定管 0.1mol·L^{-1} NaOH 标准溶液滴定至酚酞刚出现微粉红色为止，记录滴定终点时消耗 NaOH 的体积（mL），供下面测定 pH 作为参考。

（3）在 100mL 烧杯中，从酸式滴定管准确加入 30.00mL 0.1mol·L^{-1} HAc 溶液，放入搅拌磁子，将烧杯放在电磁搅拌器上，然后从碱式滴定管中准确加入 5.00mL0.1mol·mL^{-1} NaOH 标准溶液，开启电磁搅拌器混合均匀后，用酸度计测定其 pH。

（4）用上面同样的方法，逐滴加入一定体积 NaOH 后，测定溶液的 pH。每次加入 NaOH 溶液的体积可参照下面的用量。

①　在滴定终点 5mL 以前，每次加入 5.00mL。

②　在滴定终点前 5~1mL，每次加入 2.00mL。

③　在滴定终点前 1mL，每次加入 0.50mL、0.20mL、0.20mL、0.10mL。

④　在超过滴定终点 1mL 内，每次加入 0.10mL、0.20mL、0.20mL、0.50mL。

⑤　在超过滴定终点 1mL 后，每次加入 2.00mL。

【数据处理】

（1）将实验中滴定消耗的 NaOH 的体积（mL）和对应的 pH，分别记录在下表中。

（2）以 NaOH 的体积 V（mL）为横坐标，pH 为纵坐标，绘制 pH~V 曲线。

（3）从 pH~V 曲线图中，找出完全中和时 NaOH 的体积 V_e（mL），计算醋酸的浓度。

（4）从 pH~V 曲线图中，找出 $\frac{1}{2}V_e$（mL）时相对应的 pH，计算 HAc 的解离常数 $K_a^{\ominus}$。

并与文献值比较（$K_a^{\ominus}=1.75\times10^{-5}$，25℃），分析产生误差的原因。

将数据填入表 7-9。

表 7-9　记录表

每次加入 NaOH 的体积/mL							
NaOH 的体积/mL							
pH							

【注意事项】

① 测定 pH 时要注意每次用蒸馏水清洗电极并用吸水纸吸干。

② 切勿把搅拌磁子连同废液一起倒掉。

【思考题】

① 用电位滴定法确定终点与指示剂法相比有何优缺点？

② 当醋酸完全被氢氧化钠中和时，反应终点的 pH 是否等于 7？为什么？

实验 39　邻二氮菲亚铁配合物的组成和稳定常数的测定

【实验目的】

① 进一步学习分光光度计的使用技术。

② 学习摩尔比法测定配合物组成的原理及方法。

③ 掌握配合物稳定常数的测定及计算方法。

【实验原理】

在 pH 为 2~9 的范围内，Fe^{2+} 与邻二氮菲（简写 phen）反应生成稳定的橙红色配合物 $[Fe(phen)_3]^{2+}$，其反应式如下：

$$Fe^{2+}+3phen \Longrightarrow [Fe(phen)_3]^{2+}$$

该配合物的 $\lg K_f^{\ominus}=21.3$，最大吸收波长为 508nm。本方法不仅灵敏度高（摩尔吸光系数 $\varepsilon_{510}=1.1\times10^4$），而且选择性好。相当于含铁量 40 倍的 Sn^{2+}、Al^{3+}、Ca^{2+}、Mg^{2+}、Zn^{2+}、SiO_3^{2+}，20 倍的 Cr^{3+}、Mn^{2+}、V（V）、PO_4^{3-}，5 倍的 Co^{2+}、Cu^{2+} 等均不干扰测定。

在最大吸收波长下该有色溶液的浓度与其吸光度之间的关系服从朗伯-比尔定律：

$$A=\varepsilon bc$$

分光光度法是研究配合物组成和测定稳定常数最有效的方法之一，其中摩尔比法最为常用。设金属离子 M 与配体 L 的配位反应为：

$$M+n L \Longrightarrow ML_n$$

固定金属离子的浓度 c_M，逐渐增加配体有浓度 c_L，测定一系列 c_M 一定而 c_L 不同的溶液的吸光度。以吸光度 A 为纵坐标，以 c_L/c_M 为横坐标作图。当 $c_L/c_M < n$ 时，金属离子配位不完全，随配体量的增加，生成的配合物增多，吸光度 A 不断增大；当 $c_L/c_M > n$ 时，金属离子几乎全部生成配合物 ML_n，吸光度 A 不再改变。两条直线的交点所对应的横坐标 c_L/c_M 的值，就是 n 的值。此法适用于解离度小的配合物组成的测定，尤其适用于配位比高的配合物组成的测定。

用饱和法可求出配合物的摩尔吸光系数 ε，即由 c_L/c_M 的比值较高时恒定的吸光度 A_{max} 求得，因为此时全部离子都已形成配合物，故 $\varepsilon = A_{max}/(c_M \cdot b)$。

在 $A \sim c_L/c_M$ 曲线转折点前段附近取 3 个点，计算配合物的稳定常数及其平均值。

$$
\begin{aligned}
K_f^{\ominus} &= \frac{c(ML_3)/c^{\ominus}}{[c(M)c^{\ominus}][c(L)/c^{\ominus}]^3} \\
&= \frac{c(ML_3)/c^{\ominus}}{\{[c_M - c(ML_3)]/c^{\ominus}\}\{[c_L - 3c(ML_3)]/c^{\ominus}\}^3} \\
&= \frac{c_M A/A_{max} c^{\ominus}}{[(c_M - c_M A/A_{max})/c^{\ominus}][(c_L - 3c_M A/A_{max})/c^{\ominus}]^3}
\end{aligned}
$$

【实验条件】

(1) Fe^{2+} 与邻二氮菲在 $pH = 2 \sim 9$ 范围内均能显色，但酸度高时，反应较慢，酸度太低时 Fe^{2+} 易水解，所以一般在 $pH = 5 \sim 6$ 的微酸性溶液中显色较为适宜。

(2) 邻二氮菲与 Fe^{3+} 能生成 3:1 的淡蓝色配合物（$\lg K_f^{\ominus} = 14.1$），因此在显色前应先用还原剂盐酸羟胺将 Fe^{3+} 全部还原为 Fe^{2+}。

$$2Fe^{3+} + 2NH_2OH \cdot HCl = 2Fe^{2+} + N_2 \uparrow + 2H_2O + 4H^+ + 2Cl^-$$

【实验用品】

(1) 仪器：分析天平；分光光度计；容量瓶（50mL）；称量瓶；吸量管；比色皿（3cm）；烧杯。

(2) 试剂：铁标准溶液（$10\mu g \cdot mL^{-1}$，约 $1.79 \times 10^{-4} mol \cdot L^{-1}$）；HAc-NaAc 缓冲溶液（$pH = 4.6$）；盐酸羟胺（$100g \cdot L^{-1}$）；邻二氮菲（$1.79 \times 10^{-3} mol \cdot L^{-1}$）。

【实验步骤】

(1) 系列溶液的配制

取 10 只 50mL 容量瓶，分别吸取 10.00mL 铁标准溶液于容量瓶中，各加 2.5mL 盐酸羟胺，混合均匀，静止 3min，再各加 5mL HAc-NaAc 缓冲溶液；然后依次加入 0.0（0号）、1.0mL、1.5mL、2.0mL、2.5mL、3.0mL、3.5mL、4.0mL、4.5mL 和 5.0mL 的 $1.79 \times 10^{-3} mol \cdot L^{-1}$ 邻二氮菲溶液，用去离子水稀释至刻度线，摇匀，放置 10min。

(2) 测量吸光度 A 值

将预热好（15min）的分光光度计的波长定为 510nm，以 0 号溶液为参比，测定各溶液的吸光度值。

(3) 绘制 $A \sim c_L/c_M$ 曲线

以吸光度 A 为纵坐标，以 c_L/c_M 为横坐标作图。

【数据记录与处理】

(1) 吸光度 A 值记录表

数据记录填入表 7-10。

表 7-10 吸光度 *A* 记录表

编 号	1	2	3	4	5	6	7	8	9
邻二氮菲溶液的体积/mL	1.0	1.5	2.0	2.5	3.0	3.5	4.0	4.5	5.0
c_L/c_M									
A									

(2) 绘制 $A \sim c_L/c_M$ 曲线求 n 值

(3) 求摩尔吸光系数 ε

(4) 求稳定常数及其平均值

【注意事项】

① 若配合物易解离，则曲线转折点不敏锐，应采用直线外延法找交点，求组成。

② $10\mu g \cdot mL^{-1}$（$1.79 \times 10^{-4} mol \cdot L^{-1}$）铁标准溶液的配制：先将 10mL 浓硫酸慢慢加到 50mL 蒸馏水中，然后准确称取 0.7020g 优级纯硫酸亚铁胺，$FeSO_4 \cdot (NH_4)_2SO_4 \cdot 6H_2O$，放入上述准备好的硫酸水溶液中，溶解后，定量地转移至 1L 容量瓶中，用蒸馏水稀释至刻度，摇匀。这是 $100\mu g \cdot mL^{-1}$ 铁标准溶液的储备液。然后吸取上述溶液 25.00mL 于 250mL 容量瓶中，再加入 5mL 3mol $\cdot L^{-1}$ H_2SO_4 酸化，用去离子水稀释至刻度线，摇匀即可。

③ $1.79 \times 10^{-3} mol \cdot L^{-1}$ 邻二氮菲溶液的配制：称取 0.355g 邻二氮菲于小烧杯中，加入 2～5mL 95% 乙醇溶液溶解，定量转移到 1L 容量瓶中，再用去离子水稀释至刻度线。

【思考题】

① 本实验测得的值准确度如何？与文献值比较有何差异？为什么？

② 若配合物的稳定常数较大，结果将如何？

③ 配制系列常常时为什么要在显色前加入盐酸羟胺溶液，且静止 3min？

实验 40　离子交换法制备纯水

【实验目的】

① 了解离子交换法制备纯水的基本原理和方法。

② 学习离子交换树脂制备纯水的一般操作方法。

【实验原理】

天然水和自来水中含有各种杂质，如无机盐、有机物、微生物及一些气体等。水中的无机离子杂质主要有 Ca^{2+}、Mg^{2+}、SO_4^{2-}、CO_3^{2-}、Cl^- 等。工农业生产、科学研究及日常生活等方面的用水，对水质均有一定的要求。所以，常常要对其进行不同程度的净化。一般的净化方法有蒸馏法、电渗析法和离子交换法。

（1）净化水的方法

① 蒸馏法　将天然水或自来水在蒸馏装置中进行加热汽化，产生的水蒸气冷凝后，即得蒸馏水。由于绝大部分无机盐离子都不挥发，所以，蒸馏水中的杂质就比较少。亦可将第一次蒸馏得到的蒸馏水再一次蒸馏，即进一步的纯化。蒸馏水是化学实验中最常用的比较纯净、廉价的洗涤剂和溶剂。

② 电渗析法　电渗析法是利用水中阴、阳离子，在直流电作用下发生离子的迁移，并借助于阴离子交换膜只允许阴离子通过而阳离子交换膜只允许阳离子通过的性质，达到净化水的目的。

③ 离子交换法　利用离子交换树脂能与某些无机离子进行选择性的离子交换的性质，而达到净化水的目的。所得的纯水，称为去离子水或离子交换水。离子交换树脂是一种人工合成的、难溶于水、具有网状骨架结构及某种活性基团的高分子化合物，对酸碱及一般溶剂相当稳定。当活性基团与水相接触时，能交换吸附溶解在水中的阳离子或阴离子。如强酸性的磺酸型离子交换树脂、季铵盐型离子交换树脂。它们是分别含有酸性活性基团、能进行阳离子交换的阳离子交换树脂和含有碱性活性基团、能进行阴离子交换的阴离子交换树脂，各用 RH 和 ROH 表示，其中 R 表示有机高分子部分。

当天然水通过阳离子交换树脂柱时，发生下列交换反应：

$$2RH + Mg^{2+}(Ca^{2+}) \Longrightarrow R_2Mg(R_2Ca) + 2H^+$$

水中的阳离子 Ca^{2+}、Mg^{2+}、Na^+ 等与树脂活性基团结合，固定在树脂上，而树脂中

的 H^+ 释放到水中。

当天然水通过阴离子交换树脂柱时，发生下列交换反应：

$$ROH + Cl^- \Longrightarrow RCl + OH^-$$
$$2ROH + SO_4^{2-}(CO_3^{2-}) \Longrightarrow R_2SO_4(R_2CO_3) + 2OH^-$$
$$H^+ + OH^- \Longrightarrow H_2O$$

这样，水中的无机离子被截流在了树脂上，而交换出来的 H^+ 与 OH^- 发生中和反应，使水得到了净化。离子交换树脂经过一段时间使用后，交换树脂达到了饱和，树脂失效，可分别用稀 NaOH 溶液和稀 HCl 溶液浸泡阴、阳离子交换树脂，使其进行上述反应的逆反应，无机离子便从树脂上解脱出来，树脂得到再生，恢复交换能力。

在制备去离子水时，至少要经过 3 个串联的交换树脂柱，如图 8-1 所示。

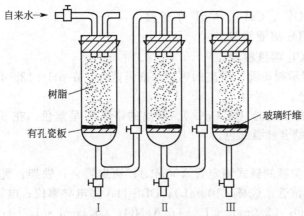

图 8-1　联合床式离子交换法制备去离子水装置

Ⅰ—阳离子交换柱；Ⅱ—阴离子交换柱；Ⅲ—混合交换柱

天然水先经过阳离子交换柱和阴离子交换柱，最后进混合（阴、阳）交换柱，混合柱的作用相当于多级离子交换，可进一步提高水的纯度。

有时可将电渗析法与离子交换法联合使用，即先经成本较低的电渗析法处理后，再经离子交换法；这样可延长离子交换树脂的使用周期，并可以提高水的纯度。

（2）水质的检验

① 水的电导率　电解质溶液的导电能力常用电导或电导率来表示。电导率是相距 1cm、面积 $1cm^2$ 的两个平行电极之间的溶液的电导。电导 G 是电阻 R 的倒数，电导率 κ 是电阻率 ρ 的倒数：

$$G = \frac{1}{R}, \qquad \kappa = \frac{1}{\rho}$$

电解质溶液的电导同样符合欧姆定律。在一定温度下，两极板间溶液的电阻与极板间的距离 L 成正比，与极板面积 A 成反比：

$$R = \frac{\rho L}{A}, \qquad G = \frac{\kappa A}{L}$$

电阻的单位为 $S(\Omega^{-1})$；电导率的单位为 $S \cdot cm^{-1}$。

使用电导仪（电导率仪）及电导电极可以对水进行电导或电导率的测定。电导电极是由两块平行镶嵌在玻璃框架上的铂片所组成的。所以，每一个电导电极的 A/L 为一常数，称为电导电极常数。它可以通过测定已知电导率的溶液的电导，从上述公式中求出，待测溶液的电导率可根据电导电极常数和测得的溶液电导求出（若使用电导率仪，则可直接测定溶液的电导率）。

电解质溶液导电能力的强弱，主要取决于溶液中离子的浓度。离子的浓度越大，其导电能力越强，电导率就越大。所以，可根据水的电导率的大小，来估计水中杂质离子的相对含量，进而评价水的纯度，表 8-1 给出了常见水在 25℃ 时的电导率数量级范围。

表 8-1　常见水的电导率数量级范围（25℃）

名称	自来水	蒸馏水	去离子水	高纯水
电导率/S·cm⁻¹	$10^{-2} \sim 10^{-4}$	$10^{-6} \sim 10^{-8}$	$10^{-6} \sim 10^{-7}$	$10^{-7} \sim 5.5 \times 10^{-8}$

② 水中 Cl^-、SO_4^{2-}、Ca^{2+}、Mg^{2+} 的检验

a. Cl^-：用 $AgNO_3$ 溶液检验。

b. SO_4^{2-}：用 $BaCl_2$ 溶液检验。

c. Ca^{2+}：用钙指示剂检验。游离的钙指示剂呈蓝色，在 pH＝12～13 的碱性溶液中，它与 Ca^{2+} 结合显酒红色。

d. Mg^{2+}：用铬黑 T 检验（无 Ca^{2+}）。游离的铬黑 T 呈蓝色，在 pH＝9～10.5 的碱性溶液中，它与 Mg^{2+} 结合显酒红色。

【实验用品】

(1) 仪器：去除尖嘴的碱式滴定管（50mL）；滴定管夹；铁架；乳胶管；T 形玻璃管；螺丝夹；玻璃纤维；试管；烧杯（100mL）；DDS-11A 型电导率仪；电导电极；pH 试纸。

(2) 试剂：HNO_3（2.0mol·L^{-1}）；$AgNO_3$（0.1mol·L^{-1}）；NH_3·H_2O（2.0 mol·L^{-1}）；钙指示剂；$BaCl_2$（1.0mol·L^{-1}）；NaOH（2.0mol·L^{-1}）；HCl（3.0mol·L^{-1}）；NaCl（1.0mol·L^{-1}）；铬黑 T。

(3) 树脂的预处理（由实验室完成）：取 732 型阳离子交换树脂 40g 于烧杯中，用自来水反复漂洗，除去其中色素、水溶性杂质及其他夹杂物，直至水澄清无色后，再用纯水洗至检不出 Cl^-（pH＝3～4）为止。

取 717 型阴离子交换树脂 80g 于烧杯中，如同上法漂洗和浸泡后，改用 3.0mol·L^{-1} 的 NaOH 浸泡 24h。倾去 NaOH 溶液，用纯水洗至 pH＝8～9 为止。

【实验步骤】

(1) 仪器的安装

按图 8-1 安装离子交换装置，在已拆除尖嘴的三支碱式滴定管的底部塞入少量玻璃纤维以免树脂漏出。拧紧下端夹子，在各柱子中加入少量蒸馏水，然后，在 1、2、3 号柱子中分别加阳离子交换树脂、阴离子交换树脂和按 1：2 混合的阳、阴离子交换树脂（可将树脂放在烧杯中，加入一些蒸馏水，用玻璃棒搅拌树脂同时倒入柱内，水过多时，可稍松开下端夹子，注意必须保持液层高于树脂层，使树脂自然地均匀沉降）。树脂层高度约 25cm。装柱时树脂层中不能留有气泡，否则，必须重装。树脂装好后，用乳胶管将 3 个柱子连接，注意连接的乳胶管内尽量排除气泡，以免液柱阻力过大，液流不畅。

(2) 离子交换

打开高位槽螺丝夹及交换柱间的螺丝夹，让自来水流入，依次使自来水流经阳离子交换树脂柱、阴离子交换树脂柱和混合离子交换树脂柱。调节每支交换柱底部的螺丝夹，流出液

以每分钟 25~30 滴的流速通过交换柱。开始流出的约 30mL 液体弃去，然后重新控制流速为每分钟 15~20 滴。用烧杯分别收集水样 30mL，用于检测。

（3）水质的检测

依次取自来水、阳离子交换树脂柱流出水、阴离子交换树脂柱流出水和混合离子交换树脂柱流出水，进行下列检验。

① 电导率的测定　用 DDS-11A 型电导率仪分别测定水样的电导率，记录数据。注意，每次测定前，都要用待测水样清洗电导电极，测定时，电导电极的铂片要全部浸入水样中。

② 水样中 Cl^- 的检验　各取水样 1mL，加入 2 滴 $2.0mol \cdot L^{-1}$ 的 HNO_3 使之酸化，然后加入 1~2 滴 $0.1mol \cdot L^{-1}$ $AgNO_3$，观察是否出现白色浑浊，判断有无 Cl^-。

③ 水样中 SO_4^{2-} 的检验　各取水样 1mL，加入 4 滴 $1.0mol \cdot L^{-1}$ 的 $BaCL_2$，观察是否出现白色浑浊，判断有无 SO_4^{2-} 存在。

④ 水样中 Ca^{2+} 的检验　各取水样 1mL，加入 2 滴 $2.0mol \cdot L^{-1}$ 的 $NaOH$，然后，加入少量钙指示剂，观察是否出现酒红色，判断有无 Ca^{2+}。

⑤ 水样中 Mg^{2+} 的检验　各取水样 1mL，加入 1 滴 $2.0mol \cdot L^{-1}$ 的 $NH_3 \cdot H_2O$，然后，加入少量铬黑 T，观察是否出现酒红色，判断有无 Mg^{2+}。

将检测结果填入表 8-2 中，并与表 8-1 对照作出结论。

表 8-2　检测项目

项　目	电导率/$S \cdot cm^{-1}$	Cl^-	SO_4^{2-}	Ca^{2+}	Mg^{2+}	结论
自来水						
阳离子交换柱流出水						
阴离子交换柱流出水						
混合离子交换柱流出水						

（4）树脂的再生

树脂使用一段时间失去正常的交换能力后，可按如下方法进行再生：

① 阴阳离子交换树脂的再生　放出交换柱内的水，加入适量的 $1.0mol \cdot L^{-1}$ $NaCl$ 溶液，用一支长玻璃棒充分搅拌，阴阳离子交换树脂因比重不同而分为两层。阴离子交换树脂在上，阳离子交换树脂在下，用倾斜法将上层阴离子交换树脂倒入烧杯中，重复此操作直至完全分离。

② 阴离子交换树脂的再生　用自来水漂洗树脂 2~3 次，倾出水后，加入 $3.0mol \cdot L^{-1}$ $NaOH$ 溶液浸泡约 20min，倾去碱液，再用适量 $3.0mol \cdot L^{-1}$ $NaOH$ 溶液洗涤 2~3 次，最后用纯水洗至 pH＝8~9。

③ 阳离子交换树脂的再生　水洗程序按上述方法进行，然后用 $3.0mol \cdot L^{-1}$ 的 HCl 溶液浸泡 20min，再用 $3.0mol \cdot L^{-1}$ 的 HCl 洗涤 2~3 次，再用纯水洗至水中检不出 Cl^- 为止。

【思考题】

① 离子交换法制备去离子水的原理是什么？
② 从各离子交换柱底部取得的水样的水质是否相同？为什么？
③ 为什么可以用水样的电导率来估计它的纯度？

附：树脂的处理

新树脂中常常含有一些未参与反应的低分子和高分子的分解产物，含有一些金属离子杂质、色素等异物，一般常见的钠型阳离子树脂和氯型阴离子树脂，在使用前，均需进行处理，以除去杂质并转化成所需的类型。

① 水洗　将新树脂置于容器中，用清水漂洗，至水清晰为止。然后，用清水浸泡12～24h，使其充分膨胀。若为干树脂，应先用饱和的 NaCl 溶液浸泡，再逐步改用稀释 NaCl 溶液。

② 酸碱处理　为了使阳离子树脂完全转变为氢型，将阳离子树脂浸泡在 $3.0\text{mol}\cdot\text{L}^{-1}$ 的 HCl 溶液中，不断的搅拌 15min，浸泡 24h。阴离子树脂可浸泡在 $3.0\text{mol}\cdot\text{L}^{-1}$ 的 NaOH 溶液中，不断搅拌 0.5h 后，浸泡 24h。然后，将 HCl 和 NaOH 溶液倾去，用去离子水清洗至溶液近中性为止，用 pH 试纸检验。

取阳离子树脂溶液中上层清液 1mL，加数滴 pH＝10 的 $NH_3\text{-}NH_4Cl$ 缓冲溶液、少许铬黑 T 指示剂，如呈蓝色，则树脂已转化为氢型。

取阴离子树脂溶液中上层清液 1mL，加 2 滴稀硝酸，滴加 $AgNO_3$ 溶液，若没有白色浑浊现象出现，则树脂已转化为氢氧型。

实验 41　茶叶中微量元素的分离与鉴定

【实验目的】

① 掌握分离鉴定茶叶中某些化学元素的方法。

② 提高综合运用化学知识的能力。

【实验原理】

茶叶中含有机化学成分达四百多种，无机矿物元素四十多种。有机化学成分主要有：茶多酚类、植物碱、蛋白质、氨基酸、维生素、果胶素、有机酸、脂多糖等。无机矿物元素主要有钾、钙、镁、铝、铁、铜、磷、碘、氟、硒等。

测定其中 Fe、Al、Ca、Mg 等这几种微量金属元素，茶叶需要先进行干灰化：将试样置于敞口的蒸发皿中加热，除几种主要元素形成易挥发物质逸出，其余物质留在灰烬中，这种方法特别适用于生物和食品样品的预处理。灰化后，经酸溶解，即可逐级进行分析鉴定。Fe 和 Al 的混合溶液 Fe^{3+} 对 Al^{3+} 鉴定有干扰，利用 Al^{3+} 的两性，在溶液中加入过量的碱，使 Al^{3+} 转化为 AlO_2^- 留在溶液中，Fe^{3+} 和碱反应生成 $Fe(OH)_3$ 沉淀，经分离后除去，消除了干扰。Ca、Mg 混合溶液中，Ca^{2+} 和 Mg^{2+} 的鉴定互不干扰，可不必分离直接鉴定。表 8-3 是四种元素氢氧化物完全沉淀的 pH 数据。

表 8-3　氢氧化物完全沉淀的 pH

化合物	$Fe(OH)_3$	$Al(OH)_3$	$Mg(OH)_2$	$Ca(OH)_2$
pH	4.1	5.2～9	＞11	＞13

【实验用品】

(1) 仪器：离心机；托盘天平；研钵；蒸发皿；酒精灯；烧杯 (50mL)；水浴锅；离心试管。

(2) 试剂：HCl ($2\text{mol}\cdot\text{L}^{-1}$)；$NH_3\cdot H_2O$ ($6\text{mol}\cdot\text{L}^{-1}$)；NaOH ($2\text{mol}\cdot\text{L}^{-1}$)；铝试剂；$K_4[Fe(CN)_6]$ ($0.25\text{mol}\cdot\text{L}^{-1}$)；$(NH_4)_2C_2O_4$ ($0.5\text{mol}\cdot\text{L}^{-1}$)；镁试剂；NaOH (40%)。

【实验步骤】

(1) 茶叶试样的处理

称取 7~8g 洗净且干燥的茶叶放在蒸发皿中加热使其充分灰化（在通风橱中进行），然后放入研钵研成细末放在烧杯中，加入 10mL 2mol·L⁻¹ HCl 溶液，搅拌溶解，过滤，保留滤液。

(2) 分离并鉴定各金属离子

① Al³⁺ 在滤液中逐滴加入 6mol·L⁻¹ NH₃·H₂O 控制溶液的 pH 为 6~7，使之产生沉淀，离心分离，上层清液转移到另一只离心管中备用。在沉淀中加入过量的 2mol·L⁻¹ NaOH 溶液，离心分离，在清液中加入 2 滴铝试剂，再加 2 滴 6mol·L⁻¹ NH₃·H₂O，水浴加热，如果有红色絮状沉淀产生，表明溶液中存在 Al³⁺。

② Fe³⁺ 在上述沉淀中加入 2mol·L⁻¹ HCl 溶液使其溶解，然后滴加 2 滴 0.25 mol·L⁻¹ K₄[Fe(CN)₆] 溶液，如果生成深蓝色沉淀，表明溶液中存在 Fe³⁺。

③ Ca²⁺ 在另一只离心管中加入 0.5mol·L⁻¹ (NH₄)₂C₂O₄ 直至产生白色沉淀，离心分离，上层清液转移到另外一只离心管中。向沉淀滴加 2mol·L⁻¹ HCl 溶液，如果白色沉淀溶解，表明溶液中存在 Ca²⁺。

④ Mg²⁺ 在装有上层清液的离心管中加入 40% NaOH 几滴，再加入 2 滴镁试剂，如果有蓝色沉淀产生，表明溶液中有 Mg²⁺。

【注意事项】

① 茶叶灰化后，酸溶解速度较慢时可小火略微加热。

② 测 Mg²⁺ 时，Fe³⁺ Al³⁺ 的存在会干扰测定，分析时可加入三乙醇胺，掩蔽 Fe³⁺ 和 Al³⁺。

【思考题】

① 应如何选择灰化的温度？

② 如果茶叶中含有磷元素应如何测定？

③ 茶叶中含有微量铜和锌元素该如何分离测定？

 实验 42 植物中某些元素的分离与鉴定

【实验目的】

① 了解植物体内某些重要元素鉴定的原理和方法。

② 了解植物样品灰化和浸溶方法及操作。

③ 培养学生解决实际问题的能力。

【实验原理】

植物是有机体，主要由 C、H、O、N 等元素组成，还含有 I、P 及其他金属元素。将植物烧成灰烬，然后用酸浸溶即可从中分离和鉴定某些元素，实验只要求鉴定植物中 Ca、Mg、Al、Fe 四种金属元素和 I、P 两种非金属元素。

【实验用品】

(1) 仪器：托盘天平；离心机；研钵；蒸发皿；酒精灯；烧杯（50mL）。

(2) 试剂：松枝、柏枝、茶叶、海带等植物试样；浓 HNO₃；钼酸铵试剂；HAc 溶液（1mol·L⁻¹）；HCl(2mol·L⁻¹)；NH₃·H₂O (6mol·L⁻¹) NaOH(2mol·L⁻¹)；铝试剂；K₄[Fe(CN)₆] (0.25mol·L⁻¹)；(NH₄)₂C₂O₄(0.5mol·L⁻¹)；镁试剂；广泛 pH

试纸。

【实验步骤】

(1) 从松枝、柏枝、茶叶等植物试样中任选一样鉴定钙、镁、铝、铁离子

称取 5g 左右洗净且干燥的植物枝叶（青叶用量适当增加）放在蒸发皿中加热使其充分灰化（在通风橱中进行），然后放入研钵研成细末，取出少量茶叶灰做磷元素鉴定用。取 0.5g 放在烧杯中，加入 10mL 2mol·L^{-1} HCl 溶液，搅拌溶解，过滤，保留滤液。

自拟方案，分离并鉴定滤液中的钙、镁、铝、铁离子。

(2) 从松枝、柏枝、茶叶等植物试样中任选一样鉴定磷元素

取茶叶灰于烧杯中，加入 5mL 浓 HNO$_3$（在通风橱中进行），搅拌溶解，过滤得到棕色透明溶液于试管中，在试管中加入 1mL 钼酸铵试剂，将试管放在水浴中加热，如果有黄色沉淀产生，表明有磷元素存在。

(3) 海带中碘的鉴定

按上述方法将海带灰化，取 0.5g 溶于 10mL 1mol·L^{-1} HAc 溶液中，温热搅拌促使其溶解，过滤。

自拟方案鉴定滤液中的碘离子。

【注意事项】

① 由于在植物中上述元素含量一般都不高，鉴定时取量一般不宜太少，一般取 1mL 左右进行鉴定。

② Fe^{3+} 对 Mg^{2+} 和 Al^{3+} 的鉴定均有干扰，鉴定前应加以分离，可采用控制酸度的方法先将 Ca^{2+}、Mg^{2+} 与 Fe^{3+}、Al^{3+} 分离，然后再分离 Fe^{3+} 和 Al^{3+}。

【思考题】

① 请用流程图总结以上元素分离和鉴定的条件，写出有关离子反应方程式。

② 如何用控制酸度的方法分离鉴定钙、镁、铝、铁离子？

实验 43 工业纯碱总碱量的测定

【实验目的】

① 掌握纯碱总碱度的测定原理、方法和操作技能。

② 熟悉酸碱滴定法选用指示剂的原则。

③ 学会把固体试样制备成试液的方法。

【实验原理】

工业纯碱的主要成分是碳酸钠。由于制造方法的不同，会含有不同的杂质。如用氨法制成的纯碱就可能含 NaCl、Na$_2$SO$_4$、NaOH、NaHCO$_3$ 等。用盐酸滴定时，除其中主要组分 Na$_2$CO$_3$ 被中和外，其他碱性杂质如 NaOH 或 NaHCO$_3$ 等也都被中和。因此这个测定的结果是碱的总量，以 Na$_2$CO$_3$ 或 Na$_2$O 的质量分数来表示。

$$Na_2CO_3 + 2HCl \Longrightarrow NaHCO_3 + NaCl \qquad pH \approx 8.3$$

$$NaHCO_3 + HCl \Longrightarrow H_2O + CO_2 \uparrow + NaCl \qquad pH \approx 3.9$$

【实验条件】

0.1mol·L⁻¹碳酸钠溶液的pH为11.6；当中和至NaHCO₃时，溶液的pH为8.3；当全部中和后形成CO_2饱和溶液，pH接近3.9。由于第一个化学计量点（pH接近8.3）的滴定突跃范围比较小，终点不敏锐，因此采用第二个化学计量点为滴定终点。以甲基橙为指示剂，溶液由黄色变为橙色时即为滴定终点。

【实验用品】

(1) 仪器：容量瓶（250mL）；称量瓶；分析天平；锥形瓶（250mL）；烧杯（250mL）；移液管（25.00mL）；洗耳球。

(2) 试剂：Na_2CO_3（基准试剂，A. R.）；工业纯碱；6mol·L⁻¹ HCl；甲基橙指示剂。

【实验步骤】

(1) 0.1mol·L⁻¹ HCl溶液的配制

取一定量的6mol·L⁻¹ HCl稀释成500mL，得0.1mol·L⁻¹ HCl。

(2) 0.1mol·L⁻¹ HCl标准溶液的标定

准确称取基准Na_2CO_3约1.0～1.5g，置于烧杯中，加少许水使之溶解（可稍加热）；待冷却后转移进250mL容量瓶中，将烧杯淋洗3次，洗涤液全部注入容量瓶中，最后用水稀释至刻度，摇匀。

准确移取25mL上述试液置于250mL的锥形瓶中，加甲基橙2～3滴，用稀释好的HCl标准溶液滴定至溶液呈橙色即为终点。平行测定3次。根据消耗HCl的体积计算HCl的准确浓度。

(3) 总碱量的测定

准确称取工业纯碱约1.0～1.5g，置于烧杯中，加少许水使之溶解（可稍加热）；待冷却后转移进250mL容量瓶中，将烧杯和搅拌棒淋洗3次，洗涤液全部注入容量瓶中，最后用水稀释至刻度，摇匀。

准确移取25.00mL上述试液置于250mL的锥形瓶中，加甲基橙2～3滴，用HCl标准溶液滴定至溶液呈橙色即为终点。平行测定3次。根据消耗HCl的体积计算总碱度，以Na_2CO_3的质量分数表示。

【数据记录与处理】

自行设计HCl溶液标定和总碱量测定的记录表，并进行有关计算。

【思考题】

① 工业纯碱的主要成分是什么？还含有哪些主要杂质？为什么说这是个"总碱量"的测定？

② 如何选择纯碱"总碱量"测定的指示剂？终点如何控制？为什么？

③ 若以Na_2CO_3形式表示总碱量，其计算公式应如何表示？以Na_2O表示，又如何？

④ 基准Na_2CO_3保存不当，吸收了少量水分，对标定HCl溶液浓度有何影响？

 案例　酸碱混合物测定的方法设计

【实验目的】

化学实验设计中，学生充分发挥主体作用，做实验的主人，避免被动地进行实验。设计实验需要学生灵活地、创造性地运用所学的化学基础知识和基本技能，因而一方面可以帮助巩固化学基础知识和基本技能，另一方面可以培养他们分析问题、解决问题的能力。另外，化学实验设计的过程，是各种科学方法如实验、测定、条件控制、假设等的运用过程，因而有利于学生科学方法的训练和培养。化学实验设计是一项创造性的学习活动，是一个从未知到已知的过程，在这个过程中学生从一开始的查阅资料到实验设计再到设计方案可行性验证，最后进行设计方案的改进，以上的各个环节中，学生的逻辑思维能力、辩证思维能力、发散性思维能力、迁移思维能力等都会得到提高。此外，化学实验设计是学生亲自解决问题，因此可以激发学生学习化学的兴趣。

【实验设计时思考的问题】

在设计混合酸碱组分测定方法时，首先想到的是化学分析方法——滴定分析法中酸碱滴定。因此在设计实验时要考虑的主要问题有：

（1）判断能否进行直接准确滴定？

（2）设计方法的原理是什么？可选用哪几种方法进行滴定？

（3）采用什么作滴定剂？如何配制和标定？

（4）滴定结束时产物是什么？这时产物溶液 pH 为多少？选用何种指示剂？

（5）酸碱滴定时，滴定剂和被滴物质的浓度应以 $0.1\text{mol}\cdot\text{L}^{-1}$ 为标准进行估算，考虑它们的溶液取样量大小。

（6）各组分含量的计算公式是什么？含量以什么单位表示？计算用的有关常数等是否查好？

（7）设计时要以"求实"的精神，去比较、研究实验中的问题。如选择的方法好不好？滴定的误差为多少？哪种指示剂较好等。

（8）滴定终点的指示问题，一般采用指示剂法检测滴定终点。滴定较弱的酸碱组分时，用电位法指示滴定终点是较准确的方法。理论证明，$\Delta pK\approx3$ 时，用电位法指示终点尤为重要，例如 $HAc\text{-}NaHSO_4$ 体系等，在处理数据时也应作一阶微分或二阶微分的处理才能得到满意的结果。

【实验案例】

测定混合 $NaH_2PO_4\text{-}Na_2HPO_4$ 体系中各组分的含量。

【案例分析】

（1）判断能否用酸或碱标准溶液进行直接滴定

H_3PO_4 的三级解离平衡为：

$$H_3PO_4 \underset{11.88}{\overset{pK_{a1}^{\ominus}=2.12}{\rightleftharpoons}} H_2PO_4^- \underset{6.80}{\overset{7.20}{\rightleftharpoons}} HPO_4^{2-} \underset{pK_{b1}^{\ominus}=1.64}{\overset{12.36}{\rightleftharpoons}} PO_4^{3-}$$

根据酸碱物质能否准确滴定的判别条件 $cK^{\ominus}\geqslant10^{-8}$ 来看，可以用碱标准溶液直接滴定 NaH_2PO_4 测定含量；而不能用碱标准溶液继续直接滴定 Na_2HPO_4 测出含量，但可以用 HCl 标准溶液直接滴定测量 Na_2HPO_4 的含量，或者按文献加入适量 $CaCl_2$ 固体，释放出相当量的 H^+，再用 NaOH 标准溶液滴定：

$$2Na_2HPO_4 + 3CaCl_2 =\!=\!= Ca_3(PO_4)_2\downarrow + 4NaCl + 2HCl$$

同理 NaH_2PO_4 也不能用 HCl 标准溶液来直接滴定测出。

（2）滴定方法

① 取一份溶液用 HCl 和 NaOH 滴定两次　　此方法中的 V_1 是中和 NaH_2PO_4 到 Na_2HPO_4 消耗的 NaOH 的体积，反应的摩尔比为 1:1，可由此计算 NaH_2PO_4 的含量；V_2 是原来有的和新生成的 Na_2HPO_4 共同消耗的 HCl 体积，反应的摩尔比还是 1:1，所以计算 Na_2HPO_4 含量时要减去 V_1。

$$
\begin{array}{c}
\boxed{NaH_2PO_4 + Na_2HPO_4} \\
\updownarrow V_1 \quad \downarrow NaOH \\
\boxed{Na_2HPO_4 + Na_2HPO_4(原有)}
\end{array}
\qquad
\begin{array}{c}
\boxed{NaH_2PO_4} \\
\downarrow HCl \quad \updownarrow V_2 \\
\end{array}
$$

$$w(NaH_2PO_4) = \frac{c(NaOH)V_1M(NaH_2PO_4)}{m_s}$$

$$w(Na_2HPO_4) = \frac{c(HCl)(V_2-V_1)M(Na_2HPO_4)}{m_s}$$

式中　m_s——混合碱质量，g。

② 取两份等量的溶液，分别用 HCl 和 NaOH 滴定　　此方法中的 V_1 是中和 NaH_2PO_4 到 Na_2HPO_4 消耗的 NaOH 的体积，反应的摩尔比为 1:1，可由此计算 NaH_2PO_4 的含量；V_2 是中和 Na_2HPO_4 消耗的 HCl 体积，反应的摩尔比也是 1:1，所以由 V_2 计算 Na_2HPO_4 含量。

$$
\begin{array}{c}
\boxed{NaH_2PO_4} \\
\downarrow HCl \quad \updownarrow V_2 \\
\boxed{NaH_2PO_4 + Na_2HPO_4} \\
\updownarrow V_1 \quad \downarrow NaOH \\
\boxed{Na_2HPO_4}
\end{array}
$$

$$w(NaH_2PO_4) = \frac{c(NaOH)V_1M(NaH_2OPO_4)}{m_s}$$

$$w(Na_2HPO_4) = \frac{c(HCl)V_2M(Na_2HPO_4)}{m_s}$$

式中　m_s——混合碱质量。

（3）如何选择指示剂

根据滴定反应的产物，即终点时溶液的 pH 值来选择。计量点的产物为 HPO_4^{2-} 时，其 $pH = \frac{1}{2}(pK_{a2}^{\ominus} + pK_{a3}^{\ominus}) = 9.7$，可选用酚酞（$pH = 8.0 \sim 10.0$）或百里酚酞（$pH = 9.4 \sim 10.6$）为指示剂。当滴定计量点时产物为 $H_2PO_4^{-}$ 时，其 $pH = 4.7$，这时可选用甲基红（$pH = 4.4 \sim 6.2$）和溴甲酚绿（$pH = 3.8 \sim 5.4$）等作指示剂。

【实验步骤设计】

（1）准备仪器

分析天平；酸、碱滴定管；锥形瓶；移液管。

（2）试剂

酚酞指示剂；甲基红指示剂；浓盐酸；氢氧化钠；待测磷酸酸式盐。

（3）标准溶液配制及标定

① $0.1\text{mol} \cdot L^{-1}$ HCl 的配制，用基准物质硼砂标定准确浓度；

② $0.1\text{mol} \cdot L^{-1}$ NaOH 的配制，用基准物质邻苯二甲酸氢钾标定，或用已经标定好的HCl 溶液比较标定。

（4）估算待测磷酸酸式盐的质量和配制的体积

这一步要考虑滴定误差、称量误差，即：滴定管中标准溶液消耗量在 20～40mL，移取待测液 20mL 或 25mL，称量待测磷酸酸式盐的质量不少于 0.2g。

（5）初步实验

（6）做对照实验检验

（7）进行实验分析

（8）得出分析结果，写出分析报告

【可供分析的课题】

（1）混合碱试样分析

① NaOH-Na$_3$PO$_4$ 混合液

② KH$_2$PO$_4$-K$_2$HPO$_4$ 混合液

③ NaOH-Na$_2$CO$_3$ 混合液

④ Na$_2$CO$_3$-NaHCO$_3$ 混合液

⑤ NH$_3 \cdot$ H$_2$O-NH$_4$Cl 混合液等；固体混合碱

（2）混合酸试样分析

① H$_2$SO$_4$-H$_3$PO$_4$ 混合液

② H$_2$SO$_4$-HAc 混合液

③ HCl-HBO$_3$ 混合液

④ HCl-NH$_4$Cl 混合液

⑤ HCl-（CH$_2$）$_6$N$_4$（六次甲基四胺）混合液

⑥ HAc-NaAc 混合液等

实验 44　磷酸盐、磷酸氢二钠和磷酸二氢钠的制备

【实验目的】

① 了解工业磷酸提纯的原理和方法。

② 掌握多元弱酸解离平衡与其溶液 pH 之间的关系。

【实验原理】

十二水合磷酸钠 Na$_3$PO$_4 \cdot$ 12H$_2$O 为无色三方晶系，$10\text{g} \cdot L^{-1}$ 的水溶液 pH 为 11.5～12.1，从水溶液析出的温度为 55～65℃；十二水合磷酸氢二钠 Na$_2$HPO$_4 \cdot$ 12H$_2$O 为无色单斜晶系或斜方晶系晶体，有风化性，其 $10\text{g} \cdot L^{-1}$ 水溶液 pH 为 9.0～9.4，从水溶液中析出的温度为 0～35℃；二水合磷酸二氢钠 NaH$_2$PO$_4 \cdot$ 2H$_2$O 为无色斜方晶系晶体，其 0.2 $\text{mol} \cdot L^{-1}$ 水溶液 pH 为 4.2～4.6，从水中析出的温度为 0～41℃。

本实验从工业 H_3PO_4 制备纯的磷酸盐，先在工业 H_3PO_4 中加入 P_2S_5，P_2S_5 遇水分解，产生 H_2S 气体，工业 H_3PO_4 中存在的杂质如砷和一些重金属离子都生成了硫化物沉淀，过滤后即得纯的 H_3PO_4。用 NaOH 或 Na_2CO_3 将 H_3PO_4 中和，在不同的 pH 条件下，浓缩溶液，冷却，可分别析出 $Na_3PO_4 \cdot 12H_2O$、$Na_2HPO_4 \cdot 12H_2O$、$NaH_2PO_4 \cdot 2H_2O$。

【实验用品】

(1) 仪器：分析天平；托盘天平；碱式滴定管（50mL）；烧杯（250mL）；表面皿；水浴锅；温度计；吸滤瓶；布氏漏斗；真空泵。

(2) 试剂：NaOH 标准溶液（$0.1mol \cdot L^{-1}$）；工业 H_3PO_4；Na_2CO_3（s，A.R.）；P_2S_5（s，A.R.）；酚酞指示剂；精密 pH 试纸；无水乙醇。

【实验步骤】

(1) 工业 H_3PO_4 提纯

取 50mL 工业 H_3PO_4 于烧杯中，加入 80mL 去离子水稀释，加入 2g，P_2S_5 搅拌均匀盖上表面皿。在水浴中加热到 80℃，保温 1h（以上操作要在通风橱中进行），当 P_2S_5 水解后，溶液出现黄色絮状沉淀，趁热过滤，将滤液用去离子水稀释到 300mL，搅匀。

(2) $NaH_2PO_4 \cdot 2H_2O$ 的制取

取 100mL 制得的 H_3PO_4 溶液于烧杯中，加热并缓慢加入 Na_2CO_3 固体，调节溶液 pH 至 4.2~4.6（若在加热过程中水分蒸发损失，应不断加去离子水补充，直到赶尽 CO_2 为止）。然后加热浓缩至表面有晶膜出现（此时溶液的总体积约为原体积的一半）。用水冷却，加入晶种，待晶体出现，抽滤，晶体用少量无水乙醇洗涤 3 次，吸干后，称重。

(3) $Na_2HPO_4 \cdot 12H_2O$ 的制取

取 100mL 制得的 H_3PO_4 溶液于烧杯中，用去离子水稀释溶液至 260mL，加热并缓慢加入 Na_2CO_3 固体，调节溶液 pH 至 9.2 然后加热浓缩至表面有晶膜出现，用水冷却，加入晶种，待晶体出现，抽滤，吸干后，称重。

(4) $Na_3PO_4 \cdot 12H_2O$ 的制取

取 100mL 制得的 H_3PO_4 溶液于烧杯中，用去离子水稀释溶液至 300mL，加热并缓慢加入 Na_2CO_3 固体，调节溶液 pH 至 12 然后加热浓缩至表面有晶膜出现，用水冷却，加入晶种，待晶体出现，抽滤，吸干后，称重。

(5) $NaH_2PO_4 \cdot 2H_2O$ 的检验

称取 0.4g $NaH_2PO_4 \cdot 2H_2O$ 制得的样品，加入去离子水稀释至 50mL，搅匀，用精密 pH 试纸测定，pH 应在 4.2~4.6 之间。

(6) $NaH_2PO_4 \cdot 2H_2O$ 含量测定

准确称取 0.5g（精确至 0.0001g）$NaH_2PO_4 \cdot 2H_2O$ 制得的样品，加入 20~30mL 去离子水，加 1~2 滴酚酞指示剂，用 $0.1mol \cdot L^{-1}$ NaOH 标准溶液滴定溶液至微红色，即达到滴定终点，记录消耗 NaOH 标准溶液体积，平行测定 3 次，计算试样中 $NaH_2PO_4 \cdot 2H_2O$ 含量。

【数据记录与处理】

$$w(NaH_2PO_4 \cdot 2H_2O) = \frac{c(NaOH)V(NaOH)M(NaH_2PO_4 \cdot 2H_2O)}{2m_s} \times 100\%$$

式中 m_s——称取 $NaH_2PO_4 \cdot 2H_2O$ 的质量，g。

数据记录填入表 8-4。

表 8-4　$NaH_2PO_4 \cdot 2H_2O$ 含量测定

项　目	I	II	III
$m(NaH_2PO_4 \cdot 2H_2O)/g$			
$V_{初}(NaOH)/mL$			
$V_{终}(NaOH)/mL$			
$\Delta V(NaOH)/mL$			
$w(NaH_2PO_4 \cdot 2H_2O)/\%$			
$\overline{w}(NaH_2PO_4 \cdot 2H_2O)/\%$			
$\overline{d_r}$			

【注意事项】

在提纯工业 H_3PO_4 时所有步骤都要在通风橱中进行。

【思考题】

为什么选择 P_2S_5 作为纯化磷酸的试剂？

实验 45　碳酸钠的制备与分析

【实验目的】

① 学习利用盐类溶解度知识制备无机化合物。

② 练习灼烧、减压过滤及洗涤等基本操作。

③ 巩固酸碱滴定操作。

【实验原理】

(1) Na_2CO_3 制备

碳酸钠又名苏打，工业上叫纯碱，用途很广。工业联合制碱法是将 CO_2 和 NH_3 通入 $NaCl$ 溶液中，生成 $NaHCO_3$，再在高温下灼烧转化为 $NaCO_3$，反应式如下：

$$NaCl + NH_3 + CO_2 + H_2O \Longrightarrow NaHCO_3 + NH_4Cl$$

$$2NaHCO_3 \Longrightarrow Na_2CO_3 + CO_2 + H_2O$$

本实验是利用 NH_4HCO_3 和 $NaCl$ 反应制取 $NaHCO_3$，$NaHCO_3$ 再灼烧分解为 Na_2CO_3，反应式如下：

$$NH_4HCO_3 + NaCl \Longrightarrow NaHCO_3 + NH_4Cl$$

反应过程中要控制好温度，对于由 NH_4HCO_3、$NaCl$、$NaHCO_3$ 和 NH_4Cl 组成的体系中，$NaHCO_3$ 的溶解度是最小的，降低温度有利于产物 $NaHCO_3$ 的析出，但是温度过低不利于上述反应的进行；温度也不能过高，温度过高 NH_4HCO_3 会分解，因此反应在 30～35℃ 时制备 $NaHCO_3$ 是较适宜的。表 8-5 列有 $NaCl$、$NaHCO_3$、NH_4HCO_3 和 NH_4Cl 的溶解度。

表 8-5　NaCl、NaHCO₃、NH₄HCO₃、NH₄Cl 的溶解度　　单位：g·(100g)⁻¹H₂O

温度/℃ 化合物	0	10	20	30	40	50	60	70
NaCl	35.7	35.8	36.0	36.3	36.6	37.0	37.3	37.8
NaHCO₃	6.9	8.2	9.6	11.1	12.7	14.5	16.4	—
NH₄HCO₃	11.9	15.8	21.0	27.0	—	—	—	—
NH₄Cl	29.4	33.3	37.2	41.4	45.8	50.4	55.2	60.2

(2) Na_2CO_3 中总碱度的分析

制取好的产品要检验其总碱度 [以 $w(Na_2O)$ 表示]，用 HCl 标准溶液进行滴定，反应式如下：

$$Na_2CO_3 + 2HCl \Longrightarrow H_2CO_3 + 2NaCl$$

当达到计量点时，溶液 pH 的为 3.9，可以选择甲基橙作为指示剂，溶液由黄色滴定至橙色为终点。

【实验用品】

(1) 仪器：分析天平；托盘天平；酸式滴定管（50mL）；锥形瓶（250mL）；容量瓶（100mL）；移液管（25mL）；小烧杯（100mL）；蒸发皿；抽滤瓶；布氏漏斗；循环水泵；酒精灯；三脚架；石棉网；恒温水浴锅。

(2) 试剂：NaCl 溶液（25％）；NH_4HCO_3（s，A. R.）；HCl 标准溶液（0.05 mol·L⁻¹）；甲基橙指示剂；无水 Na_2CO_3（s，G. R.）。

【实验步骤】

(1) Na_2CO_3 的制备

① $NaHCO_3$ 中间产物的制备　取 25％ 的 NaCl 溶液 25mL 置于小烧杯中，放在水浴锅中加热（温度控制在 30～35℃），同时称取 10g 研磨后的 NH_4HCO_3 固体，分几次加到溶液中，在充分搅拌下反应 20min 左右，静止 5min 后减压过滤，得到 $NaHCO_3$ 固体，用少量的水冲洗晶体除去黏附的铵盐，抽干母液后，将 $NaHCO_3$ 取出。

② Na_2CO_3 的制备　将中间产物 $NaHCO_3$ 放在蒸发皿中，置于石棉网上加热，同时用玻璃棒不停搅拌，防止固体受热不均结块，加热 5min 后将石棉网取出继续加热 30min，即可制得白色粉状固体 Na_2CO_3，冷却至室温在分析天平上称其质量 $m_{实际}$（Na_2CO_3）。

③ 产品产率计算　根据反应物之间化学计量关系和反应物和产物实际用量，计算理论产量和产品产率。[$\rho(25％NaCl)=1.12g·cm^{-3}$]

(2) 产品 Na_2CO_3 中总碱度分析

① 0.05mol·L⁻¹ HCl 标准溶液的标定　准确称取 0.21～0.32g（精确至 0.0001g）无水 Na_2CO_3 于小烧杯中，加水溶解后定量转移到 100mL 容量瓶中，定容，摇匀。

准确移取 25.00mL 上述溶液于锥形瓶中，加入 1～2 滴甲基橙指示剂，用待标定的 HCl 标准溶液滴定，当溶液由黄色滴定至橙色即为滴定终点，记录消耗 HCl 标准溶液体积，平行滴定 3 次，计算 HCl 标准溶液的浓度。

② 总碱度的测定　准确称取自制的 Na_2CO_3 产品 0.38～0.41g（精确至 0.0001g）于烧杯中，加水溶解，定量转移到 100mL 容量瓶中，定容，摇匀。

准确移取 25.00mL 上述溶液于锥形瓶中，加 20mL 去离子水和 1～2 滴甲基橙指示剂，用 0.05mol·L^{-1} HCl 标准溶液滴定，当溶液由黄色滴定至橙色即为滴定终点，记录消耗 HCl 标准溶液体积，平行滴定 3 次，计算试样的总碱度 $[w(Na_2O)]$

【数据记录与处理】

$$c(HCl) = \frac{2m(Na_2CO_3)}{M(Na_2CO_3)V(HCl)} \times \frac{25}{100}$$

产率：
$$\frac{2m_{实际}(NaCO_3)M(NaCl)}{25\%\rho(NaCl)V(NaCl)M(Na_2CO_3)} \times 100\%$$

总碱量：
$$\frac{\overline{c}(HCl)V(HCl)M(Na_2O)}{2m_s} \times \frac{100.00}{25.00} \times 100\%$$

式中　m_s——称取自制的 Na_2CO_3 产品质量，g。

数据记录填入表 8-6 和表 8-7。

表 8-6　0.05mol·L^{-1} 标准 HCl 溶液的标定

项　目	I	II	III
$m(NaCO_3)$/g			
$V_{初}(HCl)$/mL			
$V_{终}(HCl)$/mL			
$\Delta V(HCl)$/mL			
$c(HCl)$/(mol·L^{-1})			
$\overline{c}(HCl)$/(mol·L^{-1})			
$\overline{d_r}$			

表 8-7　总碱度的测定

项　目	I	II
$m(碱试样)$/g		
$V_{初}(HCl)$/mL		
$V_{终}(HCl)$/mL		
$\Delta V(HCl)$/mL		
$w(Na_2O)$/%		
$\overline{w}(Na_2O)$/%		
$\overline{d_r}$		

【注意事项】

① 在减压过滤时，淋洗产品一到两次即可，以免制备的 $NaHCO_3$ 溶解，产量损失。

② 标定 HCl 标准溶液可用无水 Na_2CO_3 作为基准物，采用与测定相同的方法和指示剂可以减少系统误差。

【思考题】

① 进行减压过滤操作时应注意那些问题？

② 实验中有哪些因素影响产品的产量？

③ 影响产品纯度的因素有哪些？

【实验目的】

① 了解测定 $BaCl_2 \cdot 2H_2O$ 中钡离子含量的原理和方法。

② 掌握晶形沉淀的制备、过滤、洗涤、灼烧及至恒重等的基本操作技术。

【实验原理】

重量分析法是以沉淀反应为基础的一种分析方法。它是分析化学中最经典、最基本的方法。重量分析法不需要标准试样或基准物质比较，而是通过直接沉淀和称量测得物质的含量，其测定结果准确度很高。尽管它的操作时间很长，但由于其不可替代的特点，目前在某些元素的常量分析或其化合物的定量分析中还经常使用。

沉淀可大致分为晶形沉淀和无定形沉淀两类。$BaSO_4$ 是典型的晶形沉淀。无定形沉淀又称非晶形沉淀或胶状沉淀，其典型例子是 $Fe_2O_3 \cdot nH_2O$。$AgCl$ 是一种凝乳状沉淀，按其性质介于晶形和非晶形沉淀之间。

重量分析对沉淀的要求是：沉淀的溶解度要小。要求沉淀的溶解损失不应超过天平的称量误差；沉淀必须纯净，不应混进沉淀剂和其他杂质；沉淀应易于过滤和洗涤，因此进行沉淀时希望得到颗粒大的晶形沉淀。

重量分析对称量形式有要求是：称量形式必须有确定的化学组成，否则无法计算分析结果；称量形式必须十分稳定，不受空气中水、二氧化碳和氧气的影响；称量形式的摩尔质量要大，被测组分在称量形式中的质量分数要小，这样可以提高分析的准确度。

$BaSO_4$ 重量法，既可以用于测定 Ba^{2+}，也可以用于测定 SO_4^{2-} 的含量。晶形沉淀的条件是稀、热、慢、搅、陈的"五字原则"。

称取一定量的 $BaCl_2 \cdot 2H_2O$，用水溶解，加稀 HCl 溶液酸化，加热至微沸，在不断搅动下，慢慢地加入稀、热的 H_2SO_4 溶液，Ba^{2+} 与 SO_4^{2-} 反应，形成晶形沉淀。沉淀经陈化、过滤、洗涤、烘干、炭化、灰化、灼烧后，以 $BaSO_4$ 形式称量，可求出 $BaCl_2 \cdot 2H_2O$ 中 Ba 的含量。

Ba^{2+} 可生成一系列微溶化合物，如 $BaCO_3$、$BaCrO_4$、$BaHPO_4$、$BaSO_4$ 等，其中以 $BaSO_4$ 溶解度最小，100mL 溶液中，100℃时溶解 0.4 mg，25℃时仅溶解 0.25 mg。当过量沉淀剂存在时，溶解度大为减小，一般可以忽略不计。

$BaSO_4$ 重量法一般在 $0.05\text{mol} \cdot \text{L}^{-1}$ 左右盐酸介质中进行沉淀，它是为了防止产生 $BaCO_3$、$BaHPO_4$、$BaHAsO_4$ 沉淀以及防止生成 $Ba(OH)_2$ 共沉淀。同时，适当提高酸度，增加 $BaSO_4$ 在沉淀过程中的溶解度，以降低其相对过饱和度，有利于获得较好的晶形沉淀。

用 $BaSO_4$ 重量法测定 Ba^{2+} 时，一般用稀 H_2SO_4 做沉淀剂，为了使 $BaSO_4$ 沉淀完全，H_2SO_4 必须过量。由于 H_2SO_4 在高温下可挥发除去，故沉淀带下的 H_2SO_4 不致引起误差，因此沉淀剂可过量 50%～100%。如果用 $BaSO_4$ 重量法测定 SO_4^{2-} 时，沉淀剂 $BaCl_2$ 只允许过量 20%～30%，因为 $BaCl_2$ 灼烧时不易挥发除去。

$PbSO_4$、$SrSO_4$ 的溶解度均较小，Pb^{2+}、Sr^{2+} 对钡的测定有干扰。NO_3^-、ClO_3^-、Cl^-

等阴离子和 K^+、Na^+、Ca^{2+}、Fe^{3+} 等阳离子均可以引起共沉淀现象，故应严格掌握沉淀条件，减少共沉淀现象，以获得纯净的 $BaSO_4$ 晶形沉淀。

过滤时盛滤液的烧杯必须干净。一旦遇到 $BaSO_4$ 透滤时须重新过滤。

沉淀灰化时，温度不宜过 $600℃$。如果温度太高或空气不充足，可能有部分白色 $BaSO_4$ 被滤纸的碳还原为绿色的 BaS，使测定结果偏低。其还原反应为：

$$BaSO_4 + 4C =\!\!=\!\!= BaS + 4CO$$

$$BaSO_4 + 4CO =\!\!=\!\!= BaS + 4CO_2$$

但在灼烧后，热空气也有可能会慢慢反 BaS 氧化成 $BaSO_4$。或者冷却后加 2～3 滴 1：1 H_2SO_4，小心加热，冒尽白烟后重新灰化或灼烧。

$BaSO_4$ 沉淀在 $115℃$ 可除去湿存水，然而吸留水要到 $800℃$ 才能接近全部除去。通常控制在 $800～850℃$ 灼烧 $BaSO_4$，但不宜高于 $900℃$。因为 $BaSO_4$ 沉淀所带有的杂质，如等能促进 $BaSO_4$ 的热分解。

【实验用品】

(1) 仪器：电子分析天平；马福炉；电炉；瓷坩埚 25mL（2 个）；坩埚钳；表面皿；胶头滴管；玻璃棒；玻璃漏斗（1 个）；定量滤纸（慢速）；胶头滴管；玻璃棒；量筒（100mL、50mL 和 10mL 各 1 个）；烧杯（250mL 2 个、100mL 1 个）。

(2) 试剂：固体 $BaCl_2 \cdot 2H_2O$（分析纯）；H_2SO_4（$1mol \cdot L^{-1}$、$0.1mol \cdot L^{-1}$）；HCl（$2mol \cdot L^{-1}$）；$AgNO_3$（$0.1mol \cdot L^{-1}$）。

【实验步骤】

(1) 空坩埚的准备

洗净两个瓷坩埚，晾干、编号，然后放在 $800～850℃$ 的马福炉中灼烧至恒重（第一次灼烧 40 min，取出稍冷后，转入干燥器中冷却至室温后称量，然后再将其放入同样温度的马弗炉中，进行第二次灼烧，只灼烧 20min，同样冷却称量。如此操作直到两次质量相差不超过 0.3 mg 即为恒重）。

注意：恒重过程中，要保持各种操作条件的一致性。如干燥器放置的地方、时间等都应考虑。

(2) 称样及沉淀的制备

准确称取两份 0.4～0.6g $BaCl_2 \cdot 2H_2O$ 试样，置于两个 250 mL 烧杯中（烧杯要编号），加入约 70mL 水，2～3mL 2 $mol \cdot L^{-1}$ 的 HCl，盖上表面皿，在石棉网上加热至近沸，勿使试液沸腾，以防溅失。

另取 4mL 1 $mol \cdot L^{-1}$ H_2SO_4 溶液于 100mL 烧杯中，加水 50 mL，加热至近沸，趁热将 H_2SO_4 溶液用胶头滴管逐滴的加入到热的钡盐溶液中，并用玻璃棒不断搅拌，直至 H_2SO_4 加完为止。待 $BaSO_4$ 沉淀下沉后，于上层清液中加入 1～2 滴 $0.1mol \cdot L^{-1}$ H_2SO_4 溶液，仔细观察沉淀是否完全。沉淀完全后，盖上表面皿（切勿将玻璃棒拿出杯外），放置过夜陈化。另一份样品也同样处理，这叫平行实验。

(3) 沉淀的过滤与洗涤

用慢速或中速定量滤纸倾泻法过滤。用 $0.1mol \cdot L^{-1}$ 的稀 H_2SO_4 洗涤沉淀 3～4 次，每次约 10mL。然后，将沉淀定量转移到滤纸上，用折叠滤纸时撕下的小片滤纸擦拭杯壁，并将此小片滤纸放于漏斗中，再用 $0.1mol \cdot L^{-1}$ 稀 H_2SO_4 洗涤 4～6 次，直至洗涤液中不含

Cl⁻ 为止。

（4）沉淀的灼烧和恒重

将折叠的沉淀滤纸包置于已恒重的瓷坩埚中，经烘干、炭化、灰化后在 800℃ 马福炉中灼烧至恒重。计算 $BaCl_2 \cdot 2H_2O$ 中 Ba 的含量。

【数据记录与处理】

由所得沉淀 $BaSO_4$ 的质量，运用下面公式分别计算两份样品中钡的含量及相对偏差。

$BaCl_2 \cdot 2H_2O$ 中 Ba 含量的计算（表 8-8）：

$$w(\mathrm{Ba}) = \frac{M(\mathrm{Ba})m(\mathrm{BaSO_4})}{M(\mathrm{BaSO_4})m_{样}} \times 100\%$$

$$相对偏差 = \pm\frac{绝对偏差}{\bar{x}} \times 100\%$$

$$绝对偏差 = x_1 - \bar{x} \text{ 或 } x_2 - \bar{x}$$

表 8-8　$BaCl_2 \cdot 2H_2O$ 中 Ba 含量

事　　项	Ⅰ	Ⅱ	Ⅲ
空坩埚质量/g			
坩埚＋硫酸钡的质量/g			
硫酸钡的质量/g			
$w(\mathrm{Ba})/\%$			
$\overline{w(\mathrm{Ba})}/\%$			
$\overline{d_r}$			

【思考题】

① 沉淀灰化时要注意的事项有哪些？

② 沉淀剂为什么要过量？

③ 为什么制备 $BaSO_4$ 沉淀时要加 HCl？HCl 加入太多有什么影响？

④ 为什么制备 $BaSO_4$ 沉淀时要在稀溶液中进行？不断搅拌的目的是什么？

⑤ 测定 SO_4^{2-} 时加入沉淀剂 $BaCl_2$ 可以过量多少？为什么不能过量太多？

【注意事项】

倾泻法过滤沉淀是化学分析中最常用的方法。过滤沉淀操作时应使玻璃棒下端靠近滤纸三层的一边，沿着玻璃棒倾入清液，且尽可能不搅动沉淀，使其留在烧杯中。倾注溶液时最满应不超过滤纸边缘 7.5mm 处，否则沉淀会因毛细管作用向上越过滤纸边缘。暂停过滤时，沿玻璃棒将烧杯嘴向上提，使烧杯放直，以免漏斗嘴上的液滴沿着漏斗外壁流下，然后使烧杯处于立直状态，将玻璃棒放回烧杯中。需要转移沉淀到漏斗滤纸上时，先用少量洗液约 10mL，倾入烧杯中，把沉淀搅动起来，将混浊液顺着玻璃棒小心倾入滤纸上，这样反复倾洗几次，绝大部分沉淀均已移入滤纸上，但杯壁和玻璃棒上可能还附着少量沉淀，不易冲洗下来，此时可用一端附带的玻璃棒，蘸少量洗液擦洗，并用洗瓶压入洗液以把全部沉淀冲至滤纸上。

【实验目的】

① 了解洗衣分中活性物质和测定活性物质和碱度的方法。

② 巩固滴定操作。

③ 培养学生解决实际问题的能力。

【实验原理】

洗衣粉中活性成分就是洗涤剂中起主要作用的成分，是一类被称作是表面活性剂的物质，作用就是减弱污渍与衣物间的附着力，在洗涤水流以及手搓或洗衣机搅动等机械力的作用下，使污渍脱离衣物，从而达到洗净衣物的目的。多数洗衣粉中的活性物质是烷基苯磺酸钠（平均按 C-12 计）阴离子表面活性剂，分析烷基苯磺酸钠含量是控制洗衣粉质量的关键。常用的化学分析方法有滴定法和萃取光度法。滴定法是将烷基苯磺酸钠与甲苯胺溶液混合反应生成复盐，用 CCl_4 萃取生成的复盐，复盐再用 NaOH 标准溶液进行标定，根据消耗 NaOH 标准溶液体积可以求得烷基苯磺酸钠的含量，反应式如下：

$$RC_6H_4SO_3Na+CH_3C_6H_4NH_2 \cdot HCl \Longrightarrow RC_6H_4SO_3H \cdot NH_2C_6H_4CH_3+NaCl$$

$$RC_6H_4SO_3H \cdot NH_2C_6H_4CH_3+NaOH \Longrightarrow RC_6H_4SO_3Na+CH_3C_6H_4NH_2+H_2O$$

对洗衣粉中碱性物质的分析，常用活性碱度和总碱度两个指标来表示碱性物质的含量。活性碱度指仅由氢氧化钠（或氢氧化钾）产生的碱度；总碱度包括由碳酸盐、碳酸氢盐、氢氧化钠及有机碱等所产生的碱度。利用酸碱滴定法可测定洗衣分的碱度指标。

【实验用品】

(1) 仪器：分析天平；托盘天平；容量瓶（100mL、250mL）；酸式滴定管（50mL）；碱式滴定管（50mL）；分液漏斗（250mL）；电炉；锥形瓶（250mL）；移液管（25.00mL）。

(2) 试剂：洗衣粉；对甲苯胺（s，A. R.）；NaOH 标准溶液（0.01mol·L^{-1}）；HCl 标准溶液（0.1mol·L^{-1}）；HCl 溶液（1∶1）；CCl_4；酚酞指示剂；间甲酚紫指示剂（0.4g·L^{-1}）；甲基橙指示剂；乙醇（95％）；pH 广泛试纸。

【实验步骤】

(1) 活性成分的测定

① 盐酸对苯胺溶液的配制：称取 10g 对苯胺于烧杯中加入 20mL HCl 溶液（1∶1），加去离子水稀释至 100mL。

② 准确称取 2g 左右洗衣粉试样，分几次加入到 100mL 去离子水中，搅拌使其溶解，定量转移到 250mL 容量瓶中（不溶物也转移到容量瓶中），定容，摇匀。

③ 准确移取 25.00mL 洗衣粉试样于分液漏斗中，用 1∶1HCl 溶液调节溶液的 pH≤3。加入 25mL CCl_4 和 15mL 盐酸对甲苯胺溶液，剧烈振荡 2min，静止 10min 使其分层。放出 CCl_4 层，再加入 15mL CCl_4 和 5mL 盐酸对甲苯胺溶液重复上述萃取步骤两次，合并三次 CCl_4 层于锥形瓶中，加入 10mL 95％乙醇溶液增溶，再加入 5 滴间甲酚紫指示剂，用

$0.01 mol \cdot L^{-1}$ NaOH 标准溶液滴定至溶液由黄色变为紫蓝色，且 3s 内不退色即为滴定终点，记录消耗 NaOH 标准溶液体积，平行滴定 3 次，计算活性物质质量分数（以十二烷基磺酸钠含量表示）。

（2）活性碱度的测定

准确移取 25.00mL 洗衣粉试样于锥形瓶中，加入 2 滴酚酞指示剂，用 $0.1 mol \cdot L^{-1}$ HCl 标准溶液滴定溶液至微红色，且 15s 内不退色即为滴定终点，记录消耗 HCl 标准溶液体积，平行滴定 3 次，计算活性碱度（以 Na_2O 形式表示活性碱度）。

（3）总碱度的测定

在已经测定过活性碱度的溶液中再加入 2 滴甲基橙指示剂继续滴定溶液至橙色，记录消耗 $0.1 mol \cdot L^{-1}$ HCl 标准溶液体积，平行滴定 3 次，计算总碱度（以 Na_2O 形式表示总碱度）。

【数据记录与处理】

$$w(\text{十二烷基苯磺酸钠}) = \frac{c(NaOH)V(NaOH)M(C_{12}H_{25}C_6H_4SO_4Na)}{m_s} \times \frac{250.00}{25.00} \times 100\%$$

式中　m_s——称取洗衣粉试样质量，g。

$$\text{活性碱度、总碱度}: w(Na_2O) = \frac{c(HCl)V(HCl)M(Na_2O)}{2m_s} \times \frac{250.00}{25.00} \times 100\%$$

数据填入表 8-9～表 8-11。

表 8-9　活性成分的测定

项　　目	Ⅰ	Ⅱ	Ⅲ
V(洗衣粉试样)/mL	25.00	25.00	25.00
$V_{初}$(NaOH)/mL			
$V_{终}$(NaOH)/mL			
ΔV(NaOH)/mL			
w(十二烷基磺酸钠)/%			
$\bar{w}$(十二烷基磺酸钠)/%			
$\bar{d}_r$			

表 8-10　活性碱度的测定

项　　目	Ⅰ	Ⅱ	Ⅲ
V(洗衣粉试样)/mL	25.00	25.00	25.00
$V_{初}$(HCl)/mL			
$V_{终}$(HCl)/mL			
ΔV(HCl)/mL			
$w(Na_2O)$/%			
$\bar{w}(Na_2O)$/%			
$\bar{d}_r$			

表 8-11　总碱度的测定

项　目	Ⅰ	Ⅱ	Ⅲ
V(洗衣粉试样)/mL	25.00	25.00	25.00
$V_{初}$(HCl)/mL			
$V_{终}$(HCl)/mL			
ΔV(HCl)/mL			
w(Na_2O)/%			
$\bar{w}$(Na_2O)/%			
$\overline{d_r}$			

【注意事项】

① 在配制盐酸对甲苯胺溶液的时候，为加快溶解可适当加热。

② 使用分液漏斗时，振荡时注意时常放气。

【思考题】

使用分液漏斗时有哪些注意事项？

实验 48　漂白粉中有效氯和固体总钙量的测定

【实验目的】

① 了解漂白粉起漂白作用的基本原理。

② 掌握氧化还原滴定法、配位滴定法的原理和应用。

③ 培养学生解决实际问题的能力。

【实验原理】

漂白粉主要成分为 $3Ca(ClO)_2 \cdot 2Ca(OH)_2 \cdot nH_2O$，其有效氯和固体总钙含量是影响产品质量的两个关指标。用过量的盐酸和漂白粉作用生成氯气，氯气与漂白粉的质量比称作漂白粉的有效氯。漂白粉的质量好坏是以其有效氯的百分含量为指标，表示其漂白能力。

测定漂白粉中有效氯是在酸性条件下，漂白粉与 KI 反应，生成定量的 I_2，再用 $Na_2S_2O_3$ 标准溶液标定 I_2，反应式如下：

$$Ca(ClO)_2 + 4KI + 4H^+ \rule[0.5ex]{1.5em}{0.4pt} CaCl_2 + 4K^+ + 2I_2 + 2H_2O$$
$$I_2 + 2Na_2S_2O_3 \rule[0.5ex]{1.5em}{0.4pt} Na_2S_4O_6 + 2NaI$$

测定漂白粉中固体钙，调节溶液 pH 使漂白粉中的钙以游离状态存在，加入钙指示剂，用标准 EDTA 溶液进行滴定，即可求得固体总钙量。

【实验用品】

(1) 仪器：分析天平；烧杯（250mL）；锥形瓶（250mL）；酸式滴定管（50mL）；移液管（25mL）；碘量瓶（250mL）；容量瓶（250mL）。

(2) 试剂：漂白粉样品；$Na_2S_2O_3 \cdot 5H_2O$（s，A. R.）；Na_2CO_3（s，A. R.）；H_2SO_4（3mol·L^{-1}）；KI（10%）；淀粉溶液（5g·L^{-1}）；乙二胺四乙酸二钠盐（s，A. R.）；$CaCO_3$（基准试剂，G. R.）；HCl 溶液（6mol·L^{-1}）；NaOH 溶液（10%）；钙指示

剂；$NaNO_2$ 溶液（$100g \cdot L^{-1}$）；$K_2Cr_2O_7$ 标准溶液（$0.02mol \cdot L^{-1}$）。

【实验步骤】

（1）$Na_2S_2O_3$ 标准溶液的配制（$0.1mol \cdot L^{-1}$）与标定（见实验 23）

（2）EDTA 标准溶液的配制（$0.02mol \cdot L^{-1}$）与标定（见实验 29）

（3）有效氯的测定

准确称取 $0.025 \sim 0.030g$（精确至 $0.0001g$）漂白粉于碘量瓶中，加入 10mL 去离子水、3mL $6mol \cdot L^{-1}$ HCl 溶液、5mL 10％的 KI 溶液，盖上塞子摇匀，避光反应 5min。加入 50mL 去离子水稀释，用 $0.1mol \cdot L^{-1}$ $Na_2S_2O_3$ 标准溶液滴定至浅黄，加入 2mL $5g \cdot L^{-1}$ 淀粉溶液，继续滴定溶液呈亮绿色为终点，记录所消耗的 $Na_2S_2O_3$ 标准溶液体积，平行测定 3 次，计算漂白粉中有效氯的含量 w（Cl）。

（4）固体钙含量测定

准确称取 $0.04 \sim 0.05g$（精确至 $0.0001g$）漂白粉于锥形瓶中，加入 10mL 去离子水、10mL $100g \cdot L^{-1}$ $NaNO_2$ 溶液，用 10％NaOH 溶液调节溶液 pH 约为 12，加入少许钙指示剂，用 $0.02mol \cdot L^{-1}$ EDTA 标准溶液滴定至溶液由红色变成纯蓝色，即达到滴定终点，记录消耗 EDTA 标准溶液体积，平行测定 3 次，计算漂白粉中固体钙总量。

【数据记录与处理】

数据填入表 8-12～表 8-14。

表 8-12　$Na_2S_2O_3$ 标准溶液的标定

项　　目	Ⅰ	Ⅱ	Ⅲ
$V_{初}(Na_2S_2O_3)/mL$			
$V_{终}(Na_2S_2O_3)/mL$			
$\Delta V(Na_2S_2O_3)/mL$			
$c(Na_2S_2O_3)/(mol \cdot L^{-1})$			
$\bar{c}(Na_2S_2O_3)/(mol \cdot L^{-1})$			
$\overline{d_r}$			

表 8-13　有效氯的测定

项　　目	Ⅰ	Ⅱ	Ⅲ
m（漂白粉试样）$/g$			
$V_{初}(Na_2S_2O_3)/mL$			
$V_{终}(Na_2S_2O_3)/mL$			
$\Delta V(Na_2S_2O_3)/mL$			
w（Cl）/％			
$\bar{w}$（Cl）/％			
$\overline{d_r}$			

表 8-14 固体钙含量测定

项 目	I	II	III
m(漂白粉试样)/g			
$V_{初}$(EDTA)/mL			
$V_{终}$(EDTA)/mL			
ΔV(EDTA)/mL			
w(Ca)/%			
$\bar{w}$(Ca)/%			
$\bar{d_r}$			

【思考题】

① 碘量法测定时引起误差的来源主要有哪些？

② 如何配制和保存 $Na_2S_2O_3$ 溶液？

③ 为什么在加入钙指示剂之前要加入 $NaNO_2$ 溶液？

实验 49 蛋壳中 Ca^{2+}、Mg^{2+} 含量的测定

【实验目的】

① 训练对实物试样中某组分含量测定的一般步骤。

② 熟练掌握所学过的酸碱滴定法、配位滴定法和氧化还原滴定法，并能灵活运用解决实际问题。

③ 熟悉直接滴定、返滴定、间接滴定等方式的原理和方法。

④ 会各种方法的测量条件、指示剂的选择，并有一定的鉴别能力。

方法一 酸碱滴定法测量

【实验原理】

鸡蛋壳的主要成分为 $CaCO_3$，其次是 $MgCO_3$、蛋白质、色素以及少量的 Fe、Al。蛋壳中的碳酸盐能与 HCl 发生反应：

$$CaCO_3 + 2H^+ =\!=\!= Ca^{2+} + CO_2 \uparrow + H_2O$$

过量的 HCl 溶液用 NaOH 标准溶液返滴定，据实际与 $CaCO_3$ 反应的标准盐酸体积求蛋壳中 Ca^{2+}、Mg^{2+} 含量，以 CaO 质量分数表示。

【实验用品】

(1) 仪器：容量瓶（500mL）；试剂瓶（500mL）；称量瓶；分析天平；锥形瓶（250mL）；烧杯（250mL）；量筒。

(2) 试剂：NaOH（A. R.）；浓 HCl（A. R.）；Na_2CO_3（s, G. R.）；0.1%甲基橙。

【实验步骤】

(1) 蛋壳的预处理

先将蛋壳洗净，加水煮沸 5～10min，去除蛋壳内表层的蛋白薄膜，然后把蛋壳放在蒸发皿中小火烤干，碾成粉末（最好用 80～100 目的标准筛筛过）备用。

（2）0.5 mol·L^{-1}NaOH 溶液的配制

称取 10g 固体 NaOH，于小烧杯中，加水 20～30mL 的蒸馏水溶解，定量转入 500mL 容量瓶中，用水稀释至刻度，摇匀。将配好的 NaOH 标准溶液贴上标签备用。

（3）0.5mol·L^{-1} HCl 溶液的配制

用量筒量取浓盐酸 21mL 于 500mL 容量瓶中，用蒸馏水稀释至刻度，摇匀，贴标签备用。

（4）酸碱标定

准确称取基准 Na_2CO_3 0.55～0.65g 两份于锥形瓶中，分别加入 50mL 去除 CO_2 的蒸馏水，摇匀，温热加快溶解，加入 2～3 滴甲基橙指示剂，用以上配好的 HCl 溶液滴定至橙色为终点。计算 HCl 溶液的精确浓度。再用该 HCl 标准溶液标定 NaOH 溶液的浓度。

（5）CaO 含量的测定

准确称取经预处理的蛋壳 0.3g（精确至 0.0001g）左右，于锥形瓶内，用酸式滴定管逐滴加入已标定好的 HCl 标准溶液 40mL 左右（需精确读数），小火加热溶解，冷却，加甲基橙 2～3 滴，以 NaOH 标准溶液回滴至溶液由红色刚刚变为橙黄色即为终点。平行作两次。

【数据记录与处理】

按滴定分析记录格式作表格，记录数据，按下式计算 $w(CaO)$（质量分数）

$$w(CaO) = \frac{[c(VHCl) - cV(NaOH)] \times \frac{56.08}{2000}}{m_s} \times 100\%$$

式中 m_s——称取预处理的蛋壳质量，g。

【注意事项】

由于酸浓度较稀，溶解时加热后要放置 30min，试样中有不溶物，如蛋白质之类，不影响测定。

【思考题】

① 蛋壳称样量多少是依据什么估算？

② 蛋壳溶解时应注意什么？

③ 为什么说 $w(CaO)$ 是表示 Ca 与 Mg 的总量？

方法二 配位滴定法测量

【实验原理】

在 pH＝10 时，用铬黑 T 作指示剂，EDTA 可直接测量 Ca^{2+}、Mg^{2+} 总量。为了提高配位选择性，加入三乙醇胺掩蔽 Fe^{3+} 和 Al^{3+} 等离子，排除它们对 Ca^{2+}、Mg^{2+} 离子测量的干扰。化学反应：

$$Ca^{2+} + EDTA = Ca-EDTA$$
$$Mg^{2+} + EDTA = Mg-EDTA$$

【实验用品】

（1）仪器：分析天平；称量瓶；容量瓶（250mL）；锥形瓶（250mL）；烧杯；碱式滴定管（50mL）。

（2）试剂：HCl（6mol·L^{-1}）；铬黑T指示剂；三乙醇胺水溶液（1:2）；NH_3·H_2O-NH_4Cl缓冲溶液（pH=10）；EDTA（0.01mol·L^{-1}）标准溶液；乙醇（95%）。

【实验步骤】

（1）蛋壳的预处理（见方法一）

（2）0.01mol·L^{-1} EDTA标准溶液的配制与标定（参考实验29）

（3）设计估算蛋壳中$CaCO_3$、$MgCO_3$含量的实验，确定称量范围

（4）Ca、Mg总量的测定

准确称取一定量的蛋壳粉末，小心滴加6mol·L^{-1} HCl 4～5mL，微火加热至完全溶解（少量蛋白膜不溶），冷却，转移至250mL容量瓶中，稀释至接近刻度线，若有泡沫，滴加2～3滴95%乙醇，泡沫消除后，滴加水至刻度线，摇匀。

吸取试液25mL置于250mL锥形瓶中，另加去离子水20mL，三乙醇胺5mL，摇匀，再加缓冲溶液10mL，摇匀。加入少许铬黑T，用EDTA标准溶液滴定至溶液由酒红恰好变纯蓝色即达终点。根据EDTA消耗的体积计算Ca、Mg总量，以CaO的含量表示。平行测定两次。

【数据记录与处理】

（1）自行设计数据记录表。

（2）试推导出求钙镁总量的计算公式（以CaO含量表示）。

【注意事项】

确定蛋壳粉称量范围的方法：原则上是先粗略确定蛋壳粉中钙镁的大约含量，再估算蛋壳粉的称量范围。可先用天平称取少量蛋壳粉（如：0.2g）置于锥形瓶中，逐滴加入HCl溶解，再用缓冲溶液调溶液的pH，用标准的EDTA溶液滴定至终点。根据消耗的EDTA的体积估算称量蛋壳粉的范围。

【思考题】

铬黑T指示剂，用EDTA标准溶液滴定时，终点的溶液颜色为什么由酒红变纯蓝色？

方法三　氧化还原滴定法测量

【实验原理】

利用蛋壳中的Ca^{2+}能与草酸盐形成难溶的草酸钙沉淀，将沉淀经过滤、洗涤、分离后溶解，再用高锰酸钾法测定$C_2O_4^{2-}$含量，换算出CaO的含量。反应如下：

$$Ca^{2+}+C_2O_4^{2-} === CaC_2O_4 \downarrow$$
$$CaC_2O_4+H_2SO_4 === CaSO_4+H_2C_2O_4$$
$$5H_2C_2O_4+2MnO_4^-+6H^+ === 2Mn^{2+}+10CO_2\uparrow+8H_2O$$

为使钙分离完全，采用均相沉淀法将Ca^{2+}沉淀为CaC_2O_4。即试样用盐酸溶解，在酸性介质中加入沉淀剂$(NH_4)_2C_2O_4$（此时草酸根主要以$HC_2O_4^-$的形式存在，$C_2O_4^{2-}$的浓度很小，故不会有CaC_2O_4沉淀生成），再滴加稀氨水中和溶液中的H^+，使$C_2O_4^{2-}$的浓度缓缓增大，当达到CaC_2O_4的溶度积时，CaC_2O_4沉淀在溶液中慢慢生成，从而得到大颗

粒、纯净的 CaC_2O_4 晶体沉淀。

由于 CaC_2O_4 沉淀的溶解度随溶液酸度的增加而增大，在 pH 等于 4，可忽略其溶解损失。故本实验控制溶液的 pH 在 3.5～4.5 之间，既可使 CaC_2O_4 沉淀完全，又不致生成 $Ca(OH)_2$。

【实验用品】

(1) 仪器：分析天平；称量瓶；烧杯（250mL）；水浴锅；碱式滴定管（50mL）。

(2) 试剂：$KMnO_4$（0.01mol·L^{-1}）；$(NH_4)_2C_2O_4$（5%）；$NH_3·H_2O$（10%）；浓盐酸；H_2SO_4（1mol·L^{-1}）HCl（1∶1）；甲基橙（0.2%）；$AgNO_3$（0.1mol·L^{-1}）。

【实验步骤】

准确称取蛋壳粉两份（每份含钙约 0.025g），分别放在 250mL 烧杯中，加 1∶1HCl 3mL，加水 20mL，加热溶解，若有不溶解的蛋白质，可过滤除去。滤液置于烧杯中，然后加入 50mL 5% 的 $(NH_4)_2C_2O_4$ 溶液，若出现沉淀，再滴加浓 HCl 至溶解，然后加热至 70～80℃，加入 2～3 滴甲基橙，溶液呈红色，逐滴加入 10% $NH_3·H_2O$，不断搅拌，直至溶液由红变黄并有氨味逸出为止。将溶液放置陈化（或在水浴上加热 30min 陈化），沉淀经过滤、洗涤，直至无 Cl^-。之后，将带有沉淀的滤纸铺在先前用来沉淀的烧杯内壁上，用 50mL 1mol·L^{-1} 的 H_2SO_4 把沉淀由滤纸洗入烧杯中，再用洗瓶吹洗 1～2 次。然后，稀释溶液至体积约为 100mL，加热至 70～80℃，用 $KMnO_4$ 标准溶液滴定至溶液呈浅红色为终点，再把滤纸推入溶液中，再滴加 $KMnO_4$ 至浅红色在 30s 内不消失为止。计算 CaO 的质量分数。

【数据记录与处理】

按定量分析格式画表格，记录数据，计算 CaO 的质量分数，相对偏差要求小于 0.3%。

【思考题】

① 用 $(NH_4)_2C_2O_4$ 沉淀 Ca^{2+}，为什么要先在酸性溶液中加入沉淀剂，然后在 70～80℃时滴氨水至甲基橙变黄色，使 CaC_2O_4 沉淀？

② 为什么沉淀要洗至无 Cl^- 为止？

③ 试比较三种方法测定蛋壳中 CaO 含量的优缺点？

附录1　实验室常用洗涤剂

洗　涤　剂	主　要　成　分	主　要　特　点
重铬酸钾洗液	$K_2Cr_2O_7$、浓 H_2SO_4	具有很强的氧化能力和腐蚀性,对于大多数无机物和有机物都具有很强的去污能力,可重复使用
碱性高锰酸钾洗液	$KMnO_4$、$NaOH$	用于洗涤油垢,洗后残留的 MnO_2 可用浓盐酸除去
酸性草酸洗液	$H_2C_2O_4$	用于洗涤氧化性污物
无机酸洗液	HCl、HNO_3、H_2SO_4	用于洗涤大多数碱性无机物
无机碱洗液	Na_2CO_3、$NaOH$	用于洗涤油污,成本较低
有机溶剂	乙醇、乙醚、氯仿、丙酮、汽油等	用于洗涤油污,成本较高,可回收重复使用
合成洗涤剂	表面活性物质,如洗衣粉、洗洁精等	用于微量分析中多种污物的洗涤,无腐蚀
乙醇盐酸洗液	盐酸、乙醇	用于洗涤被染色的比色皿、比色管和吸量管等

附录2　常用基准物质的干燥处理和应用

基准物质		干燥后组成	干燥条件/℃	标定物质
名　称	分子式			
碳酸氢钠	$NaHCO_3$	Na_2CO_3	270~300	酸
十水碳酸钠	$Na_2CO_3 \cdot 10H_2O$	Na_2CO_3	270~300	酸
硼砂	$Na_2B_4O_7 \cdot 10H_2O$	$Na_2B_4O_7 \cdot 10H_2O$	放在含 $NaCl$ 和蔗糖饱和溶液密闭器皿中	酸
碳酸氢钾	$KHCO_3$	K_2CO_3	270~300	酸
二水草酸	$H_2C_2O_4 \cdot 2H_2O$	$H_2C_2O_4 \cdot 2H_2O$	室温干燥	碱或 $KMnO_4$
邻苯二甲酸氢钾	$KHC_8H_4O_4$	$KHC_8H_4O_4$	110~120	碱
重铬酸钾	$K_2Cr_2O_7$	$K_2Cr_2O_7$	140~150	还原剂
溴酸钾	$KBrO_3$	$KBrO_3$	130	还原剂
碘酸钾	KIO_3	KIO_3	130	还原剂
铜	Cu	Cu	室温干燥器中保存	还原剂
三氧化二砷	As_2O_3	As_2O_3	室温干燥器中保存	氧化剂
草酸钠	$Na_2C_2O_4$	$Na_2C_2O_4$	130	氧化剂
碳酸钙	$CaCO_3$	$CaCO_3$	110	EDTA
锌	Zn	Zn	室温干燥器中保存	EDTA
氧化锌	ZnO	ZnO	900~1000	EDTA
氯化钠	$NaCl$	$NaCl$	500~600	$AgNO_3$
氯化钾	KCl	KCl	500~600	$AgNO_3$
硝酸银	$AgNO_3$	$AgNO_3$	220~250	氯化物

附录3 常用酸碱的密度和浓度

试剂名称	密度/(g·mL^{-1})	质量分数/%	物质的量浓度/(mol·L^{-1})	试剂名称	密度/(g·mL^{-1})	质量分数/%	物质的量浓度/(mol·L^{-1})
冰 HAc	1.05	99	17.4	浓 NaOH	1.43	40	14
稀 HAc	1.04	30	5	稀 NaOH	1.09	8	2
浓 HCl	1.19	38	12	浓 $NH_3·H_2O$	0.91	28~30(NH_3)	15
稀 HCl	1.10	20	6	稀 $NH_3·H_2O$	0.96	10	6
浓 H_2SO_4	1.84	98	18	浓 $HClO_4$	1.67	70	11.6
稀 H_2SO_4	1.18	25	3	稀 $HClO_4$	1.12	19	2
浓 HNO_3	1.42	72	16	浓 HF	1.13	40	23
稀 HNO_3	1.19	32	6	HBr	1.38	40	7
H_3PO_4	1.69	85	15	HI	1.70	57	7.5

附录4 一些酸、碱水溶液的 pH（室温）

酸			碱		
试剂	浓度/(mol·L^{-1})	pH	试剂	浓度/(mol·L^{-1})	pH
HAc	0.001	3.9	NH_3	0.01	10.6
HAc	0.01	3.4	NH_3	0.1	11.1
HAc	0.1	2.9	NH_3	1	11.6
HAc	1	2.4	$CaCO_3$	饱和	9.4
H_3BO_3	0.1	5.2	$Ca(OH)_2$	饱和	12.4
H_2CO_3	饱和	3.7	Na_2HPO_4	0.05	9.0
HCOOH	0.1	2.3	$Fe(OH)_3$	饱和	9.5
HCl	0.0001	4.0	$Mg(OH)_2$	饱和	10.5
HCl	0.001	3.0	KCN	0.1	11.0
HCl	0.01	2.0	KOH	0.01	12.0
HCl	0.1	1.0	KOH	0.1	13.0
HCl	1	0.1	KOH	1	14.0
H_2S	0.05	4.1	KOH	50 %	14.5
HCN	0.1	5.1	Na_2CO_3	0.05	11.5
HNO_2	0.1	2.2	$NaHCO_3$	0.1	8.4
H_3PO_4	0.033	1.5	NaOH	0.001	11.0
H_2SO_3	0.05	1.5	NaOH	0.01	12.0
H_2SO_4	0.005	2.1	NaOH	0.1	13.0

	酸			碱	
试剂	浓度/(mol·L⁻¹)	pH	试剂	浓度/(mol·L⁻¹)	pH
H_2SO_4	0.05	1.2	NaOH	1	14.0
H_2SO_4	0.5	0.3	Na_3PO_4	0.033	12.0
H_3AsO_3	饱和	5.0	硼砂	0.05	9.2
$H_2C_2O_4$	0.05	1.6			
乳酸	0.1	2.4			
苯甲酸	0.01	3.1			
柠檬酸	0.033	2.2			
酒石酸	0.05	2.2			

附录 5　常用试剂的饱和溶液(20℃)

试　剂	分子式	相对密度	浓度/(mol·L⁻¹)	配制方法	
				试剂/g	水/mL
氯化铵	NH_4Cl	1.075	5.44	291	784
硝酸铵	NH_4NO_3	1.312	10.83	863	449
一水草酸铵	$(NH_4)_2C_2O_4·H_2O$	1.030	0.295	48	982
硫酸铵	$(NH_4)_2SO_4$	1.243	4.06	535	708
二水氯化钡	$BaCl_2·2H_2O$	1.290	1.63	398	892
氢氧化钡	$Ba(OH)_2$	1.037	0.228	39	998
八水氢氧化钡	$Ba(OH)_2·8H_2O$	1.037	0.228	72	965
氢氧化钙	$Ca(OH)_2$	1.000	0.022	1.6	1000
氯化汞	$HgCl_2$	1.050	0.236	64	986
氯化钾	KCl	1.174	4.00	298	876
铬酸钾	K_2CrO_4	1.396	3.00	583	858
重铬酸钾	$K_2Cr_2O_7$	1.077	0.39	115	962
氢氧化钾	KOH	1.540	14.50	813	727
碳酸钠	Na_2CO_3	1.178	1.97	209	869
十水碳酸钠	$Na_2CO_3·10H_2O$	1.178	1.97	563	515
氯化钠	NaCl	1.197	5.40	316	881
氢氧化钠	NaOH	1.539	20.07	803	736

附录 6　纯水的密度

$t/℃$	$\rho/(kg·m^{-3})$									
	0.0	0.1	0.2	0.3	0.4	0.5	0.6	0.7	0.8	0.9
0	999.839	999.846	999.852	999.859	999.865	999.871	999.877	999.882	999.888	999.893
1	999.898	999.903	999.908	999.913	999.917	999.921	999.925	999.929	999.933	999.936
2	999.940	999.943	999.946	999.949	999.952	999.954	999.956	999.959	999.961	999.962

$t/℃$	$\rho/(kg \cdot m^{-3})$									
	0.0	0.1	0.2	0.3	0.4	0.5	0.6	0.7	0.8	0.9
3	999.964	999.966	999.967	999.968	999.969	999.970	999.971	999.971	999.972	999.972
4	999.972	999.972	999.972	999.971	999.971	999.970	999.969	999.968	999.967	999.965
5	999.964	999.962	999.960	999.958	999.956	999.954	999.951	999.949	999.946	999.943
6	999.940	999.937	999.934	999.930	999.926	999.923	999.919	999.915	999.910	999.906
7	999.901	999.897	999.892	999.887	999.882	999.877	999.871	999.866	999.860	999.854
8	999.848	999.842	999.836	999.829	999.823	999.816	999.809	999.802	999.795	999.788
9	999.781	999.773	999.765	999.758	999.750	999.742	999.734	999.725	999.717	999.708
10	999.699	999.691	999.682	999.672	999.663	999.654	999.644	999.635	999.625	999.615
11	999.605	999.595	999.584	999.574	999.563	999.553	999.542	999.531	999.520	999.509
12	999.497	999.486	999.474	999.462	999.451	999.439	999.426	999.414	999.402	999.389
13	999.377	999.364	999.351	999.338	999.325	999.312	999.299	999.285	999.272	999.258
14	999.244	999.230	999.216	999.202	999.188	999.173	999.159	999.144	999.129	999.114
15	999.099	999.084	999.069	999.054	999.038	999.022	999.007	998.991	998.975	998.958
16	998.943	998.926	998.910	998.894	998.877	998.860	998.843	998.826	998.809	998.792
17	998.775	998.757	998.740	998.722	998.704	998.686	998.668	998.650	998.632	998.614
18	998.595	998.577	998.558	998.539	998.520	998.502	998.482	998.463	998.444	998.425
19	998.405	998.385	998.366	998.346	998.326	998.306	998.286	998.265	998.245	998.224
20	998.204	998.183	998.162	998.141	998.120	998.099	998.078	998.057	998.035	998.014
21	997.992	997.971	997.949	997.927	997.905	997.883	997.860	997.838	997.816	997.793
22	997.770	997.747	997.725	997.702	997.679	997.656	997.632	997.609	997.585	997.562
23	997.538	997.515	997.491	997.467	997.443	997.419	997.394	997.370	997.345	997.321
24	997.296	997.272	997.247	997.222	997.197	997.172	997.146	997.121	997.096	997.070
25	997.045	997.019	996.993	996.967	996.941	996.915	996.889	996.863	996.836	996.810
26	996.783	996.757	996.730	996.703	996.676	996.649	996.622	996.595	996.568	996.540
27	996.513	996.485	996.458	996.430	996.402	996.374	996.346	996.318	996.290	996.262
28	996.233	996.205	996.176	996.148	996.119	996.090	996.061	996.032	996.003	995.974
29	995.945	995.915	995.886	995.856	995.827	995.797	995.767	995.737	995.707	995.677
30	995.647	995.617	995.586	995.556	995.526	995.495	995.464	995.433	995.403	995.372
31	995.341	995.310	995.278	995.247	995.216	995.184	995.153	995.121	995.090	995.058
32	995.026	994.997	994.962	994.930	994.898	994.865	994.833	994.801	994.768	994.735
33	994.703	994.670	994.637	994.604	994.571	994.538	994.505	994.472	994.438	994.405
34	994.371	994.338	994.304	994.270	994.236	994.202	994.168	994.134	994.100	994.066
35	994.032	993.997	993.963	993.928	993.893	993.859	993.824	993.789	993.754	993.719
36	993.684	993.648	993.613	993.578	993.543	993.507	993.471	993.436	993.400	993.364
37	993.328	993.292	993.256	993.220	993.184	993.148	993.111	993.075	993.038	993.002
38	992.965	992.928	992.891	992.855	992.818	992.780	992.743	992.706	992.696	992.631
39	992.594	992.557	992.519	992.481	992.444	992.406	992.368	992.330	992.292	992.254
40	992.215									

附录7 气体在水中的溶解度

气体	溶解度/[g·(100g H₂O)⁻¹]						
	0℃	10℃	20℃	30℃	40℃	50℃	60℃
Cl_2		0.9972	0.7293	0.5723	0.4590	0.3920	0.3295
CO	4.397×10^{-3}	3.479×10^{-3}	2.838×10^{-3}	2.405×10^{-3}	2.075×10^{-3}	1.797×10^{-3}	1.522×10^{-3}
CO_2	0.3346	0.2318	0.1688	0.1257	0.0973	0.0761	0.0576
H_2	1.922×10^{-4}	1.740×10^{-4}	1.603×10^{-4}	1.474×10^{-4}	1.384×10^{-4}	1.287×10^{-4}	1.178×10^{-4}
H_2S	0.7066	0.5112	0.3846	0.2983	0.2361	0.1883	0.1480
N_2	2.942×10^{-3}	2.312×10^{-3}	1.901×10^{-3}	1.624×10^{-3}	1.391×10^{-3}	1.216×10^{-3}	1.052×10^{-3}
NH_3	89.5	68.4	52.9	41.0	31.6	23.5	16.8
NO	9.833×10^{-3}	7.560×10^{-3}	6.173×10^{-3}	5.165×10^{-3}	4.394×10^{-3}		3.237×10^{-3}
O_2	6.945×10^{-3}	5.368×10^{-3}	4.339×10^{-3}	3.588×10^{-3}	3.082×10^{-3}	2.657×10^{-3}	2.274×10^{-3}
SO_2	22.83	16.21	11.28	7.80	5.41		

附录8 常见无机化合物在水中的溶解度

化合物	溶解度/[g·(100 g H₂O)⁻¹]					
	0℃	20℃	40℃	60℃	80℃	100℃
$AgC_2H_3O_2$	0.72	1.04	1.41	1.89	2.52	2×10^{-3}
AgF	85.9	172	203			
$AgNO_3$	122	216	311	440	585	733
Ag_2SO_4	0.57	0.80	0.98	1.15	1.30	1.41
$AlCl_3$	43.9	45.8	47.3	48.1	48.6	49.0
AlF_3	0.56	0.67	0.91	1.10	1.32	1.72
$Al(NO_3)_3$	60.0	73.9	88.7	106	132	160
$Al_2(SO_4)_3\cdot18H_2O$	31.2	36.4	45.8	49.2	73.0	89.0
As_2O_3	1.20	1.82	2.93	4.31	6.11	8.2
As_2O_5	59.5	65.8	71.2	73.0	75.1	76.7
$BaCl_2\cdot2H_2O$	31.2	35.8	40.8	46.2	52.5	59.4
$Ba(NO_3)_2$	4.95	9.02	14.1	20.4	27.2	34.4
$Ba(OH)_2$	1.67	3.89	8.22	20.94	101.4	
$CaCl_2\cdot6H_2O$	59.5	74.5	128	137	147	159
CaC_2O_4	4.5	2.25	1.49	0.83		
$Ca(HCO_3)_2$	16.15	16.60	17.05	17.50	17.95	18.40
CaI_2	64.6	67.6	70.8	74	78	81
$Ca(NO_3)_2\cdot4H_2O$	102	129	191		358	363
$Ca(OH)_2$	0.189	0.173	0.141	0.121		0.076

化合物	溶解度/[g·(100 g H₂O)⁻¹]					
	0℃	20℃	40℃	60℃	80℃	100℃
$CaSO_4 \cdot 2H_2O$	0.223		0.265			0.205
$CdCl_2 \cdot H_2O$		135	135	136	140	147
$Cd(NO_3)_2$	122	150	194	310	713	
$CdSO_4$	75.4	76.6	78.5	81.8	66.7	60.8
$Cl_2(101.3 \text{ kPa})$	1.46	0.716	0.451	0.324	0.219	0
$CO_2(101.3 \text{ kPa})$	0.384		0.097	0.058		
$CoCl_2$	43.5	52.9	69.5	93.8	97.6	106
$Co(NO_3)_2$	84.0	97.4	125	174	204	
$CoSO_4$	25.5	36.1	48.8	55.0	53.8	38.9
$CoSO_4 \cdot 7H_2O$	44.8	65.4	88.1	101		
CrO_3	164.9	167.2	172.5		191.6	206.8
$CuCl_2$	68.6	73.0	87.6	96.5	104	120
$Cu(NO_3)_2$	83.5	125	163	182	208	247
$CuSO_4 \cdot 5H_2O$	23.1	32.0	44.6	61.8	83.8	114
$FeCl_2$	49.7	62.5	70.0	78.3	88.7	94.9
$FeCl_3 \cdot 6H_2O$	74.4	91.8			525.8	535.7
$FeSO_4 \cdot 7H_2O$	15.6	26.5	40.2			
H_3BO_3	2.67	5.04	8.72	14.81	23.62	40.25
$HBr(101.3 \text{kPa})$	212.2	198				130
$HCl(101.3 \text{kPa})$	82.3		63.3	56.1		
$HgCl_2$	3.63	6.57	10.2	16.3	30.0	61.3
I_2		0.029	0.056			
KBr	53.48	65.2	75.5	85.5	95.2	102
$KBrO_3$	3.1	6.9	13.3	22.7	34.0	49.75
KCl	27.6	34.0	40.0	45.5	51.1	56.7
$KClO_3$	3.3	7.1	13.9	23.8	37.6	57
$KClO_4$	0.75	1.68	3.73	7.3	13.4	21.8
K_2CO_3	105	111	117	127	140	156
K_2CrO_4	58.2	62.9	65.2	68.6	72.1	79.2
$K_2Cr_2O_7$	4.9	12	26	43	61	102
$K_3[Fe(CN)_6]$	30.2	46	59.3	70		91
$K_4[Fe(CN)_6]$	14.5	28.2	41.4	54.8	66.9	74.2
$KHCO_3$	22.4	33.7	47.5	65.6		
KI	128	144	162	176	192	206
KIO_3	4.74	8.08	12.6	18.3	24.8	32.3
$KMnO_4$	2.83	6.38	12.6	22.1		

化合物	溶解度/[g·(100 g H₂O)⁻¹]					
	0℃	20℃	40℃	60℃	80℃	100℃
KNO_2	281	306	329	348	376	413
KNO_3	13.3	31.6	61.3	106	167	247
KOH	95.7	112	134	154		178
$KSCN$	177	224	289	372	492	675
K_2SO_4	7.4	11.1	14.8	18.2	21.4	24.1
$K_2S_2O_8$	1.75	4.70	11.0			
$KAl(SO_4)_2 \cdot 12H_2O$	3.00	5.90	11.70	24.80	71.0	
$LiCl$	63.7	83.5	89.8	98.4	112	
Li_2CO_3	1.54	1.33	1.17	1.01	0.85	0.72
LiI	151	165	179	202	435	481
$LiNO_3$	53.4	70.1	152	175		
$LiOH$	11.91	12.35	13.22	14.63	16.56	19.12
Li_2SO_4	36.1	34.8	33.7	32.6	31.4	
$MgCl_2$	52.9	54.2	57.5	61.0	66.1	72.7
$Mg(NO_3)_2$	62.1	69.5	78.9	78.9	91.6	
$MgSO_4$	22.0	33.7	44.5	54.6	55.8	50.4
$MnCl_2$	63.4	73.9	88.5	109	113	115
MnF_2		1.06	0.67	0.44		0.48
$Mn(NO_3)_2$	102	139				
$MnSO_4$	52.9	62.9	60.0	53.6	45.6	35.3
$NaBr$	79.5	90.8	107	118	120	121
$Na_2B_4O_7$	1.11	2.56	6.67	19.0	31.4	52.5
$NaBrO_3$	27.5	36.4	48.8	62.6	75.7	90.9
$NaC_2H_3O_2$	36.2	46.4	65.6	139	153	170
$Na_2C_2O_4$	2.69	3.41	4.18	4.93	5.71	6.33
$NaCl$	35.7	36.0	36.6	37.3	38.4	39.1
$NaClO_3$	79	95.9	115	137	167	204
Na_2CO_3	7.1	21.5	49.0	46.0	43.9	45.5
Na_2CrO_4	31.7	84.0	96.0	115	125	126
$Na_2Cr_2O_7$	163	180	215	269	376	415
NaF	3.66	4.06	4.40	4.68	4.89	5.08
$NaHCO_3$	6.9	9.6	12.7	16.4		
NaH_2PO_4	56.5	86.9	133	172	211	
Na_2HPO_4	1.68	7.83	55.3	82.8	92.3	104
NaI	159	178	205	257	295	302
$NaIO_3$	2.48	9	13.3	19.8	26.6	34

无机及分析化学实验

化合物	溶解度/[g·(100 g H₂O)⁻¹]					
	0℃	20℃	40℃	60℃	80℃	100℃
$NaNO_2$	71.2	80.8	94.9	111	133	163
$NaNO_3$	73.0	87.6	102	122	148	180
$NaOH$	42	109	129	174		347
Na_3PO_4	4.5	12.1	20.2	29.9	60.0	77.0
Na_2S	9.6	15.7	26.6	39.1	55.0	
Na_2SO_3	14.4	26.3	37.2	32.6	29.4	
Na_2SO_4	4.9	19.5	48.8	45.3	43.7	42.5
$Na_2SO_4 \cdot 7H_2O$	19.5	44.1				
$Na_2S_2O_3 \cdot 5H_2O$	50.2	70.1	104			
$NaVO_3$		19.3	26.3	33.0	40.8	
Na_2WO_4	71.5	73.0	77.6		90.8	97.2
NH_4Cl	29.7	37.2	45.8	55.3	65.6	77.3
$(NH_4)_2C_2O_4$	2.54	4.45	8.18	14.0	22.4	34.7
$(NH_4)_2CrO_4$	25.0	34.0	45.3	59.0	76.1	
$(NH_4)_2Cr_2O_7$	18.2	35.0	58.5	86.0	115	156
$(NH_4)_2Fe(SO_4)_2$	12.5	26.4	46			
NH_4HCO_3	11.9	21.7	36.6	59.2	109	354
$NH_4H_2PO_4$	22.7	37.4	56.7	82.5	118	173.2
$(NH_4)_2HPO_4$	42.9	68.9	81.8	97.2		
NH_4I	154.2	172	191	209	229	250.3
NH_4NO_3	118.3	192	297	421	580	871
NH_4SCN	120	170	234	248		
$(NH_4)_2SO_4$	70.6	75.4	81	88	95	103.8
$NiCl_2$	53.4	60.8	73.2	81.2	86.6	87.6
$Ni(NO_3)_2$	79.2	94.2	119	158	187	
$NiSO_4 \cdot 7H_2O$	26.2	37.7	50.4			
$Pb(C_2H_3O_2)_2$	19.8	44.3	116			
$PbCl_2$	0.67	1.00	1.42	1.94	2.54	3.20
$Pb(NO_3)_2$	37.6	54.3	72.1	91.6	111	133
$SO_2(101.3 \text{ kPa})$	22.83	11.28	5.41			
$SbCl_3$	602	910	1368			
$SrCl_2$	43.5	52.9	63.5	81.8	90.5	101
$Sr(NO_3)_2$	39.5	69.5	89.4	93.4	96.9	
$Sr(OH)_2$	0.91	1.77	3.95	8.42	20.2	91.2
$ZnCl_2$	389	446	591	618	645	672
$Zn(NO_3)_2$	98	118.3	211			
$ZnSO_4$	41.6	53.8	70.5	75.4	71.1	60.5

附录 9　EDTA 滴定中常用的掩蔽剂

被掩蔽离子	掩蔽剂或掩蔽方法
Ag^+	NH_3、二巯基丙醇、CN^-、柠檬酸、巯基乙酸、$S_2O_3^{2-}$
Al^{3+}	柠檬酸、BF_4^-、F^-、OH^-（转成偏铝酸根离子）、乙酰丙酮、磺基水杨酸、酒石酸、三乙醇胺、钛铁试剂
Ba^{2+}	F^-、SO_4^{2-}
Bi^{3+}	二巯基丙醇、柠檬酸、铜试剂、OH^-+Cl^-（BiOCl 沉淀）、巯基乙酸、硫代苹果酸、2,3-二巯基丙烷磺酸钠
Ca^{2+}	Ba-EGTA 配合物$+SO_4^{2-}$、F^-
Cd^+	二巯基丙醇、CN^-、半胱氨酸、铜试剂、巯基乙酸、邻二氮菲、S^{2-}（通常作为硫代乙酰胺加入）、四亚乙基五胺、2,3-二巯基丙烷磺酸钠
Co^{2+}	二巯基丙醇、CN^-、巯基乙酸、邻二氮菲、四亚乙基五胺
Cr^{3+}	抗坏血酸、柠檬酸、动力学掩蔽剂（利用反应速率差异）、三乙醇胺、氧化为、CrO_4^{2-}、$P_2O_7^{4-}$
Cu^{2+}	二巯基丙醇、CN^-、半胱氨酸、铜试剂、I^-、巯基乙酸、3-巯基-1,2-丙二醇、邻二氮菲、还原为 Cu^+（用抗坏血酸、抗坏血酸$+$硫脲、NH_2OH）、S^{2-}、四亚乙基五胺、硫卡巴肼、氨基硫脲、$S_2O_3^{2-}$（在碱性介质里还要加 Ac^- 或 $Na_2B_4O_7$）、硫脲、三亚乙基四胺
Fe^{2+}	CN^-
Fe^{3+}	二巯基丙醇$+$三乙醇胺、柠檬酸盐、CN^-（最好和抗坏血酸同加）、铜试剂、F^-、巯基乙酸、硫代苹果酸、乙酰丙酮$+$硝基苯、$P_2O_7^{4-}$、还原为 Fe^{2+}（抗坏血酸、N_2H_4、NH_2OH 或 $SnCl_2$）、S^{2-}、酒石酸盐、三乙醇胺
Mg^{2+}	F^-、OH^-[$Mg(OH)_2$ 沉淀]
Mn^{2+}	二巯基丙醇、空气氧化$+CN^-$、邻二氮菲、S^{2-}、三乙醇胺
Ni^{2+}	二巯基丙醇、CN^-、动力学掩蔽、邻二氮菲、四亚乙基五胺
Pb^{2+}	二巯基丙醇、铜试剂、3-巯基丙酸、MoO_4^{2-}、SO_4^{2-}、2,3-二巯基丙烷磺酸钠
Sn^{4+}	二巯基丙醇、柠檬酸、二硫代草酸、F^-、OH^-（偏锡酸盐沉淀）、草酸、酒石酸、三乙醇胺、2,3-二巯基丙烷磺酸钠、乳酸
Ti^{4+}	柠檬酸、F^-、H_2O_2、PO_4^{3-}、SO_4^{2-}、酒石酸、三乙醇胺、钛铁试剂、乳酸
Zn^{2+}	二巯基丙醇、CN^-、半胱氨酸、巯基乙酸、邻二氮菲、四亚乙基五胺、2,3-二巯基丙烷磺酸钠

附录 10　常用指示剂溶液的配制

(1) 酸碱指示剂及其配制方法

指示剂	$pK^{\ominus}_{HIm}$	变色范围	颜色			配制方法
			酸色	过渡	碱色	
百里酚蓝	1.7	1.2～2.8	红色	橙色	黄色	0.1g 溶于 20mL 热乙醇中
甲基橙	3.4	3.1～4.4	红色	橙色	黄色	0.1%的水溶液
溴甲酚绿	4.9	3.8～5.4	黄色	绿色	蓝色	0.1%的水溶液
甲基红	5.0	4.4～6.2	红色	橙色	黄色	0.1%的60%乙醇溶液
溴百里酚蓝	7.3	6.0～7.6	黄色	绿色	蓝色	0.1%的20%乙醇溶液
酚酞	9.1	8.0～9.8	无色	粉红色	红色	1%的90%乙醇溶液
百里酚酞	10.0	9.4～10.6	无色	淡蓝色	蓝色	0.1%的90%乙醇溶液

（2）氧化还原指示剂

指示剂	变色电位 $\varphi^{\ominus}$/V(pH 0)	颜色		溶液配制方法
		氧化态	还原态	
中性红	0.24	红色	无色	0.05％的60％乙醇溶液
亚甲基蓝	0.36	蓝色	无色	0.05％水溶液
变胺蓝	0.59(pH 2)	无色	蓝色	0.05％水溶液
二苯胺	0.76	紫色	无色	1％浓硫酸溶液
二苯胺磺酸钠	0.85	紫红色	无色	0.5％水溶液
N-邻苯氨基苯甲酸	1.08	紫红色	无色	0.1g 指示剂放入 20mL 质量分数 5％ Na_2CO_3 溶液,再用水稀释至100mL
邻二氮菲-Fe(Ⅱ)	1.06	浅蓝色	红色	1.485g 邻二氮菲加 0.695g $FeSO_4 \cdot 7H_2O$ 溶于 100mL 水中(0.025mol·L^{-1})
5-硝基邻二氮菲-Fe(Ⅱ)	1.25	浅蓝色	紫红色	1.608g 5-硝基邻二氮菲加 0.695g $FeSO_4 \cdot 7H_2O$ 溶于 100mL 水中(0.025mol·L^{-1})

（3）酸碱混合指示剂及其配制方法

指示剂溶液配方	变色点 pH	颜色		备　注
		酸色	碱色	
1 份 0.1％甲基黄乙醇溶液 1 份 0.1％亚甲基蓝乙醇溶液	3.28	蓝紫色	绿色	pH 3.4 绿色 pH 3.2 蓝紫色
1 份 0.1％甲基橙水溶液 1 份 0.25％靛蓝二磺酸水溶液	4.1	紫色	黄绿色	
1 份 0.1％溴甲酚绿钠盐水溶液 1 份 0.02％甲基橙水溶液	4.3	橙色	蓝绿色	pH 3.5 黄色 pH 4.0 黄橙色 pH 4.3 浅绿色
3 份 0.1％溴甲酚绿乙醇溶液 1 份 0.2％甲基红乙醇溶液	5.1	酒红色	绿色	
1 份 0.2％甲基红乙醇溶液 1 份 0.1％亚甲基蓝乙醇溶液	5.4	红紫色	绿色	pH 5.2 红紫色 pH 5.4 暗蓝色 pH 5.6 绿色
1 份 0.1％氯酚红钠盐水溶液 1 份 0.1％苯胺蓝水溶液	5.8	绿色	紫色	pH 5.6 淡紫色
1 份 0.1％溴甲酚绿钠盐水溶液 1 份 0.1％氯酚红钠盐水溶液	6.1	黄绿色	蓝紫色	pH 5.4 蓝紫色 pH 5.8 蓝色 pH 6.0 蓝色微带紫色 pH 6.2 蓝紫色
1 份 0.1％溴甲酚紫钠盐水溶液 1 份 0.1％溴百里酚蓝钠盐水溶液	6.7	黄色	紫蓝色	pH 6.2 黄紫色 pH 6.6 紫色 pH 6.8 蓝紫色
1 份 0.1％中性红乙醇溶液 1 份 0.1％亚甲基蓝乙醇溶液	7.0	蓝紫色	绿色	pH 7.0 蓝紫色
1 份 0.1％中性红乙醇溶液 1 份 0.1％溴百里酚蓝乙醇溶液	7.2	玫瑰色	绿色	pH 7.4 暗绿色 pH 7.2 浅红色 pH 7.0 玫瑰色

指示剂溶液配方	变色点 pH	颜 色		备 注
		酸色	碱色	
1 份 0.1%溴百里酚蓝钠盐水溶液 1 份 0.1%酚红钠盐水溶液	7.5	黄色	紫色	pH 7.2 暗绿色 pH 7.4 淡紫色 pH 7.6 深紫色
1 份 0.1%甲酚红钠盐水溶液 3 份 0.1%百里酚蓝钠盐水溶液	8.3	黄色	紫色	pH 8.2 玫瑰色 pH 8.4 紫色
1 份 0.1%百里酚蓝 50%乙醇溶液 3 份 0.1%酚酞 50%乙醇溶液	9.0	黄色	紫色	从黄色到绿色再到紫色
2 份 0.1%百里酚酞乙醇溶液 1 份 0.1%茜素黄乙醇溶液	10.2	黄色	绿色	
2 份 0.2%尼罗蓝水溶液 1 份 0.1%茜素黄乙醇溶液	10.8	绿色	红棕色	

（4）沉淀滴定吸附指示剂

指示剂	待测离子	滴定剂	滴定条件	溶液配制方法
荧光黄	Cl^-	Ag^+	pH 7~10（一般 7~8）	0.2%乙醇溶液
二氯荧光黄	Cl^-	Ag^+	pH 4~10（一般 5~8）	0.1%水溶液
曙红	Br^-,I^-,SCN^-	Ag^+	pH 2~10（一般 3~8）	0.5%水溶液
溴甲酚绿	SCN^-	Ag^+	pH 4~5	0.1%水溶液
甲基紫	Ag^+	Cl^-	酸性溶液	0.1%水溶液
罗丹明 6G	Ag^+	Br^-	酸性溶液	0.1%水溶液
钍试剂	SO_4^{2-}	Ba^{2+}	pH 1.5~3.5	0.5%水溶液
溴酚蓝	Hg_2^{2+}	Cl^-、Br^-	酸性溶液	0.1%水溶液

（5）金属离子指示剂

指示剂	适宜 pH 范围	颜 色		溶液配制方法
		游离态	化合物	
铬黑 T（EBT）	7~11	蓝色	酒红色	将 1g 铬黑 T 与 100g NaCl 研细、混匀
二甲酚橙（XO）	<6	黄色	红紫色	0.2%水溶液
钙指示剂	8~13	蓝色	酒红色	将 0.5g 钙指示剂与 100g NaCl 研细、混匀
吡啶偶氮萘酚（PAN）	2~12	黄色	红色	0.1%乙醇溶液
磺基水杨酸	2	无色	紫红色	0.1%水溶液
钙镁试剂	8~12	红色	蓝色	0.5%水溶液

附录 11　常用缓冲溶液的配制

pH	配 制 方 法
1.0	0.1mol · L^{-1} HCl
2.0	0.01mol · L^{-1} HCl
2.1	将 100g 一氯乙酸溶于 200mL 水中，加 10g 无水 NaAc，溶解，稀释至 1L
2.3	将 150g 氨基乙酸溶于 500mL 水中，加 80mL 浓 HCl，稀释至 1L
2.5	将 113g Na_2HPO_4 · $12H_2O$ 溶于 200mL 水中，加 387g 柠檬酸，溶解过滤，稀释至 1L

pH	配 制 方 法
2.8	将 200g 一氯乙酸溶于 200mL 水中,加 40g NaOH,溶解,稀释至 1L
2.9	将 500g 邻苯二甲酸氢钾溶于 500mL 水中,加 80mL 浓 HCl,稀释至 1L
3.6	将 8g NaAc·$3H_2O$ 溶于适量水中,加 134mL 6mol·L^{-1}HAc,稀释至 500mL
3.7	将 95g 甲酸和 40g NaOH 溶于 500mL 水中,稀释至 1L
4.0	将 20g NaAc·$3H_2O$ 溶于适量水中,加 134mL 6mol·L^{-1}HAc,稀释至 500mL
4.2	将 32g 无水 NaAc 用水溶解后,加 50mL 冰 HAc,稀释至 1L
4.5	将 32g NaAc·$3H_2O$ 溶于适量水中,加 68mL 6mol·L^{-1}HAc,稀释至 500mL
4.7	将 83g 无水 NaAc 用水溶解后,加 60mL 冰 HAc,稀释至 1L
5.0	将 50g NaAc·$3H_2O$ 溶于适量水中,加 34mL 6mol·L^{-1}HAc,稀释至 500mL
5.4	将 40g 六亚甲基四胺溶于 200mL 水中,加 10mL 浓 HCl,稀释至 1L
5.5	将 200g 无水 NaAc 用水溶解后,加 14mL 冰 HAc,稀释至 1L
5.7	将 100g NaAc·$3H_2O$ 溶于适量水中,加 13mL 6mol·L^{-1}HAc,稀释至 500mL
6.0	将 600g NH_4Ac 用水溶解后,加 20mL 冰 HAc,稀释至 1L
7.0	将 77g NH_4Ac 用水溶解后,稀释至 500mL
7.5	将 60g NH_4Cl 溶于适量水中,加 1.4mL 15mol·L^{-1} NH_3·H_2O,稀释至 500mL
8.0	将 50g NH_4Cl 溶于适量水中,加 3.5mL 15mol·L^{-1} NH_3·H_2O,稀释至 500mL
8.2	将 25g Tris 试剂[三羟甲基氨基甲烷,$H_2NC(HOCH_2)_3$]用水溶解后,加 18mL 浓 HCl,稀释至 1L
8.5	将 40g NH_4Cl 溶于适量水中,加 8.8mL 15mol·L^{-1} NH_3·H_2O,稀释至 500mL
9.0	将 70g NH_4Cl 溶于适量水中,加 48mL 15mol·L^{-1} NH_3·H_2O,稀释至 1L
9.2	将 54g NH_4Cl 溶于适量水中,加 63mL 15mol·L^{-1} NH_3·H_2O,稀释至 1L
9.5	将 54g NH_4Cl 溶于适量水中,加 126mL 15mol·L^{-1} NH_3·H_2O,稀释至 1L
10.0	将 54g NH_4Cl 溶于适量水中,加 350mL 15mol·L^{-1} NH_3·H_2O,稀释至 1L
10.5	将 9g NH_4Cl 溶于适量水中,加 175mL 15mol·L^{-1} NH_3·H_2O,稀释至 500mL
11.0	将 3g NH_4Cl 溶于适量水中,加 207mL 15mol·L^{-1} NH_3·H_2O,稀释至 500mL
12.0	0.01mol·L^{-1} NaOH
13.0	0.1mol·L^{-1} NaOH

附录 12 pH 标准缓冲溶液

浓度＼pH	温度/℃					
	10	15	20	25	30	35
草酸钾(0.05mol·L^{-1})	1.67	1.67	1.68	1.68	1.68	1.69
酒石酸氢钾饱和溶液	—	—	—	3.56	3.55	3.55
邻苯二甲酸氢钾(0.05mol·L^{-1})	4.00	4.00	4.00	4.00	4.01	4.02
磷酸氢二钠(0.025mol·L^{-1})	6.92	6.90	6.88	6.86	6.85	6.84
磷酸氢二钾(0.025mol·L^{-1})	6.92	6.90	6.88	6.86	6.85	6.84
四硼酸钠(0.01mol·L^{-1})	9.33	9.28	9.23	9.18	9.14	9.11
氢氧化钙饱和溶液	13.01	12.82	12.64	12.46	12.29	12.13

附录 13　一些化合物的相对分子质量

分子式	相对分子质量	分子式	相对分子质量	分子式	相对分子质量
Ag_3AsO_4	462.52	$CdCl_2$	183.32	$FeSO_4 \cdot 7H_2O$	278.01
$AgBr$	187.77	CdS	144.47	$FeSO_4 \cdot (NH_4)_2SO_4 \cdot 6H_2O$	392.13
$AgCl$	143.32	$Ce(SO_4)_2$	332.24		
$AgCN$	133.89	$Ce(SO_4)_2 \cdot 4H_2O$	404.30		
$AgSCN$	165.95	$CoCl_2 \cdot 6H_2O$	237.93	H_3AsO_3	125.94
Ag_2CrO_4	331.73	$Co(NO_3)_2$	182.94	H_3AsO_4	141.94
AgI	234.77	$Co(NO_3)_2 \cdot 6H_2O$	291.03	H_3BO_3	61.83
$AgNO_3$	169.87	CoS	90.99	HBr	80.912
$AlCl_3$	133.34	$CoSO_4$	154.99	HCN	27.026
$AlCl_3 \cdot 6H_2O$	241.43	$CoSO_4 \cdot 7H_2O$	281.10	$HCOOH$	46.026
$Al(NO_3)_3$	213.00	$CO(NH_2)_2$	60.06	H_2CO_3	62.025
$Al(NO_3)_3 \cdot 9H_2O$	375.13	$CrCl_3$	158.35	$H_2C_2O_4$	90.035
Al_2O_3	101.96	$CrCl_3 \cdot 6H_2O$	266.45	$H_2C_2O_4 \cdot 2H_2O$	126.07
$Al(OH)_3$	78.00	$Cr(NO_3)_3$	238.01	HCl	36.461
$Al_2(SO_4)_3$	342.14	Cr_2O_3	151.99	HF	20.006
$Al_2(SO_4)_3 \cdot 18H_2O$	666.41	$CuCl$	98.999	HI	127.91
As_2O_3	197.84	$CuCl_2$	134.45	HIO_3	175.91
As_2O_5	229.84	$CuCl_2 \cdot 2H_2O$	170.48	HNO_3	63.013
		$CuSCN$	121.62	H_2O	18.015
		CuI	190.45	H_2O_2	34.015
BaC_2O_4	225.35	Cu_2O	143.09	H_3PO_4	97.995
$BaCl_2$	208.24	CuS	95.61	H_2S	34.08
$BaCl_2 \cdot 2H_2O$	244.27	$CuSO_4$	159.60	H_2SO_3	82.07
$BaCrO_4$	253.32	$CuSO_4 \cdot 5H_2O$	249.68	H_2SO_4	98.07
BaO	153.33	CH_3COOH	60.052	$Hg(CN)_2$	252.63
$Ba(OH)_2$	171.34	CH_3COONa	82.034	$HgCl_2$	271.50
$BaSO_4$	233.39			Hg_2Cl_2	472.09
$BiCl_3$	315.34			HgI_2	454.40
$BiOCl$	260.43	$FeCl_2$	126.75	$Hg_2(NO_3)_2$	525.19
		$FeCl_2 \cdot 4H_2O$	198.81	$Hg_2(NO_3)_2 \cdot 2H_2O$	561.22
		$FeCl_3$	162.21	$Hg(NO_3)_2$	324.60
CO_2	44.01	$FeCl_3 \cdot 6H_2O$	270.30	HgO	216.59
CaO	56.08	$FeNH_4(SO_4)_2 \cdot 12H_2O$	482.18	HgS	232.65
$CaCO_3$	100.09	$Fe(NO_3)_3$	241.86	$HgSO_4$	296.65
CaC_2O_4	128.10	$Fe(NO_3)_3 \cdot 9H_2O$	404.00	Hg_2SO_4	497.24
$CaCl_2$	110.99	FeO	71.846		

分子式	相对分子质量	分子式	相对分子质量	分子式	相对分子质量
$CaCl_2 \cdot 6H_2O$	219.08	Fe_2O_3	159.69		
$Ca(NO_3)_2 \cdot 4H_2O$	236.15	Fe_3O_4	231.54	$KAl(SO_4)_2 \cdot 12H_2O$	474.38
$Ca(OH)_2$	74.09	$Fe(OH)_3$	106.87	KBr	119.00
$Ca_3(PO_4)_2$	310.18	FeS	87.91	$KBrO_3$	167.00
$CaSO_4$	136.14	Fe_2S_3	207.87	KCl	74.551
$CdCO_3$	172.42	$FeSO_4$	151.90	$KClO_3$	122.55
$KClO_4$	138.55	$MnSO_4 \cdot 4H_2O$	223.06	$Na_2S_2O_3 \cdot 5H_2O$	248.17
KCN	65.116			$Ni(C_4H_7N_2O_2)_2$ (丁二酮肟镍)	288.91
$KSCN$	97.18				
K_2CO_3	138.21	NO	30.006	$NiCl_2 \cdot 6H_2O$	237.69
K_2CrO_4	194.19	NO_2	46.006	NiO	74.69
$K_2Cr_2O_7$	294.18	NH_3	17.03	$Ni(NO_3)_2 \cdot 6H_2O$	290.79
$K_3Fe(CN)_6$	329.25	CH_3COONH_4	77.083	NiS	90.75
$K_4Fe(CN)_6$	368.35	NH_4Cl	53.491	$NiSO_4 \cdot 7H_2O$	280.85
$KFe(SO_4)_2 \cdot 12H_2O$	503.24	$(NH_4)_2CO_3$	96.086		
$KHC_2O_4 \cdot H_2O$	146.14	$(NH_4)_2C_2O_4$	124.10		
$KHC_2O_4 \cdot H_2C_2O_4 \cdot 2H_2O$	254.19	$(NH_4)_2C_2O_4 \cdot H_2O$	142.11	P_2O_5	141.94
$KHC_4H_4O_6$	188.18	NH_4SCN	76.12	$PbCO_3$	267.20
$KHSO_4$	136.16	NH_4HCO_3	79.055	PbC_2O_4	295.22
KI	166.00	$(NH_4)_2MoO_4$	196.01	$PbCl_2$	278.10
KIO_3	214.00	NH_4NO_3	80.043	$PbCrO_4$	323.20
$KIO_3 \cdot HIO_3$	389.91	$(NH_4)_2HPO_4$	132.06	$Pb(CH_3COO)_2$	325.30
$KMnO_4$	158.03	$(NH_4)_2S$	68.14	$Pb(CH_3COO)_2 \cdot 3H_2O$	379.30
$KNaC_4H_4O_6 \cdot 4H_2O$	282.22	$(NH_4)_2SO_4$	132.13	PbI_2	461.00
KNO_3	101.10	NH_4VO_3	116.98	$Pb(NO_3)_2$	331.20
KNO_2	85.104	Na_3AsO_3	191.89	PbO	223.20
K_2O	94.196	$Na_2B_4O_7$	201.22	PbO_2	239.20
KOH	56.106	$Na_2B_4O_7 \cdot 10H_2O$	381.37	$Pb_3(PO_4)_2$	811.54
K_2SO_4	174.25	$NaBiO_3$	279.97	PbS	239.30
$KHC_8H_4O_4$	204.20	$NaCN$	49.007	$PbSO_4$	303.30

分子式	相对分子质量	分子式	相对分子质量	分子式	相对分子质量
		Na_2CO_3	105.99		
$MgCO_3$	84.314	$Na_2CO_3 \cdot 10H_2O$	286.14		
$MgCl_2$	95.211	$Na_2C_2O_4$	134.00	SO_3	80.06
$MgCl_2 \cdot 6H_2O$	203.30	$NaCl$	58.443	SO_2	64.06
MgC_2O_4	112.33	$NaClO$	74.442	$SbCl_3$	228.11
$Mg(NO_3)_2 \cdot 6H_2O$	256.41	$NaHCO_3$	84.007	$SbCl_5$	299.02
$MgNH_4PO_4$	137.32	$Na_2HPO_4 \cdot 12H_2O$	358.14	Sb_2O_3	291.50
MgO	40.304	$Na_2H_2Y \cdot 2H_2O$	372.24	Sb_2S_3	339.68
$Mg(OH)_2$	58.32	$NaNO_2$	68.995	SiF_4	104.08
$Mg_2P_2O_7$	222.55	$NaNO_3$	84.995	SiO_2	60.084
$MgSO_4 \cdot 7H_2O$	246.47	Na_2O	61.979	$SnCl_2$	189.60
$MnCO_3$	114.95	Na_2O_2	77.978	$SnCl_2 \cdot 2H_2O$	225.63
$MnCl_2 \cdot 4H_2O$	197.91	$NaOH$	39.997	$SnCl_4$	260.50
$Mn(NO_3)_2 \cdot 6H_2O$	287.04	Na_3PO_4	163.94	$SnCl_4 \cdot 5H_2O$	350.58
MnO	70.937	$Na_2S \cdot 9H_2O$	240.18	SnO_2	150.69
MnO_2	86.937	Na_2SO_3	126.04	SnS	150.75
MnS	87.00	Na_2SO_4	142.04	$SrCO_3$	147.63
$MnSO_4$	151.00	$Na_2S_2O_3$	158.10	SrC_2O_4	175.64
$SrCrO_4$	203.61	$UO_2(CH_3COO)_2 \cdot 2H_2O$	424.15	ZnO	81.38
$Sr(NO_3)_2$	211.63	$Na_2B_4O_7 \cdot 10H_2O$	381.37	ZnS	97.44
$Sr(NO_3)_2 \cdot 4H_2O$	283.69			$ZnSO_4$	161.44
$SrSO_4$	183.68	$ZnCO_3$	125.39	$ZnSO_4 \cdot 7H_2O$	287.54
		ZnC_2O_4	153.40		
		$ZnCl_2$	136.29		
TiO_2	79.866	$Zn(CH_3COO)_2$	183.47		
		$Zn(CH_3COO)_2 \cdot 2H_2O$	219.50		
		$Zn(NO_3)_2$	189.39		
WO_3	231.84	$Zn(NO_3)_2 \cdot 6H_2O$	297.48		

参考文献

[1] 倪哲明，刘秋平，夏盛杰. 新编基础化学实验（Ⅰ）：无机及分析化学实验. 第 2 版. 北京：化学工业出版社，2015.

[2] 王元兰，王琼，郭鑫. 无机及分析化学实验. 北京：化学工业出版社，2015.

[3] 卢其明. 基础化学实验. 第 2 版. 北京：中国农业出版社，2014.

[4] 罗志刚. 基础化学实验. 第 2 版. 北京：中国农业出版社，2014.

[5] 王芬，白玲. 分析化学实验. 北京：中国农业出版社，2013.

[6] 王英华，魏士刚，徐家宁. 基础化学实验（化学分析实验分册）. 第 2 版. 北京：高等教育出版社，2015.

[7] 屈芸，林小云. 大学化学实验. 北京：高等教育出版社，2014.

[8] 覃松. 基础化学实验. 北京：科学出版社，2015.

[9] 董岩. 化学基础实验. 北京：化学工业出版社，2014.

[10] 林深，王世铭. 化学实验教程（上册）. 北京：高等教育出版社，2014.

[11] 南京大学《无机及分析化学实验》编写组. 无机及分析化学实验. 第 5 版. 北京：高等教育出版社，2014.

元素周期表

IUPAC 2013

电子层: K L M N O P Q

图例说明：

95 — 原子序数
Am — 元素符号（红色的为放射性元素）
镅 — 元素名称（注∧的为人造元素）
5f⁷7s² — 价层电子构型
243.06138(2) — 以 ¹²C=12 为基准的原子质量（注∧的是半衰期最长同位素的原子质量）

氧化态（单质的氧化态为0，未列入；常见的为红色）

族→ 周期↓	IA	IIA	IIIB	IVB	VB	VIB	VIIB		VIII		IB	IIB	IIIA	IVA	VA	VIA	VIIA	0
1	H 氢																	He 氦
2	Li 锂 / Be 铍												B 硼	C 碳	N 氮	O 氧	F 氟	Ne 氖
3	Na 钠 / Mg 镁												Al 铝	Si 硅	P 磷	S 硫	Cl 氯	Ar 氩
4	K 钾 / Ca 钙	Sc 钪	Ti 钛	V 钒	Cr 铬	Mn 锰	Fe 铁	Co 钴	Ni 镍	Cu 铜	Zn 锌	Ga 镓	Ge 锗	As 砷	Se 硒	Br 溴	Kr 氪
5	Rb 铷 / Sr 锶	Y 钇	Zr 锆	Nb 铌	Mo 钼	Tc 锝	Ru 钌	Rh 铑	Pd 钯	Ag 银	Cd 镉	In 铟	Sn 锡	Sb 锑	Te 碲	I 碘	Xe 氙
6	Cs 铯 / Ba 钡	La~Lu 镧系	Hf 铪	Ta 钽	W 钨	Re 铼	Os 锇	Ir 铱	Pt 铂	Au 金	Hg 汞	Tl 铊	Pb 铅	Bi 铋	Po 钋	At 砹	Rn 氡
7	Fr 钫 / Ra 镭	Ac~Lr 锕系	Rf 钅卢	Db 钅杜	Sg 钅喜	Bh 钅波	Hs 钅黑	Mt 钅麦	Ds 钅达	Rg 钅仑	Cn 鎶	Nh 鉨	Fl 铁	Mc 镆	Lv 鉝	Ts 鿬	Og 鿫

★ 镧系:
La 镧 / Ce 铈 / Pr 镨 / Nd 钕 / Pm 钷 / Sm 钐 / Eu 铕 / Gd 钆 / Tb 铽 / Dy 镝 / Ho 钬 / Er 铒 / Tm 铥 / Yb 镱 / Lu 镥

★ 锕系:
Ac 锕 / Th 钍 / Pa 镤 / U 铀 / Np 镎 / Pu 钚 / Am 镅 / Cm 锔 / Bk 锫 / Cf 锎 / Es 锿 / Fm 镄 / Md 钔 / No 锘 / Lr 铹